热带印度洋浮游植物物种多样性丛书

热带印度洋
浮游甲藻物种多样性

李　艳　孙　萍　李瑞香◎著

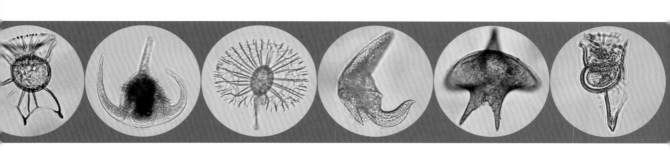

海洋出版社

2024年·北京

图书在版编目 (CIP) 数据

热带印度洋浮游甲藻物种多样性 / 李艳，孙萍，李瑞香著. -- 北京 : 海洋出版社，2024. 9. --（热带印度洋浮游植物物种多样性丛书）. -- ISBN 978-7-5210-1309-2

Ⅰ. Q949.24

中国国家版本馆CIP数据核字第2024FK5652号

责任编辑：程净净　郑跟娣
责任印制：安　森

海洋出版社 出版发行
http://www.oceanpress.com.cn
北京市海淀区大慧寺路 8 号　　邮编：100081
北京博海升彩色印刷有限公司　　新华书店经销
2024年9月第1版　　2024年9月第1次印刷
开本：787mm×1092mm　　1／16　　印张：24.5
字数：450千字　　定价：298.00元

发行部：010-62100090　　总编室：010-62100034
海洋版图书印、装错误可随时退换

丛书序

　　印度洋大部分处在热带、亚热带区域内，为典型的热带海洋气候，具有丰富的海洋生物多样性资源。印太交汇区是全球海洋生物多样性中心，印度洋是研究全球气候变化、海洋生物多样性及后者对前者感知、响应的热点区域。印度洋南北跨越近30个纬度，而纬度是影响海洋生物多样性分布的重要因素之一，对此的认识主要来自近岸海域，由于调查取样不足，数据缺乏，有关对深海大洋生物区系和多样性分布的认知非常缺乏。

　　甲藻和硅藻是海洋浮游植物的两大重要类群，其数量和分布直接反映该海域的初级生产力水平，多样性的变化可导致食物网结构发生改变，在海洋生态系统和海洋生物地球化学循环中发挥着关键作用。关于印度洋浮游植物分类学研究的资料非常稀少，仅有20世纪六七十年代第一次国际印度洋科学考察计划（IIOE-1）中，Taylor（1976）基于1963—1964年的样品，给出了291种甲藻形态描述和绘图。近十几年来，随着我国重大海洋专项的实施，本书作者在赤道东印度洋、亚印太交汇区、阿拉伯海、赤道西印度洋、马达加斯加海域，基于观测所获得的近3000份样品，积累了大量珍贵的浮游植物照片。作者整理归纳了其中的显微实物照片六七千张，出版热带印度洋浮游植物物种多样性丛书，包括《热带印度洋浮游甲藻物种多样性》和《热带印度洋浮游硅藻物种多样性》，前者收录了甲藻352种，后者收录了硅藻246种，包括每种的形态特征、生态习性和地理分布，并提供了每种的光学显微镜照片。

　　李瑞香研究员长期从事海洋浮游植物生态学研究，在浮游植物分类、多样性研究方面造诣深厚，参与并主持多项国家和地方海洋科学调查与研究工作，报告了大量甲藻分类成果，出版了多部甲藻分类专著，是我国甲藻分类学的领军大家。李艳博士和孙萍博士参与并主持了多项大洋及我国近海调查项目，长期从事浮游植物的调查研究，本丛书内容既是她们收集整理宝贵资料的多年专项研究成果，同时也是我国在浮游植物区域生态学方面一项重要学术贡献。本丛书是作者们多年工作的结晶，种类全面，内容丰富，图片精美，是一部很难得的浮游植物分类专著，对印度洋及其他大洋浮游植物分类和多样性研究都具有很好的学术价值。

很荣幸为本丛书作序，与国内外同行共同分享这一科技成果。

广州 暨南园

2024 年 10 月 2 日

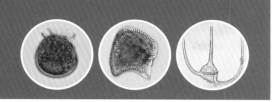

前　言

印度洋为世界第三大洋，面积约为 7344×10^4 km²，平均水深 3897 m，主要边缘海有安达曼海和阿拉伯海，海湾有孟加拉湾、阿曼湾和亚丁湾，海峡有曼德海峡和马六甲海峡等。印度洋大部分处在热带和亚热带区域内，气候特征为典型的热带海洋气候，该海域是世界上最强的季风区之一，典型的季风气候显著影响了其海洋环流和海气相互作用，季风转换是印度洋北部初级生产力季节性转换的首要驱动力。印度洋拥有丰富的海洋生物多样性资源。

对印度洋的研究，始于第一次国际印度洋科学考察计划（IIOE-1，1957—1965 年），在西印度洋、东印度洋和北印度洋均布设了站位，有多个国家超过 570 名科学家参加了本项目。IIOE-1 于 20 世纪六七十年代结束后，印度洋的研究热度有所下降，直至近二十年来，在人类活动和全球气候变化双重作用下，印度洋生态环境和生物资源发生了很大的变化。因此，于 2015 年重启了第二次国际印度洋科学考察计划（IIOE-2，2015—2020 年）。在调查空间上，从近海环境延伸到深海；在营养层次上，从微生物、浮游植物到顶级掠食者。我国在该海域也相继启动了一些重要项目和航次，从科学研究的角度，提升对该海域生态系统的认知有重要意义。

关于热带印度洋系统性的浮游植物资料较为鲜见，尤其是浮游植物分类资料匮乏。IIOE-1 尽管取得了一些成果，但由于条件制约，对印度洋浮游植物种类主要是列举了名录，缺乏种的描述和图谱的信息。仅有 Taylor（1976）就 1963—1964 年国际印度洋考察所获的 213 份样品鉴定出 291 种甲藻，并就这些物种进行了系统的分类、形态描述和绘图。近些年，国内外对印度洋浮游植物的研究，多集中于现状特征及与环境因子的关系分析，系统性和综合性的浮游植物物种形态图谱非常缺乏。我们根据近十年（2013—2022 年）在热带和亚热带印度洋海域水体综合调查中所获的浮游植物样品，整理归纳了海洋浮游硅藻、甲藻显微实物照片近 6000 张，共鉴定和描述 598 种，其中甲藻 352 种，硅藻 246 种。由于种类较多，且每个种类的形态图有 1～10 张不等，印度洋浮游植物图谱著作分为两部编写，分别为《热带印度洋浮游甲藻物种多样性》和《热带印度洋浮游硅藻物种多样性》。上述浮游植物显微图片来源于印度洋 8 个航次，约 1800 个站位（层）的样品，具体有："全球变化与海气相互作用（一期）" 4 个航次（东印度洋 2013 年春季、2016 年夏季、2016 年秋季和 2017 年冬季），范围为 10°S—4°N，83°—97.5°E 的区域内；"全球变化与海气相互作用（二期）"两个航次（东印度洋 2020 年冬季和西印度洋 2021—2022 年冬季），2020 年冬季航次调查海域位于澳大利亚西北部、爪哇岛以南的中印度洋海盆，2021—2022 年冬季航次调查海域为东至南印度洋马尔代夫岛以西、西至东非大陆的低纬度海区、北至 5°N、南至 20°S 的范围内。此外，还有马达加斯加国际合作航次、大洋阿拉伯海 2020 年航次。上述航次为印度洋浮游植物图谱的制作提供了丰富的样品和支撑。标本主要分为网采样品和水采样品。网采样品使用浮游生物小网（网口内径 37 cm，网口面积 0.1 m²，网长 280 cm，筛绢孔径为 77 μm），采样方式为在每个站位自 200 m 至表层垂直拖曳，样品用缓冲甲醛溶液固定，终浓度为 5%。水采样品用 CTD 上的 Niskin 采水器采集，加入鲁哥氏碘液固定，使其终浓度为 2%。

《热带印度洋浮游甲藻物种多样性》包括 6 目 33 科 61 属 352 种，《热带印度洋浮游硅藻物种多样性》包括 8 目 18 科 68 属 246 种。发现 1 个新种，印度洋新记录种类 62 种，其中硅藻 21 种，甲藻 41 种。包含物种的形态图和简单描述，主要信息有细胞大小、典型分类特征、生态类型和物种地理分布等。其中，物种地理分布，有的描述到大洋，有的相对具体，如印度洋与阿拉伯海、孟加拉湾等，主要是方便读者理解和查阅。鉴定中未能确定到种的标本，统一放在每属的 spp.，此处未做文字描述。

《热带印度洋浮游甲藻物种多样性》的分类体系，参照世界海洋物种目录（World Register of Marine Species，WoRMS）（www.marinespecies.org）和 AlgaeBase（www.algaebase.org）这两个数据库中最新的命名法则。

与先前的分类著作相比，改动较大的主要有膝沟藻目（Gonyaulacales Taylor, 1980）角藻属（*Ceratium* Schrank, 1793）的种类和鳍藻目（Dinophysiales Lindemann, 1928）鳍藻属（*Dinophysis* Ehrenberg, 1839）的部分种类。角藻属的种类，Gómez 等（2010）根据海洋角藻和淡水角藻之间形态和分子学上的差异，将海洋中的角藻划为新角藻属（*Neoceratium* Gómez, Moreira & López-Garcia, 2010）。根据命名优先的原则，Calado 和 Huisman（2010）提出应该用最早命名的角藻（*Tripos* Bory de Saint-Vincent, 1823），因此，Gómez（2013）把海洋中的 *Neoceratium* 重新又修订为 *Tripos*，这一改变也已得到 WoRMS 和 algaeBASE 两大数据库的认可。本专著采用了 *Tripos* 这一属名，与国际最新命名法则一致[①]。另一改动较大的是鳍藻属的部分种类重又修订为秃顶藻属（*Phalacroma* Stein, 1883），仅从形态上两属较难区分（Abé，1967；Balech，1967），然而随着分子技术发展，Handy 等（2009）以及 Hastrup 和 Dangbjerg（2009）等发现两属的分子距离明显分离，因此，Hastrup 和 Dangbjerg（2009）恢复了秃顶藻，修订了其形态特征，仅对上壳小于细胞长度 1/4 的物种修订为秃顶藻，这种限制排除了秃顶藻有较大的上壳，本书参照 WoRMS 分类体系，对鳍藻中的部分物种修订为秃顶藻。无论是角藻、秃顶藻，还是其他变动的种类，原常用名称均以同物异名进行了标注。对于无壳的裸甲藻目的种类，我们发现有约 200 个形态不同的种类，这类群的物种用甲醛固定后易变形或皱褶，用碘液固定也看不清横沟以及位移的情况，仅通过光学显微镜观察对其外部的形态进行甄别，物种的准确性可能出入较大，因此，书中只列出了该目与文献中极为相似的少数种类，这些种类在水样中不论是物种数还是丰度所占比例均较高，以后还需采用扫描电镜、透射电镜以及分子技术做进一步的研究。《热带印度洋浮游甲藻物种多样性》的分类体系主要沿用了《中国海藻志》的分类系统，与 WoRMS 和 AlgaeBase 有些不同。

本书的出版得到了"全球变化与海气相互作用（二期）"专项（GASI-01-

---

①*Tripos* 字译为三角藻较妥，但是硅藻门中 *Triceratium* Ehrenberg, 1839 属的中文名为三角藻，为避免混淆，*Tripos* 中文名仍沿用角藻。

AIP-STwin 和 GASI-01-WINDSTwin）和"全球变化与海气相互作用（一期）"专项（GASI-02-IND-STSspr、GASI-02-IND-STSsum、GASI-02-IND-STS aut、GASI-02-IND-STS win）的支持。刘晨临研究员在照片处理与理顺、文献查阅与翻译和编排等方面，王琦博士在部分样品采集、处理、鉴定、拍照和文献查阅方面，李方茹在照片处理过程中都付出了辛勤的劳动、给予了大力的支持。自然资源部第一海洋研究所海洋生态研究中心和海洋与气候研究中心的同事们给予了热情的帮助。感谢"向阳红 09""向阳红 01""向阳红 18"和"海测 3301"科学考察船全体工作人员在样品采集过程中提供的帮助。感谢审稿专家孙军教授、顾海峰研究员和杨世民教授提出的宝贵意见和建议。作者一并表示诚挚感谢！

鉴于作者水平所限，本书在编写过程中难免有错误和不足之处，敬请同行和读者朋友们批评指正。

著　者

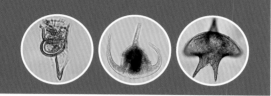

目　录

甲藻门 Dinophyta

甲藻纲 Dinophyceae

甲藻门 Dinophyta
甲藻纲 Dinophyceae

第一目
原甲藻目
Prorocentrales Lemmermann, 1910

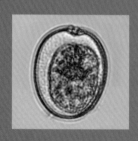
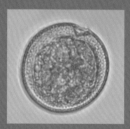

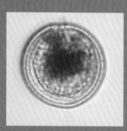

原甲藻科 Prorocentraceae Stein, 1883

原甲藻属 *Prorocentrum* Ehrenberg, 1834

1. 波罗的海原甲藻 *Prorocentrum balticum* (Lohmann) Loeblich Ⅲ, 1970（图 1）

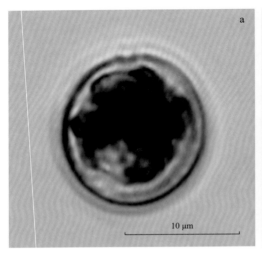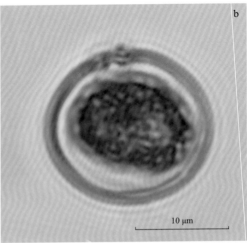

图 1　波罗的海原甲藻 *Prorocentrum balticum* (Lohmann) Loeblich Ⅲ, 1970

a. 右壳面观；b. 左壳面观

同物异名：*Exuviaella baltica* Lohmann, 1908; *Prorocentrum pomoideum* Bursa, 1959; *Exuviaella aequatorialis* Hasle, 1960

细胞体小型，长 13 ~ 18 μm，壳面观呈圆形或卵圆形，侧面观呈扁圆形。围鞭毛区边缘有两个大小相近的小刺，壳面具小刺。孔沿壳边缘分布且分散。

近岸浮游性种。世界广泛分布。

2. 扁形原甲藻 *Prorocentrum compressum* (Ostenfeld) Abé, 1967（图 2）

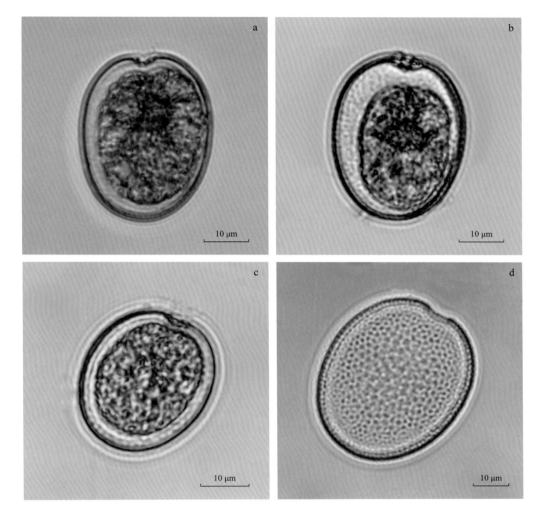

图 2 扁形原甲藻 *Prorocentrum compressum* (Ostenfeld) Abé, 1967

a、c 和 d. 左壳面观；b. 右壳面观

同物异名：*Exuviaella compressa* Ostenfeld, 1889; *Exuviaella marina* Schütt, 1895; *Dinopyxis compressa* Stein, 1883; *Prorocentrum bidens* Schiller, 1928

细胞体小型至中型，长 33～45 μm，宽 25～38 μm，壳面观呈卵圆形或近球形。前端略扁平或凹陷。围鞭毛区边缘有两个短的顶刺，具小翼。细胞壳面分布有浅凹孔。

大洋或近岸浮游性种。世界广泛分布。

3. 具齿原甲藻 *Prorocentrum dentatum* Stein, 1883（图 3）

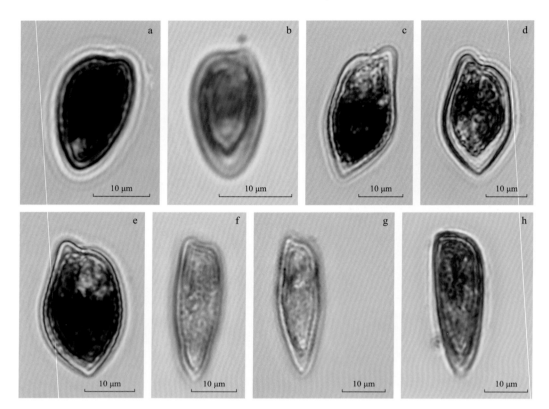

图 3　具齿原甲藻 *Prorocentrum dentatum* Stein, 1883

a ~ c. 右壳面观；d ~ g. 左壳面观；h. 背面观

同物异名：*Prorocentrum donghaiense* Lu, 2001; *Prorocentrum shikokuense* Hada ex Balech, 1975; *Prorocentrum obtusidens* Schiller, 1928

细胞体中小型，长 18 ~ 35 μm，宽 10 ~ 17 μm，单个生活或 2 ~ 4 个细胞连成短链，是本属中唯一可呈多细胞连体的种，形态多变。壳面观呈标枪形，前端稍宽，壳面背部顶端呈齿状突起或肩突，无顶刺，后端收窄，末端尖。

作者在印度洋发现的不同标本，形态差别较大，大致有 3 个形态（图 3 a ~ b、图 3 c ~ e 和图 3 f ~ h）。关于具齿原甲藻的命名争论较大，最早的记录是 Stein（1883）定名，但他报道的细胞尺寸大（50 ~ 60 μm）；Schiller（1928）发现的新种钝齿原甲藻（*P. obtusidens*），同本书图 3 的 f ~ h；Dodge（1975）中将 *P. obtusidens* 归为具齿原甲藻的同物异名。Hada 和 Balech（1975）定名的新种（*P. shikokuense*）非常像 *P. obtusidens*，本书图 3 的 c ~ e 同 Tomas（1997）一书中的图 8。

浮游性种。世界广布种，大西洋、太平洋、印度洋、北海、马尾藻海有分布记录。

4. 伯利兹原甲藻 *Prorocentrum belizeanum* Faust, 1993（图4）

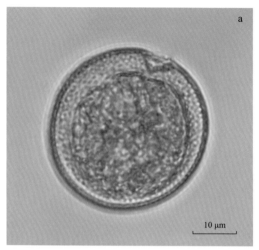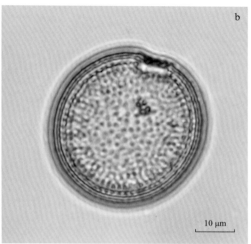

图4　伯利兹原甲藻 *Prorocentrum belizeanum* Faust, 1993

a. 完整细胞的右侧面观；b. 破碎细胞的左壳内面观

　　细胞体壳面观呈圆形至稍卵形，长40 ～ 44 μm，宽38 ～ 41 μm。壳表面有深的网纹，每个网纹有一个孔。壳面中部凹。光镜下细胞边缘有一排明显成条纹的凹陷。位于右壳面的顶部区域是一近等边的宽三角形，左壳面抬高。

　　本种与 *P. ruetzlerianum* 的外形很相似，也与凹形原甲藻 *P. concavum* 和凹顶原甲藻 *P. emarginatum* 容易混淆。但是 *P. ruetzlerianum* 的藻体小（28 ～ 35 μm），壳面网纹较大。而凹形原甲藻和凹顶原甲藻藻体壳面观呈梨形，壳边缘缺乏孔纹。

　　底栖性种，经常混入浮游群中。分布于热带近岸海域，图4标本采自马达加斯加近海水体中。

5. 扁豆原甲藻 *Prorocentrum lenticulatum* (Matzenauer) Taylor, 1976（图 5）

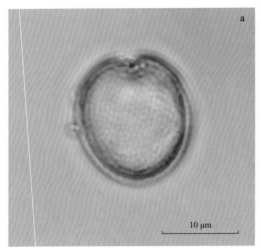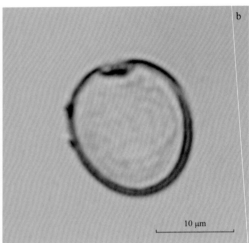

图 5　扁豆原甲藻 *Prorocentrum lenticulatum* (Matzenauer) Taylor, 1976

a. 右壳面观；b. 左壳面观

同物异名：*Exuviaella lenticulatum* Matzenauer, 1933

细胞体较小，长 16 ~ 18 μm，宽 14 ~ 15 μm。细胞壳面观呈近圆形。顶端围鞭毛区具两个孔，边缘有两个明显的翼状顶刺，两根鞭毛从较大的一个孔伸出。细胞壳面有许多规则排列的浅凹陷。

本种形态与扁形原甲藻 *P. compressum* 相似，但本种个体相对较小，壳面通常为近圆形，壳面孔更加粗大。

浮游性种。世界分布广。

6. 利玛原甲藻 *Prorocentrum lima* (Ehrenberg) Stein, 1878（图 6）

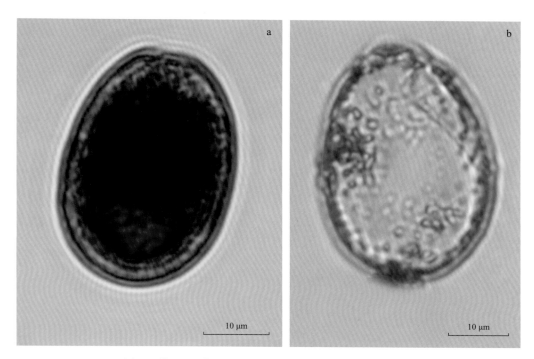

图 6　利玛原甲藻 *Prorocentrum lima* (Ehrenberg) Stein, 1878

a. *左壳面观*；b. *右壳面观*

同物异名：*Cryptomonas lima* Ehrenberg, 1859; *Exuviaella caspica* Kiselev, 1940; *Exuviaella marina* Cienkowski, 1881; *Dinopyxis laevis* Stein, 1883; *Exuviaella lima* (Ehrenberg) Butschii, 1885; *Exuviaella laevis* (Stein) Schröder, 1900; *Exuviaella cincta* Schiller, 1918; *Exuviaella ostenfeldii* Schiller, 1933; *Prorocentrum marinum* Dodge ex Bibby, 1973

长 40 ~ 69 μm，宽 28 ~ 50 μm。藻体壳面观呈倒卵形，中后部最宽。左壳面前端平坦或稍凹；右壳面前端则明显下凹呈"V"形。无顶刺。

多营底栖或附着生活，偶尔营浮游生活。世界广布种，浅海、河口均有分布。

7. 墨西哥原甲藻 *Prorocentrum mexicanum* Osorio-Tafall, 1942（图7）

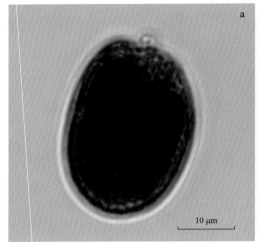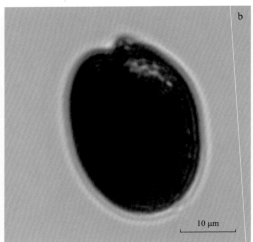

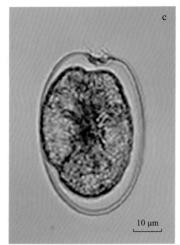

图7　墨西哥原甲藻 *Prorocentrum mexicanum* Osorio-Tafall, 1942

a ~ c. 左壳面观

同物异名：*Prorocentrum maximum* Schiller, 1931; *Prorocentrum rhathymum* Loeblich Ⅲ, Sherley & Schmidt, 1979

细胞体小型，长 32 μm，宽 23 μm。壳面观呈椭圆形，侧面观呈椭球状。左壳面前端平坦，有时稍凹；右壳面下凹明显。左、右壳面较平滑。顶端有一个顶刺，其翼非常发达。

广泛分布于热带、亚热带浅海海域。

8. 闪光原甲藻 *Prorocentrum micans* Ehrenberg, 1834（图 8）

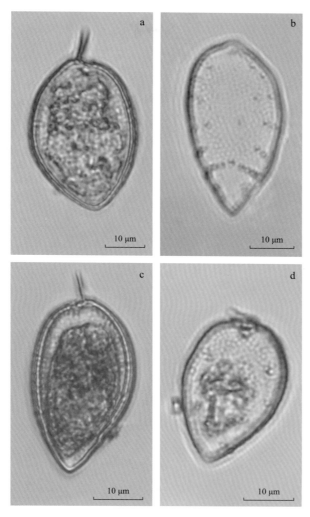

图 8　闪光原甲藻 *Prorocentrum micans* Ehrenberg, 1834

a. 右壳面观；b ~ d. 左壳面观

同物异名：*Prorocentrum schilleri* Bohm in Schiller, 1933; *Cercaria* sp. Michaelis, 1830; *Prorocentrum levanlinoides* Bursa, 1959; *Prorocentrum pacificum* Wood, 1963

细胞体中型，长 28 ~ 40 μm，宽 20 ~ 30 μm。形状多变，壳面观呈椭圆形、圆形、心形等，瓜子形最为常见；侧面观较平。壳面观前端圆钝，后端尖，中部最宽，通常长小于宽的两倍。顶刺两个，其中一个明显较大，呈三角形，翼发达。壳面具许多规则排列的凹陷。

世界广布种，河口、近岸至大洋均有分布。

9. 微小原甲藻 *Prorocentrum minimun* (Pavillard) Schiller, 1931（图 9 ）

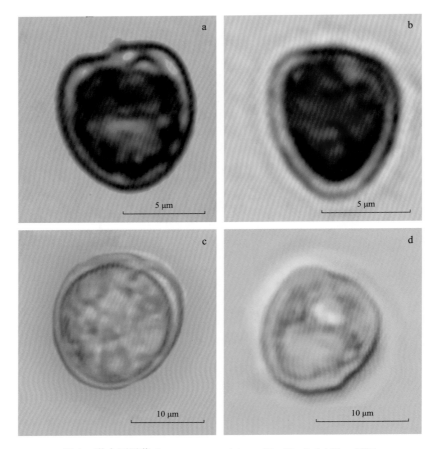

图 9　微小原甲藻 *Prorocentrum minimun* (Pavillard) Schiller, 1931

同物异名：*Prorocentrum cordatum* (Ostenfeld) Dodge, 1976; *Exuviaella minima* Pavillard, 1916; *Prorocentrum triangulatum* Martin, 1929; *Exuviaella mariae-lebourie* Parke & Ballantine, 1957; *Prorocentrum cordiformis* Bursa, 1959; *Prorocentrum minimun* var. *triangulatum* (Martin) Hulburt, 1965; *Prorocentrum mariae-lebourae* (Parke & Ballantine) Loeblich Ⅲ, 1970

细胞体小型，长 15 ~ 18 μm，宽 13 ~ 17 μm。形状多变，壳面观呈心形、椭圆形或倒三角形。前端较平坦、宽阔，后端收窄、圆润。围鞭毛区具两个顶刺，一个较大；另一个短小且不明显。壳面覆盖有许多小刺。

本种与波罗的海原甲藻形态相似，本种前端较宽阔，壳面多为心形；而后者多为近圆形。

浮游性种。世界广布种，广泛分布于从寒带至热带的河口、近岸海域。

10. 具喙原甲藻 *Prorocentrum rostratum* Stein, 1883（图 10）

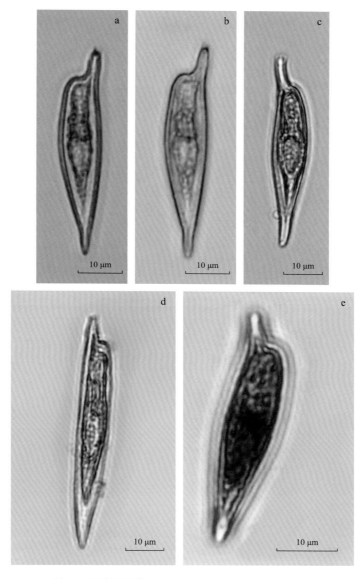

图 10　具喙原甲藻 *Prorocentrum rostratum* Stein, 1883

a 和 b. 右壳面观；c ~ e. 左壳面观

同物异名：*Prorocentrum styliferum* Lohmann; *Prorocentrum tenue* Lohmann

细胞体中型，长 38 ~ 70 mm，宽 8 ~ 11 mm，长约为宽的 5 ~ 6 倍。壳面观细长，有时弯曲，且不对称。两壳前部具有喙状突出，但不是围鞭毛区，后部尖。壳表面具浅凹陷，或有孔。

分布范围广，大西洋、地中海、加勒比海、澳大利亚海域、印度洋等均有分布。

11. 盾形原甲藻 *Prorocentrum scutellum* Schröder, 1900（图 11）

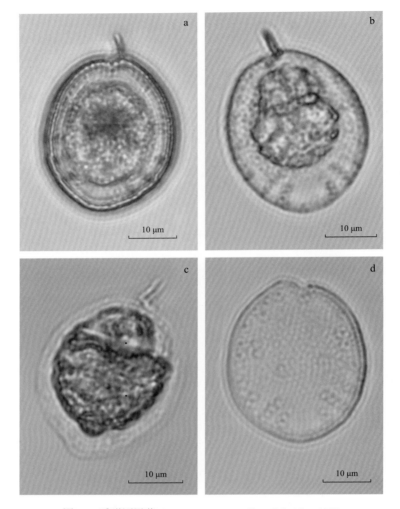

图 11　盾形原甲藻 *Prorocentrum scutellum* Schröder, 1900

a 和 b. 左壳面观；c 和 d. 右壳面观

　　同物异名：*Prorocentrum robustum* Osorio-Tafall, 1942; *Prorocentrum sphaeroideum* Schiller, 1928

　　细胞呈宽头形或卵圆形，前部稍缩，底部略凸或圆，体中部或稍下一点处最宽。长 31 ~ 37 μm，宽 26 ~ 31 μm。腹面观扁平。左壳面前端有一个明显的具极薄边翼的刺，刺长 5 ~ 7 μm。壳表面密布大小不等的孔，体边缘较大的刺丝胞孔呈线形向壳面中部放射状排列，最长的线有 4 ~ 5 个孔。

　　本种与闪光原甲藻相似，壳面孔纹也极相似，但该种的底部圆或略突，长宽比小于闪光原甲藻，前者不足 1.2，而后者在 1.4 ~ 1.9 范围内。

　　大西洋、亚得里亚海、印度洋均有记录。

12. 纤细原甲藻 *Prorocentrum gracile* Schütt, 1895（图 12）

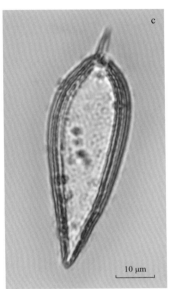

图 12　纤细原甲藻 *Prorocentrum gracile* Schütt, 1895

同物异名：*Prorocentrum macrurus* Athanassapaulos, 1931; *P. bentschelii* Schiller, 1933; *P. sigmoides* Böhm, 1933; *P. diamantinae* Wood, 1963

　　细胞体中型，体细长，呈长梨形，长 64 ~ 66 μm，宽 20 ~ 24 μm，长大约是宽的 3 倍。底部尖。顶刺 8.8 ~ 10 μm，有宽翼。两壳板厚而坚实。

　　该种与反曲原甲藻 *P. sigmoides* 很相似，目前 WoRMS 网站不接受反曲原甲藻。我们认为这两个种存在形态差异，反曲原甲藻的体前部呈背弓腹凹，鞭毛孔前部较平，细胞体和顶部棘刺也明显长于纤细原甲藻。因此，本书还是将这两个种分开。Cohen-Fernandez 等（2006）比较了这两个种的特征值，认为是同物异名，至于是不是同物异名还需通过分子手段来确认。

　　浮游性广温种。

13. 反曲原甲藻 *Prorocentrum sigmoides* Böhm, 1933（图 13）

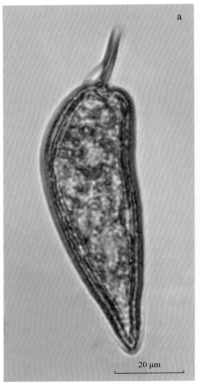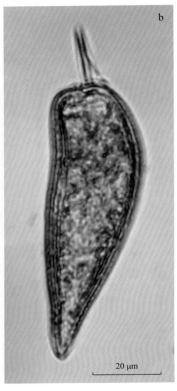

图 12　反曲原甲藻 *Prorocentrum sigmoides* Böhm, 1933

a. 右壳面观；b. 左壳面观

　　细胞体个体大，略呈 "S" 形，长 83 μm，宽 28 μm。侧面观细胞腹面离顶端 1/3 处略凹陷，相应地，背面离顶端近 1/3 处隆起，后端尖细。顶刺细长，长约 18 μm，翼片发达，副刺短小。两壳板厚而坚实，表面散生排列规矩的刺丝胞孔。

　　近岸浮游性种。分布于北大西洋、墨西哥、新西兰、黎巴嫩、突尼斯海域等。中国南海有记录。

14. 原甲藻 *Prorocentrum* spp.（图 14）

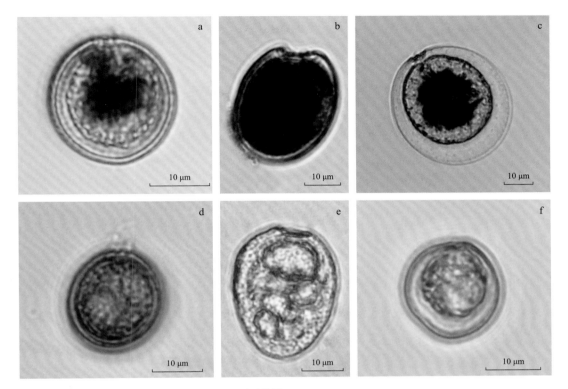

图 14　原甲藻属 *Prorocentrum* spp.

第二目
鳍藻目

Dinophysiales Lindemann, 1928

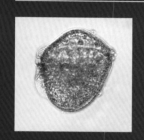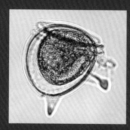

双管藻科 Amphisoleniaceae Lindemann, 1928

双管藻属 *Amphisolenia* Stein, 1883

15. 二齿双管藻 *Amphisolenia bidentata* Schröder, 1900（图 15）

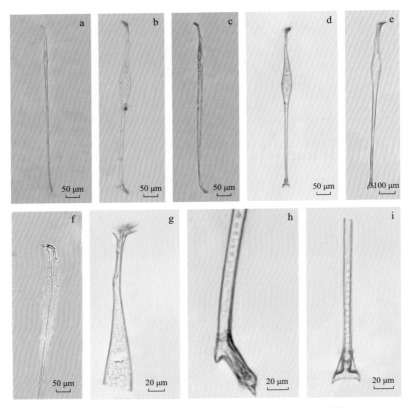

图 15　二齿双管藻 *Amphisolenia bidentata* Schröder, 1900

a ~ c. 右侧面观；d 和 e. 左侧面观；f 和 g. 放大的头部、颈部、前突；h 和 i. 放大的后突末端

　　细胞体大型，细长，总长 500 ~ 1100 μm，中体部宽 14 ~ 37 μm，头部弯向背面，后突末端弯向腹面。头部上壳稍凸，横沟宽，边翅发达具肋刺，略向上伸展。颈部细长，圆柱状或椭圆柱状。前突短而宽，中体部纺锤形，后突细长，末端呈"足"状，具 3 个楔形小刺。

　　本种与黄芪双管藻 *A. astragalus* 相似，二者明显差别为后者在后突末端只有一个小刺。

　　外洋性种。广泛分布于热带、亚热带海域，为双管藻属最常见的物种。中国东海、南海、台湾南部海域，以及吕宋海峡均有分布。

16. 二球双管藻 *Amphisolenia globifera* Stein, 1883（图 16）

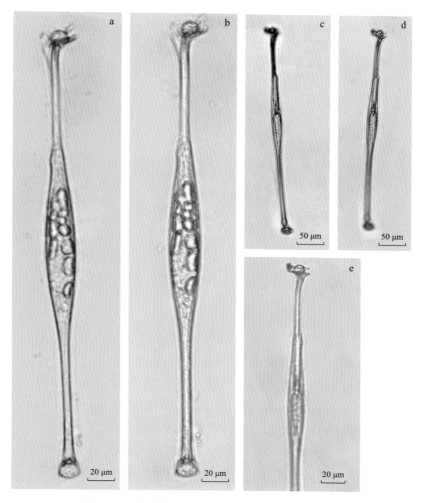

图 16　二球双管藻 *Amphisolenia globifera* Stein, 1883

a 和 b. 左侧面观；c ~ e. 右侧面观

　　细胞体大型，总长 340 ~ 370 μm，中体部宽 15 ~ 20 μm，头部略弯向背面，藻体较直。头部上壳凸，中体部呈纺锤形，约占细胞总长的 1/3。后突末端膨大呈球状，底部具 4 个小刺。

　　热带、亚热带海域世界性广布种。红海、阿拉伯海、孟加拉湾、加勒比海、地中海、印度洋、南大西洋海域均有分布。中国东海、南海也有分布。

17. 古生双管藻 *Amphisolenia palaeotheroides* Kofoid, 1907（图 17）

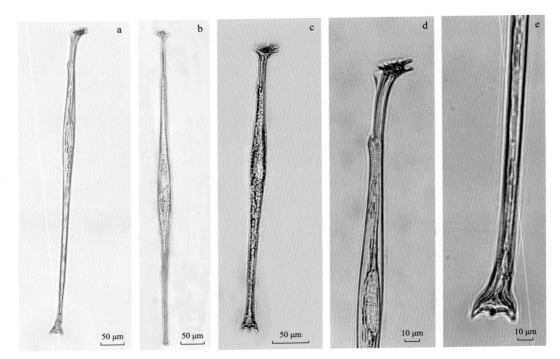

图 17　古生双管藻 *Amphisolenia palaeotheroides* Kofoid, 1907

a、c 和 d. 左侧面观；b. 腹面观；d. 放大的头部、颈部；e. 放大的后突末端

　　细胞体大型，总长 425 ~ 625 μm，较粗壮，中体部宽 17 ~ 23 μm。头部稍微弯向背面。中体部长，占细胞总长的 2/5 ~ 1/2，与前突和后突之间无明显界限。后突末端膨大，弯向腹部，形如野兽的"爪"，末端顶部和两侧边缘具 3 个小刺。

　　暖海性种。太平洋东部热带海域、墨西哥湾、加勒比海、印度洋毛里求斯海域均有记录。中国冲绳海槽附近海域也有记录。

18. 矩形双管藻 *Amphisolenia rectangulata* Kofoid, 1907（图 18）

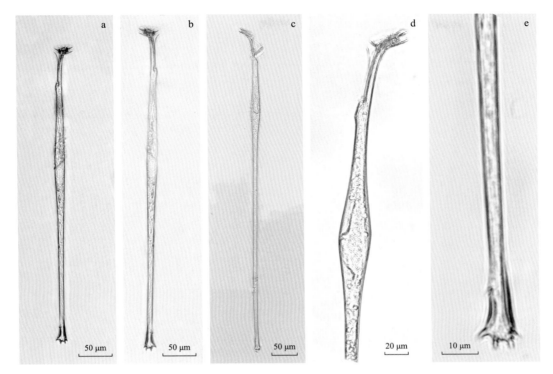

图 18　矩形双管藻 *Amphisolenia rectangulata* Kofoid，1907

a. 背面偏左侧；b. 背面偏右侧；c. 右侧面观；d. 左侧面观，放大的头部、颈部、前突；e. 放大的后突末端

细胞体大型，细长，总长 450 ～ 650 μm，中体部宽 18 ～ 26 μm，头部略弯向背面，后突末端直，有时稍弯。头部上壳较平，中体部呈纺锤形。后突末端膨大，呈矩形，四角各具一个楔形小刺。

分布于热带、亚热带海域。太平洋墨西哥近岸热带海域、日本相模湾、北大西洋、墨西哥湾、印度洋均有记录。中国西沙群岛海域有分布。

19. 四齿双管藻 *Amphisolenia schauinslandii* Lemmermann, 1899（图 19）

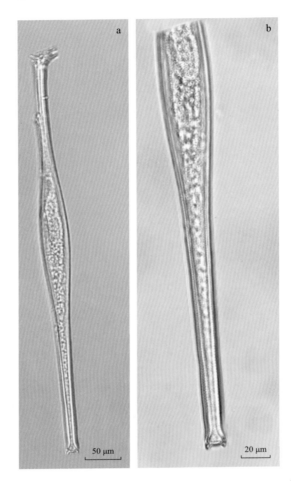

图 19　四齿双管藻 *Amphisolenia schauinslandii* Lemmermann, 1899

a. 左侧面观；b. 放大的后突末端

　　细胞体大型，较直，总长 485 μm，中体部宽 37 μm。头部上壳凸，颈部狭窄，前突长。中体部呈纺锤形，约占细胞总长的 1/3，最宽处位于中后段。后突较短，末端直，底部生有 4 个楔形小刺。

　　本种与矩形双管藻的共同点是后突末端均有 4 个小刺。相对后者，本种体型略小，前突较长，中体部最宽处位于藻体中后段。

　　分布于太平洋热带海域，印度洋的孟加拉湾、阿拉伯海、莫桑比克海峡，以及大西洋的加勒比海等海域。中国东海、南海均有分布，数量不多。

20. 锥形双管藻 *Amphisolenia schroeteri* Kofoid, 1907（图 20）

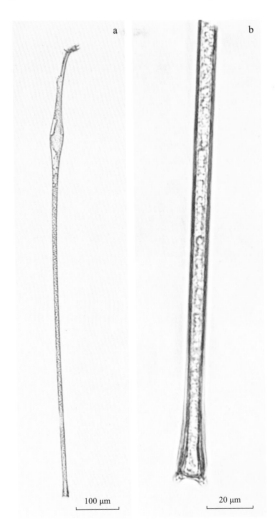

图 20　锥形双管藻 *Amphisolenia schroeteri* Kofoid, 1907
a. 左侧面观；b. 放大的后突末端

　　细胞体大型，总长 1000 μm，中体部宽 42 μm，头部较小，稍弯向背面，上壳凸，呈椭球形。中体部呈纺锤形。后突较长且直，末端底部生有两个楔形小刺。

　　本种与四齿双管藻和矩形双管藻形态相似，但本种后突末端仅有两个小刺，后两种均有 4 个小刺。

　　分布于太平洋中部海域、印度洋中东部海域、孟加拉湾、阿拉伯海等。中国冲绳海槽附近海域有记录。

21. 三叉双管藻 *Amphisolenia thrinax* Schütt, 1893（图 21）

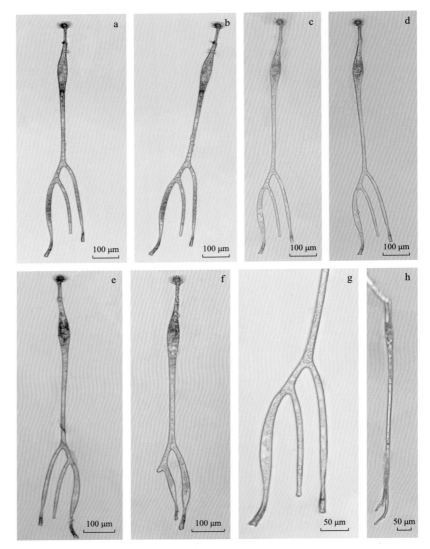

图 21　三叉双管藻 *Amphisolenia thrinax* Schütt, 1893

a ~ d. 腹面偏右侧；e 和 f. 腹面偏左侧；g 和 h. 后突分枝末端

　　细胞体大型，总长 880 ~ 945 μm，中体部宽 36 ~ 40 μm。头部弯向背面，后突弯曲且分叉。头部上壳扁平，横沟边翅发达。中体部呈纺锤形，位于藻体前段。后突长，占细胞总长度的 2/3 以上，在藻体后 1/3 处分叉，向斜下方伸出 3 个分枝，分枝间近平行，长短、粗细不一，变化较大。每个分枝末端有 3 个小齿。

　　分布于热带、亚热带海域。东太平洋、印度洋、大西洋美洲至非洲沿岸、澳大利亚东北部海域等均有记录。中国东海、南海，以及吕宋海峡较常见。

三管藻属 *Triposolenia* Kofoid, 1906

22. 双角三管藻 *Triposolenia bicornis* Kofoid, 1906（图 22）

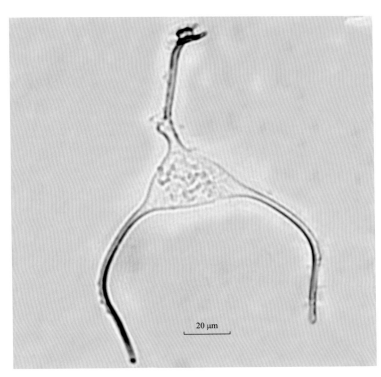

图 22　双角三管藻 *Triposolenia bicornis* Kofoid, 1906

左侧面观

细胞体大型，总长 140 μm，中体部呈三角形，高约 30 μm，三边向外略呈弧形。顶部与前突相连，底部两端沿斜下方与纵轴呈约 45° 方向伸出两个底角，在约 2/3 处向内侧弯转，弯转处外缘具 3 ~ 6 个不规则突起，末端与纵轴近平行，间距约 80 μm。头部与双管藻属相似，颈部狭长，前突相对短粗，背部弯曲。

热带、亚热带大洋性种，为本属中分布最广泛的种。孟加拉湾、东太平洋热带海域、地中海、印度洋有分布。中国东海黑潮暖流区、南海也有分布。

23. 枝形三管藻 *Triposolenia ramiciformis* Kofoid, 1906（图 23）

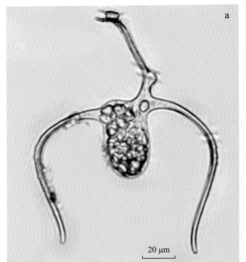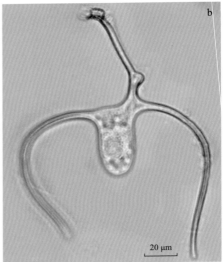

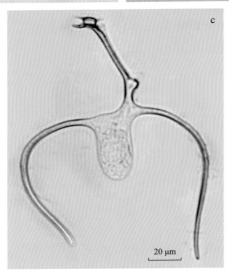

图 23　枝形三管藻 *Triposolenia ramiciformis* Kofoid, 1906

a ~ c. 右侧面观

　　细胞体大型，总长 140 ~ 150 μm，中体部向后部突出呈舌形，顶部一侧向上突起与前突相连，顶部两端各伸出一个底角，一个底角向腹部延斜下方伸出后逐渐弯向纵轴，另一个底角向背部方向水平伸出后在 2/5 处弯向纵轴，几乎与颈部平行，两底角末端间距约 70 μm。头部与双管藻属相似，上壳稍凸，颈部狭长，背部略弯曲。

　　分布于热带、亚热带及暖温带海域。

鳍藻科 Dinophysiaceae Camba Reu Cibran, 2006

鳍藻属 *Dinophysis* Ehrenberg, 1839

24. 阿曼达鳍藻 *Dinophysis amandula* (Balech) Sournia, 1973（图 24）

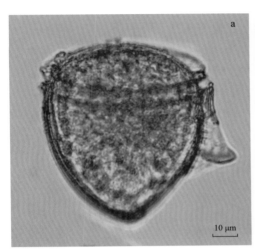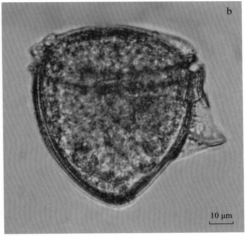

图 24　阿曼达鳍藻 *Dinophysis amandula* (Balech) Sournia, 1973

a 和 b. 右侧面观，同一个细胞的不同焦平面观

同物异名：*Phalacroma ovum* Schütt, 1895

　　细胞体中型，长 71 μm，背腹宽 62 μm，侧面观呈倒卵形，藻体最宽处位于横沟下方。上壳短且明显凸起，约为体长的 1/4。横沟水平或稍倾斜，横沟边翅水平。下壳较长，稍向腹面倾斜。藻体后部逐渐收窄。纵沟左边翅较发达，可达下壳长的 2/3，左边翅的边缘直或稍凹，其宽度在 R1 至 R2 之间较窄且凹。壳面眼纹细密，孔分散其中。

　　广泛分布于热带、亚热带及暖温带海域。澳大利亚东部海域有记录，但数量少。

25. 顶生鳍藻 *Dinophysis apicata* (Kofoid & Skogsberg) Abé, 1967（图 25）

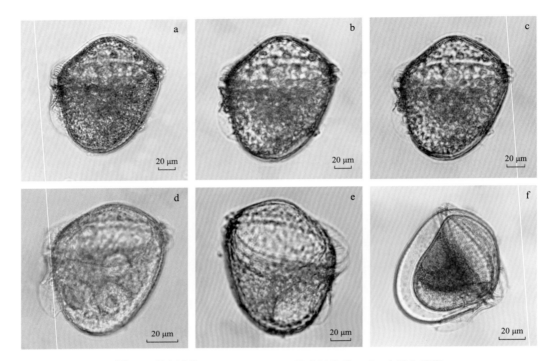

图 25　顶生鳍藻 *Dinophysis apicata* (Kofoid & Skogsberg) Abé, 1967

a ~ d. 左侧面观；e 和 f. 右侧面观

同物异名：*Phalacroma apicatum* Kofoid & Skogsberg, 1928

细胞体大型，长 85 ~ 135 μm，背腹宽 72 ~ 115 μm，侧面观呈卵圆形。上壳短，约为体长的 2/5，圆锥形，顶端圆钝。横沟宽，横沟边翅水平伸出。下壳较长，纵沟左边翅发达，可达下壳长的 3/4；右边翅短。

大洋性种。太平洋热带海域、墨西哥湾、孟加拉湾、安达曼海、日本相模湾有分布。中国东海、吕宋海峡有记录。

26. 光亮鳍藻 *Dinophysis argus* (Stein) Abé, 1967（图 26）

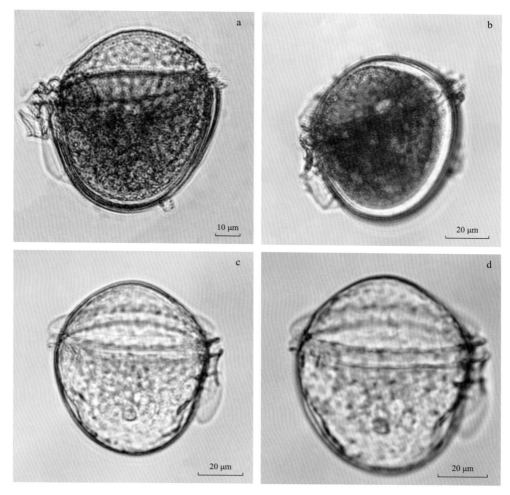

图 26　光亮鳍藻 *Dinophysis argus* (Stein) Abé, 1967

a 和 b. 左侧面观；c 和 d. 右侧面观，同一个细胞的不同焦平面观

同物异名：*Phalacroma argus* Stein, 1883

细胞体中型，长 78 ~ 85 μm，背腹宽 65 ~ 71 μm，侧面观呈卵圆形。上壳短，约为体长的 1/3，呈半球形。下壳较长，纵沟边翅上半部存在明显的内凹，并具肋刺支撑。纵沟左边翅发达，可达下壳长的 3/4；右边翅窄而短。

本种与顶生鳍藻非常相似，本种上壳呈半球形，边缘弧形；而后者上壳呈圆锥形，边缘变化较平直。

大洋性种。广泛分布于热带、亚热带及暖温带海域。中国东海、南海，以及台湾以东海域、吕宋海峡均有分布。

27. 平面鳍藻 *Dinophysis complanata* (Gaarder) Balech（图 27）

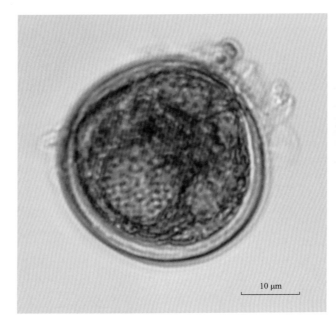

图 27　平面鳍藻 *Dinophysis complanata* (Gaarder) Balech

右侧面观

同物异名：*Phalacroma complanatum* Gaarder, 1954

细胞体小型，长 33 μm，背腹宽 35 μm，侧面观呈近圆形。上壳微凸起，约为体长的 1/5。横沟较宽，横沟边翅窄，略向斜上方伸展。下壳较长，后部逐渐向内收拢。纵沟左边翅发达，可达下壳长的 3/4；右边翅窄而短。

世界稀有种。北大西洋有记录。中国南海北部海域有记录。

28. 平滑鳍藻 *Dinophysis laevis* Claparède & Lachmann, 1859（图 28）

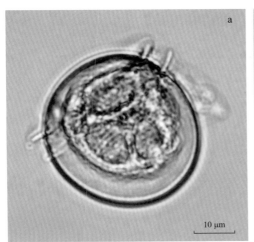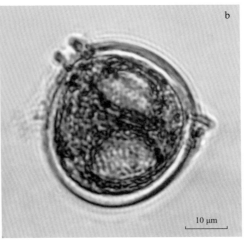

图 28　平滑鳍藻 *Dinophysis laevis* Claparède & Lachmann, 1859

a. 左侧面观；b. 右侧面观

同物异名：*Phalacroma rotundatum* var. *laevis* (Claparède & Lachmann) Jörgensen, 1899

细胞体小型，长 40 ~ 41 μm，背腹宽 37 ~ 38 μm，侧面观呈椭圆形或圆形。上壳短，凸起呈半球形，约为体长的 1/5。横沟宽阔，横沟边翅窄，无明显肋刺。下壳较长，纵沟左边翅发达，约为下壳长的 2/3；右边翅窄而短。壳面眼纹细密。

冷水至暖水性种。南大西洋巴西附近海域、西班牙加那利群岛附近海域有分布。中国南海北部海域有记录。

29. 小型鳍藻 *Dinophysis parvula* (Schütt) Balech, 1967（图 29）

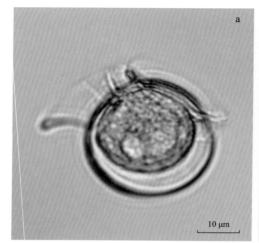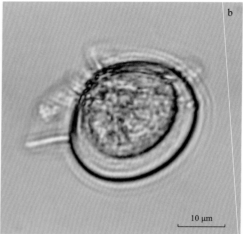

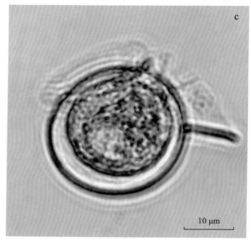

图 29　小型鳍藻 *Dinophysis parvula* (Schütt) Balech, 1967

a 和 b. 左侧面观；c. 右侧面观

同物异名：*Phalacroma parvulum* (Schütt) Jörgensen, 1923；*Phalacroma porodictyum* var. *parvula* Schütt, 1895

细胞体小型，长 26 ~ 31 μm，背腹宽 25 ~ 30 μm，侧面观呈近圆形。上壳短，凸起呈半球形，约为体长的 1/3。横沟宽，具肋刺支撑。下壳较长，背面较腹面略向外凸出。纵沟左边翅发达，可达下壳长的 4/5，末端呈三角形；右边翅窄而短。

本种与宽阔鳍藻 *D. lativelata* 形态相近，主要区别为本种纵沟左边翅的长度和宽度均比后者稍小。

太平洋、大西洋、印度洋、地中海、墨西哥湾、孟加拉湾有分布，但数量少。

30. 渐尖鳍藻 *Dinophysis acuminata* Claparède & Lachmann, 1859（图 30）

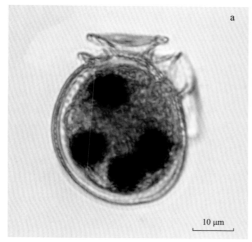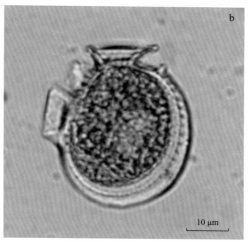

图 30 渐尖鳍藻 *Dinophysis acuminata* Claparède & Lachmann, 1859

a. 右侧面观；b. 左侧面观

同物异名：*Dinophysis ellipsoides* Kofoid, 1907；*Dinophysis cassubica* Woloszynska, 1928；*Dinophysis levanderi* Woloszynska, 1928；*Dinophysis paulsenii* Woloszynska, 1928；*Dinophysis borealis* Paulsen, 1949；*Dinophysis lachmanni* Paulsen, 1949

细胞体小型，长 37 ~ 40 μm，背腹宽 30 ~ 33 μm，侧面观呈椭圆形。上壳非常短，横沟边翅呈漏斗状，上边翅具肋刺支撑；下边翅无肋刺。下壳长，纵沟左边翅发达，末端呈钝角，约为体长的 1/2；右边翅窄而短。壳面眼纹及孔清晰。

浅海寒带至温带性种，世界广布种。中国各海域均有分布。

31. 具尾鳍藻 *Dinophysis caudata* Saville-Kent, 1881（图 31）

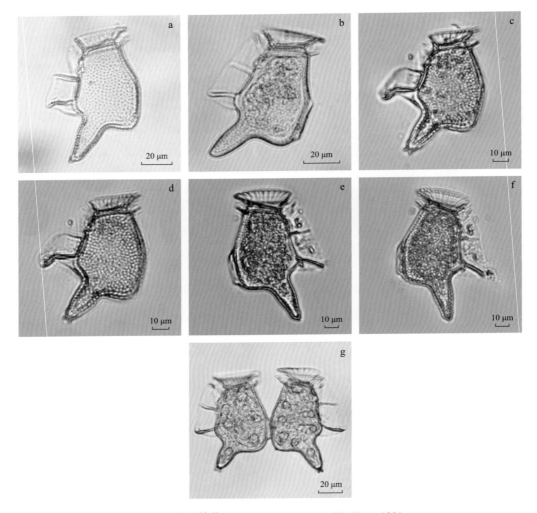

图 31　具尾鳍藻 *Dinophysis caudata* Saville-Kent, 1881

a ~ d. 左侧面观；e 和 f. 右侧面观；g. 群体

同物异名：*Dinophysis homunculus* Stein, 1883

细胞体中型，长 65 ~ 70 μm，背腹宽 37 ~ 43 μm，常成对出现，背缘中下部相连。体形较多变，藻体主体侧面观大致为不等边的四边形，后部急剧变窄形成手指状突起，约为体长的 1/3。上壳甚短，较为平坦。横沟边翅呈漏斗状，上边翅宽且具肋刺。下壳长，纵沟左边翅发达，可至手指状突起的基部，约为体长的 1/2，宽度可达背腹宽的 1/2。壳面具较粗大的眼纹，中央具孔。

浅海温带至热带性种，寒带罕见。世界广布。中国东海、南海的近岸及河口常见，渤海、黄海数量少。

32. 椭圆鳍藻 *Dinophysis ellipsoidea* Mangin, 1926（图 32）

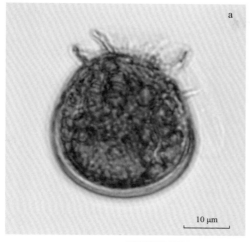
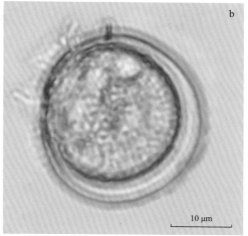
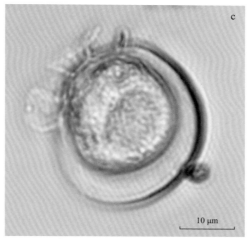

图 32　椭圆鳍藻 *Dinophysis ellipsoidea* Mangin, 1926

a. *右侧面观*；b 和 c. *左侧面观*

同物异名：*Dinophysis acuminata* Claparède & Lachmann, 1859

细胞体小型，长 27 ~ 31 μm，背腹宽 26 ~ 30 μm，侧面观呈扁卵圆形。上壳非常短。横沟宽，横沟边翅呈漏斗状，具肋刺支撑。下壳长，纵沟左边翅发达，末端圆钝，约为体长的 1/2。壳面眼纹细密。

世界罕见种。太平洋东部海域、大西洋、南大西洋威德尔海有记录。

33. 倒卵形鳍藻 *Dinophysis fortii* Pavillard, 1923（图 33）

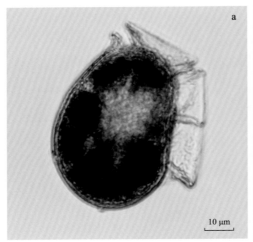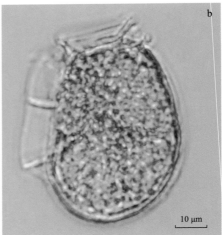

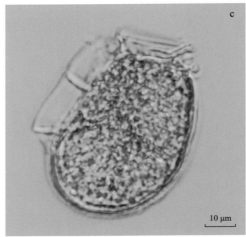

图 33　倒卵形鳍藻 *Dinophysis fortii* Pavillard, 1923

a. 右侧面观；b 和 c. 左侧面观

同物异名：*Dinophysis intermedia* Pavillard, 1916; *Dinophysis laevis* (Bergh) Pouchet, 1883; *Dinophysis intermedia* f. *pachyderma* Jörgensen, 1923

　　细胞体中型，长 51 ~ 54 μm，背腹宽 37 ~ 40 μm，侧面观呈卵圆形，中后部最宽。上壳甚短，横沟边翅呈漏斗状。下壳长，背缘明显呈圆弧形外突，腹缘近平直。纵沟左边翅发达，可达体长的 2/3 ~ 4/5。壳面眼纹及孔清晰。

　　浅海至大洋、寒带至热带性种，世界广布。中国各海域均有分布。

34. 勇士鳍藻 *Dinophysis miles* Cleve, 1900（图 34）

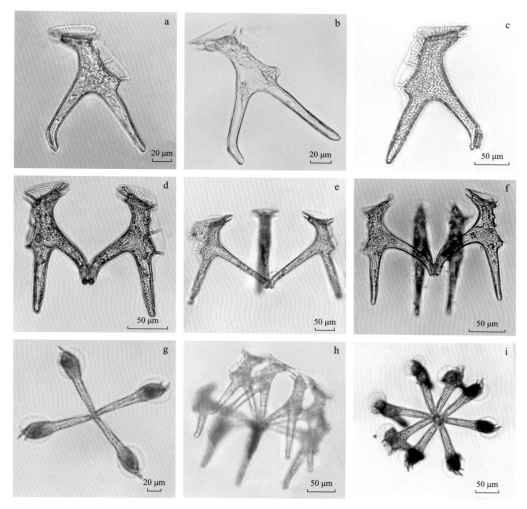

图 34　勇士鳍藻 *Dinophysis miles* Cleve, 1900

a 和 b. 右侧面观；c. 左侧面观；d ~ i. 群体

同物异名：*Dinophysis aggregata* Weber van Bosse, 1901

细胞体大型，长 145 ~ 260 μm，腹面至背突宽 86 ~ 220 μm。该种藻体形态与其他鳍藻相差较大，侧面观呈叉状，在底部和背部各伸出一个细长的棒状突起，即后突和背突。上壳短，横沟边翅呈漏斗状，上、下边翅均具肋刺。下壳长，腹缘呈波浪状起伏。后突末端圆钝，与背突之间呈 50° ~ 90° 夹角，背突末端向下弯曲。细胞间通过背突可连成环状群体。纵沟左边翅发达，约为体长的 2/3。壳面浅坑状凹陷及孔清晰可辨。

热带性种。太平洋、印度洋、地中海、红海、阿拉伯海、澳大利亚西北部海域有分布。中国东海、南海有记录。

35. 卵形鳍藻 *Dinophysis ovum* Schütt, 1895（图 35）

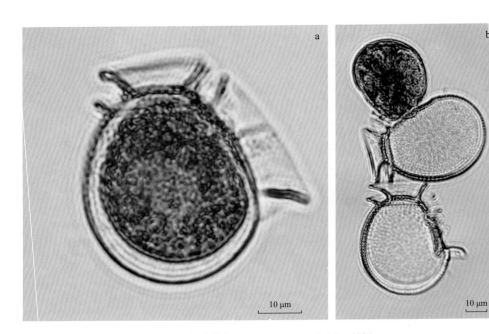

图 35　卵形鳍藻 *Dinophysis ovum* Schütt, 1895

a. 右侧面观；b. 细胞壳破裂，原生质体流出

同物异名：*Dinophysis brevisulca* Tai & Skogsberg, 1934

细胞体中型，长 45 μm，背腹宽 37 μm，侧面观呈卵圆形。上壳甚短，横沟宽，横沟边翅呈漏斗状。上边翅宽，具肋刺。背缘呈圆弧形外突，腹缘较平直。下壳长，纵沟左边翅长且宽，可达体长的 2/3，可达背腹宽的 1/3。壳面眼纹及孔较粗大清晰。

本种与渐尖鳍藻形态相似，但本种纵沟左边翅更加宽阔，其肋刺 R3 更长。

大洋性种。太平洋热带海域、大西洋、地中海、亚得里亚海、阿拉伯海有分布。中国中沙群岛以东海域有记录。

36. 矛形鳍藻 *Dinophysis hastata* Stein, 1883（图 36）

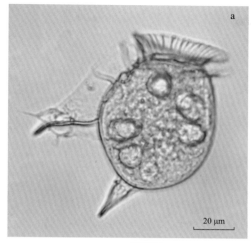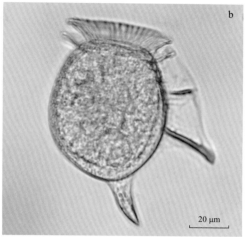

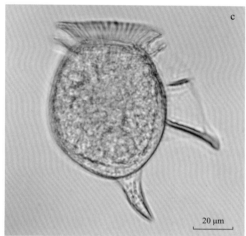

图 36　矛形鳍藻 *Dinophysis hastata* Stein, 1883

a. 左侧面观；b 和 c. 右侧面观

同物异名：*Phalacroma hastatum* Pavillard, 1909

细胞体中型，长 68 ~ 70 μm，背腹宽 54 ~ 56 μm，侧面观呈卵圆形。上壳短，较平。横沟水平，边翅呈漏斗状，具肋翅。下壳长，中后部略向腹侧偏斜。纵沟左边翅发达，可达体长的 3/4，可见网纹结构，末端呈锐角状。下壳底部中央或偏向腹侧具一个三角形底部边翅，具肋刺，与纵沟边翅完全分离。

温带至热带性种。世界广布。中国东海、南海、台湾海峡、台湾东部海域以及吕宋海峡有分布，数量不多。

37. 棘鳍藻 *Dinophysis uracantha* Stein, 1883（图 37）

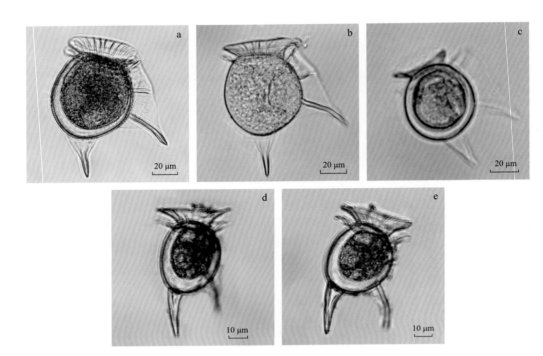

图 37　尾棘鳍藻 *Dinophysis uracantha* Stein, 1883

a ~ c. 右侧面观；d 和 e. 背面偏右侧面观

　　细胞体中型，长 40 ~ 65 μm，背腹宽 36 ~ 60 μm，侧面观呈卵圆形，背面观呈窄椭圆形。上壳短，较平。横沟边翅呈漏斗状，具肋刺。下壳长，中后部略向背侧偏。纵沟左边翅非常发达，接近体长，具网纹结构，末端呈锐角状。右边翅窄而短。下壳底部中央或略偏向背侧处具一个三角形底部边翅，稍弯向腹侧，与纵沟边翅完全分离，具肋刺。

　　本种与矛形鳍藻形态相近，但本种纵沟左边翅更长，底部边翅长且如鹰爪状弯曲；后者底部边翅呈等腰三角形。

　　温带至热带大洋性种。世界广布。

38. 尖尾鳍藻 *Dinophysis acuta* Ehrenberg, 1839（图 38）

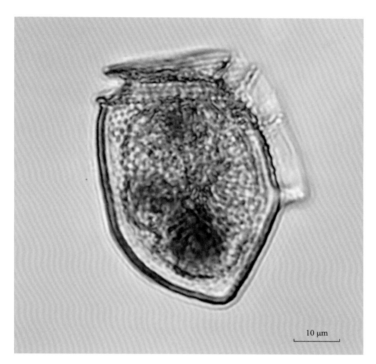

图 38　尖尾鳍藻 *Dinophysis acuta* Ehrenberg, 1839

右侧面观

细胞体中型，长 55 μm，背腹宽 37 μm，侧面观背部弯曲呈弧形。上壳甚短，横沟边翅向上伸展，呈漏斗状。下壳长，中后部最宽，后部侧面观呈宽"V"形。纵沟左边翅发达，约为体长的 2/3。壳面具眼纹。

墨西哥湾、地中海、北大西洋、新西兰沿岸，以及中国黄海有分布记录。

39. 挪威鳍藻 *Dinophysis norvegica* Claparède & Lachmann, 1859（图 39）

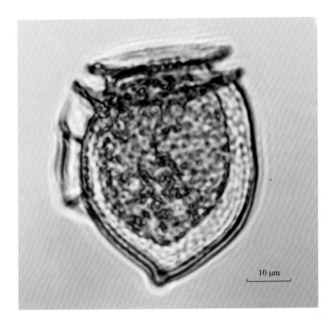

图 39　挪威鳍藻 *Dinophysis norvegica* Claparède & Lachmann, 1859

左侧面观

同物异名：*Dinophysis debilior* Paulsen, 1949; *Dinophysis norvegica* var. *debilior* Paulsen, 1907

细胞体中型，长 50 μm，背腹宽 38 μm，侧面观背部弯曲呈圆弧形与腹缘下半部分成直角。上壳短，横沟宽，下壳长，中部最宽。纵沟左边翅发达，约为体长的 3/5。壳面具眼纹。

广泛分布于北半球寒带至温带近岸海域。

40. 条纹鳍藻 *Dinophysis striata* (Schütt) Abé（图 40）

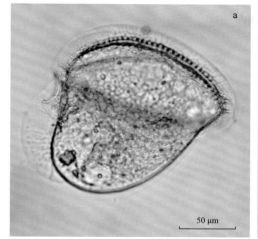
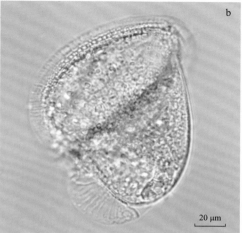
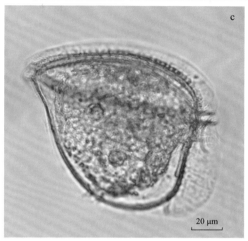

图 40　条纹鳍藻 *Dinophysis striata* (Schütt) Abé

a 和 b. 左侧面观；c. 右侧面观

同物异名：*Phalacroma striatum* Kofoid, 1928

细胞体大型，长 100 ~ 130 μm，背腹宽 105 ~ 126 μm，侧面观呈倒卵形。上壳短且凸出，约为体长的 1/5 ~ 1/4，横沟水平。下壳长，向下逐渐收拢变窄，底部钝圆。纵沟左边翅特别发达，一直延伸到细胞底部，与细胞体等长，具 3 根肋刺；右边翅窄而短。壳面孔纹清晰。

热带性种。北大西洋、地中海海域有发现。印度洋首次记录。

41. 鳍藻 *Dinophysis* spp.（图 41）

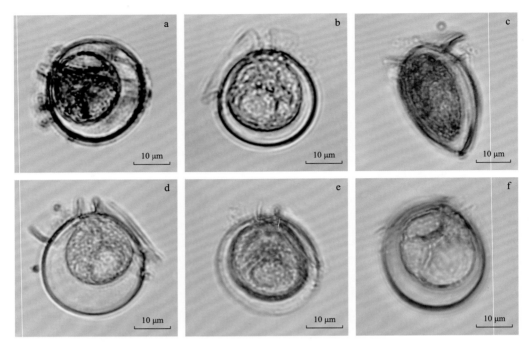

图 41　鳍藻 *Dinophysis* spp.

鸟尾藻属 *Ornithocercus* Stein, 1883

42. 弗朗鸟尾藻 *Ornithocercus francescae* (Murray) Balech, 1962（图 42）

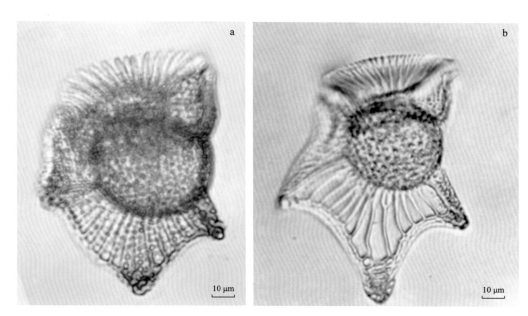

图 42　弗朗鸟尾藻 *Ornithocercus francescae* (Murray) Balech, 1962

a 和 b. 左侧面观

同物异名：*Histioneis francescae* Murray & Whitting, 1899

细胞体中型，长 42 ~ 52 μm，背腹宽 44 ~ 55 μm，宽略大于长。腹面呈近椭圆形，前部窄圆形或圆锥形，中部最宽，后部呈圆形。上壳近矩形，下壳稍凸至平，稍向腹后倾斜。横沟背侧明显比腹侧宽。纵沟大约是下壳长的 1/2，并且有些地方较深。鞘壁厚，横沟板表面细密且有棱纹，有规则排列的肋。

热带大洋性种，广泛分布于地中海、太平洋及大西洋的热带和亚热带地区。

43. 异孔鸟尾藻 *Ornithocercus heteroporus* Kofoid, 1907（图 43）

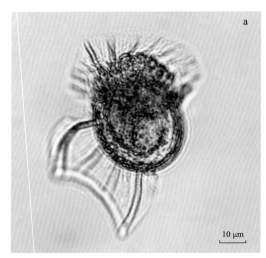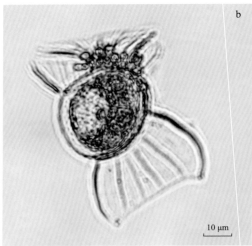

图 43　异孔鸟尾藻 *Ornithocercus heteroporus* Kofoid, 1907

a. 左侧面观；*b. 右侧面观*

　　细胞体小型，长 36 μm，背腹宽 31 μm，侧面观呈近椭圆形。上壳短，较平。横沟宽，横沟边翅具肋。纵沟左边翅较宽大，下缘与右下体边翅相连。右下体边翅发达，可达下壳底部中央或背侧下端，具 4 ~ 6 条主肋，末端与边缘肋相连，并与耳垂状网结（下腹结和底结）汇合。无背附边翅。

　　大洋浮游性种。广泛分布于暖温带至热带海域。大西洋、地中海、亚得里亚海、墨西哥湾、印度洋均有分布。

44. 大鸟尾藻 *Ornithocercus magnificus* Stein, 1883（图 44）

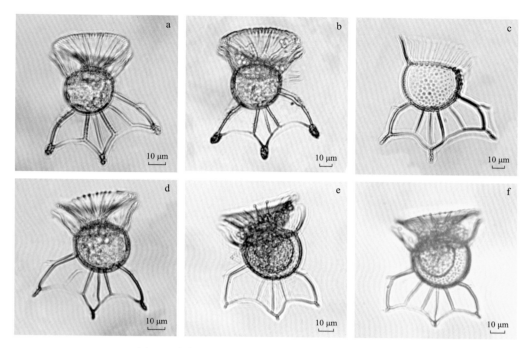

图 44　大鸟尾藻 *Ornithocercus magnificus* Stein, 1883

a ～ c. 右侧面观；d ～ f. 左侧面观

　　细胞体小型，长 29 ～ 42 μm，背腹宽 27 ～ 38 μm，侧面观呈近圆形。上壳短，约为下壳长的 1/3，较平或略凸。横沟稍凹，背部处最宽。横沟上、下边翅具肋。纵沟左边翅较宽大，翅下缘与右下体边翅相连；右边翅小。右下体边翅发达，具 5 ～ 6 条主肋，呈倒"山"字形，具 3 个耳垂状网结，即下腹结、底结及下背结。

　　大洋性种。广泛分布于暖温带至热带海域。印度洋有分布。中国东海、南海常见。

45. 方鸟尾藻 *Ornithocercus quadratus* Schütt, 1900（图 45）

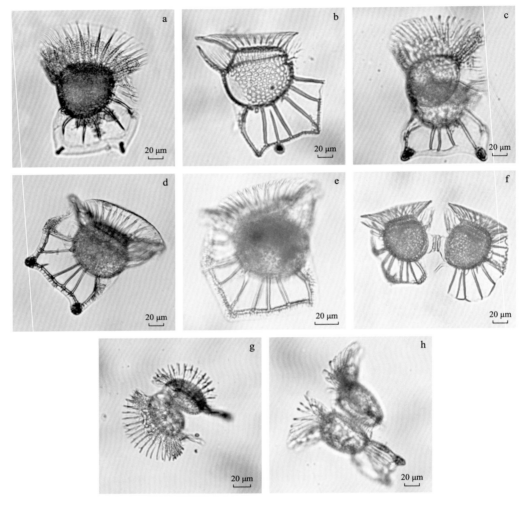

图 45　方鸟尾藻 *Ornithocercus quadratus* Schütt, 1900

a ~ c. 右侧面观；d ~ e. 左侧面观；f ~ h. 细胞分裂后

　　细胞体中型，长 57 ~ 74 μm，背腹宽 53 ~ 73 μm，侧面观呈近圆形。上壳较平坦，约为下壳长的 1/3 ~ 1/2。横沟宽，背侧略凹。横沟上、下边翅具肋，发达。纵沟右边翅窄小，左边翅较宽大。纵沟左边翅与右下体边翅相连处常向外突出成角。右下体边翅发达，呈矩形，具 5 ~ 7 条主肋，在两个底角处形成网结。背附边翅可达下壳背缘的中部。

　　热带、亚热带大洋性种。广泛分布于暖温带至热带海域。中国东海、南海有分布。

46. 方鸟尾藻简单变种 *Ornithocercus quadratus* var. *simplex* Kofoid & Skogsberg, 1928（图 46）

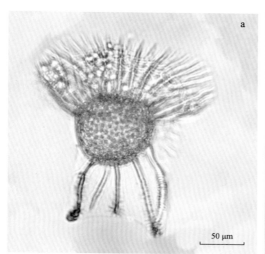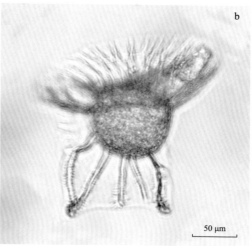

图 46　方鸟尾藻简单变种 *Ornithocercus quadratus* var. *simplex* Kofoid & Skogsberg, 1928

a. 右侧面观；b. 左侧面观

　　细胞体中型，长 88 μm，背腹宽 84 μm，侧面呈近圆形。上壳短，较平坦，约为下壳长的 1/3 ～ 1/2。横沟宽，横沟边翅发达，具肋，肋刺间无网状结构。纵沟右边翅窄小，左边翅较宽大。右下体边翅呈矩形，主肋通常较平滑，但有时也会有横向分枝。背附边翅至下壳背缘下端 1/3 处。壳面眼纹及孔清晰。

　　印度洋的阿拉伯海、孟加拉湾，以及太平洋的吕宋海峡有记录。

47. 斯科格鸟尾藻 *Ornithocercus skogsbergii* Abé, 1967（图 47）

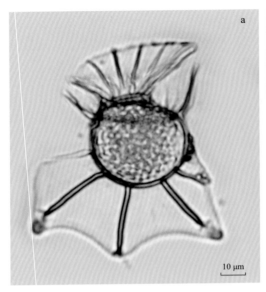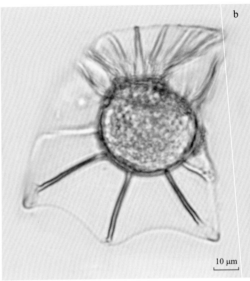

图 47　斯科格鸟尾藻 *Ornithocercus skogsbergii* Abé, 1967

a 和 b. 左侧面观

　　细胞体小型，长 40 ~ 44 μm，背腹宽 38 ~ 42 μm，侧面观呈近圆形。上壳平或略凸，横沟宽，稍凹，背部处最宽。横沟上、下边翅具肋。纵沟右边翅小，左边翅较宽大。右下体边翅发达，通常具 3 ~ 4 个耳垂状网结。右下体边翅具 4 ~ 6 条主肋，成熟个体具边缘肋。背附边翅可达下壳背缘的中部。壳面眼纹较细密。

　　本种与斯氏鸟尾藻 *O. steinii* 形态相近，主要区别为本种个体明显较后者小，且右下体边翅肋间的夹角较大。

　　浮游性种。分布于太平洋、大西洋、印度洋的亚热带海域。中国东海、南海常见。

48. 美丽鸟尾藻 *Ornithocercus splendidus* Schütt, 1895（图 48）

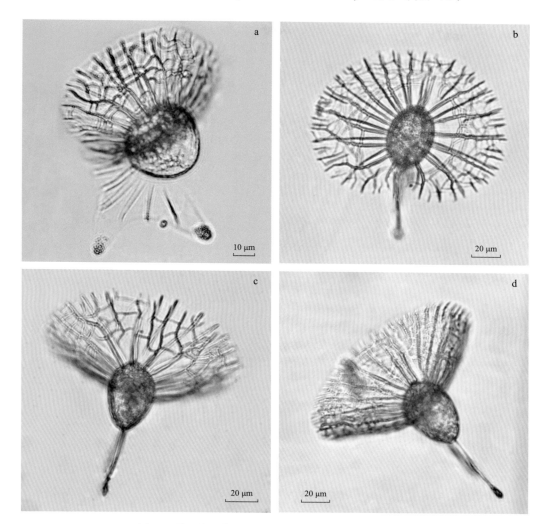

图 48　美丽鸟尾藻 *Ornithocercus splendidus* Schütt, 1895

a. 左侧面观；b. 底面观；c 和 d. 背面观

细胞体小型至中型，长 40 ~ 48 μm，背腹宽 40 ~ 43 μm，侧面观呈卵圆形，顶面观或底面观呈椭圆形。上壳短，横沟宽，背部处最宽。横沟边翅极其发达，沿斜上方向伸出，直径可达体长的 3 倍，具肋及分枝，可连接成网状。纵沟右边翅窄小，纵沟左边翅较宽大。右下体边翅发达，可至下壳底部中央，具 5 ~ 6 条主肋和两个耳垂状网结。无背附边翅。

大洋性种。广泛分布于太平洋、印度洋、北大西洋暖温带至热带海域。中国东海、南海常见。

49. 斯氏鸟尾藻 *Ornithocercus steinii* Schütt, 1900（图 49）

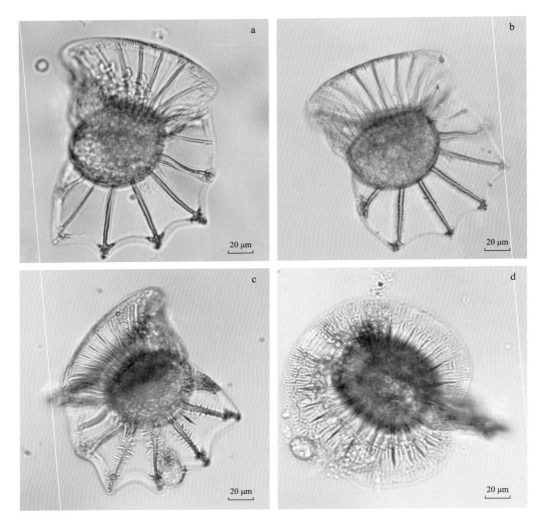

图 49　斯氏鸟尾藻 *Ornithocercus steinii* Schütt, 1900

a 和 b. 右侧面观；c. 左侧面观；d. 底面观

同物异名：*Ornithocercus serratus* Kofoid, 1907

　　细胞体中型，长 56～60 μm，背腹宽 64～80 μm，侧面观呈椭圆形或近圆形，顶面观或底面观呈椭圆形。上壳较平，横沟稍凹，背部处最宽。横沟边翅具肋。纵沟右边翅小，左边翅较宽大。右下体边翅发达，具 5～7 条（通常有 6 条）主肋，具有 4 个不明显的耳垂状网结。背附边翅至下壳背缘的中部。壳面眼纹粗大，眼纹内孔清晰。

　　热带大洋性种。广泛分布于暖温带至热带海域。中国东海、南海有分布。

50. 中距鸟尾藻 *Ornithocercus thumii* (Schmidt) Kofoid & Skogsberg, 1928（图 50）

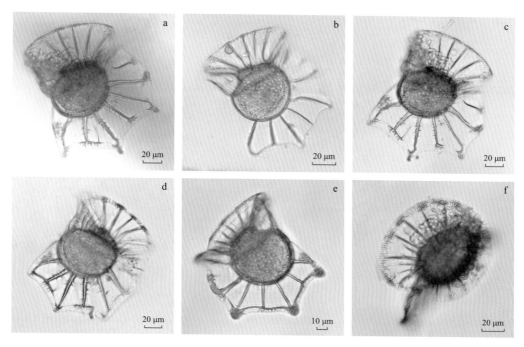

图 50　中距鸟尾藻 *Ornithocercus thumii* (Schmidt) Kofoid & Skogsberg, 1928

a ~ d. 右侧面观；e. 左侧面观；f. 顶面观

　　细胞体中型，长 53 ~ 62 μm，背腹宽 54 ~ 65 μm，侧面观呈椭圆形或近圆形，顶面观呈椭圆形。上壳较平，横沟宽，背部处最宽。横沟边翅具肋。纵沟右边翅小，左边翅较宽大。右下体边翅发达，主肋 5 ~ 6 条，具 3 个明显的耳垂状网结。背附边翅至下壳背缘的中部。壳面眼纹粗大，眼纹内孔清晰。

　　本种与斯氏鸟尾藻相似，本种的右下体边翅通常有 3 个明显的耳垂状网结，且不具网节的主肋较短，因此，略呈"山"字形；而后者有 4 个不明显的耳垂状网结，且这 4 条主肋几乎等长。

　　浅海至大洋性种。广泛分布于暖温带至热带海域。中国东海、南海常见。

51. 鸟尾藻 *Ornithocercus* spp.（图 51）

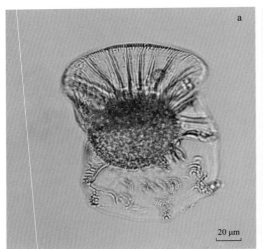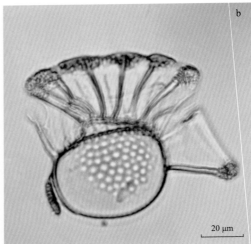

图 51　鸟尾藻 *Ornithocercus* spp.

a. *Ornithocercus* sp.1；b. *Ornithocercus* sp.2

帆鳍藻属 *Histioneis* Stein, 1883

52. 刀形帆鳍藻 *Histioneis cleaveri* Rampi, 1952（图 52）

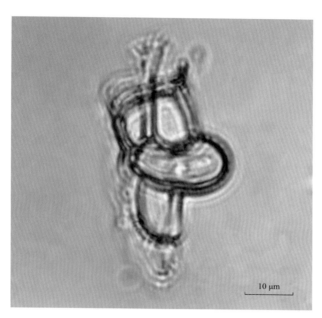

图 52　刀形帆鳍藻 *Histioneis cleaveri* Rampi, 1952

左侧面观

　　细胞体小型，长 9 μm，背腹宽 22 μm，横沟上边翅顶端至纵沟左边翅底端的长度 53 μm，侧面观呈马鞍形。上壳非常小，下壳较扁，背部明显突出。横沟上边翅细长呈管状，至顶端逐渐扩大呈喇叭状，横沟下边翅较宽大呈杯状。纵沟左边翅发达，肋刺简单，R2 与 R3 形成一"刀"形透明窗。

　　热带大洋性种。太平洋、印度洋的热带海域有记录。中国南海中沙群岛海域有记录，本航次采样数量稀少。

53. 船形帆鳍藻 *Histioneis cymbalaria* Stein, 1883（图 53）

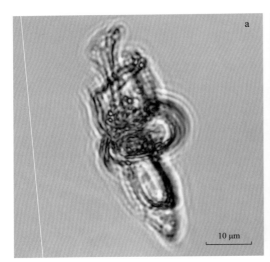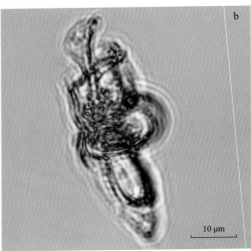

图 53　船形帆鳍藻 *Histioneis cymbalaria* Stein, 1883

左侧面观

同物异名：*Histioneis skogsbergii* Schiller, 1931

细胞体小型，长 13 μm，背腹宽 21 μm，横沟上边翅顶端至纵沟左边翅底端长（总长）52 μm，侧面观呈马鞍形。上壳小，横沟上边翅呈细长喇叭状，横沟下边翅呈杯状。上、下边翅主肋均具分枝，下边翅具边缘封闭肋并形成横沟室。下壳较扁，背部明显突出。纵沟左边翅非常发达，达下壳底部中央，末端逐渐变细，具主肋和网状结构，R2 与 R3 相连形成的透明窗较大，呈 "U" 形。

热带大洋性种。太平洋、印度洋、大西洋的热带海域有分布。中国南海中沙群岛附近海域有记录，数量很少。

54. 扁形帆鳍藻 *Histioneis depressa* Schiller, 1928（图 54）

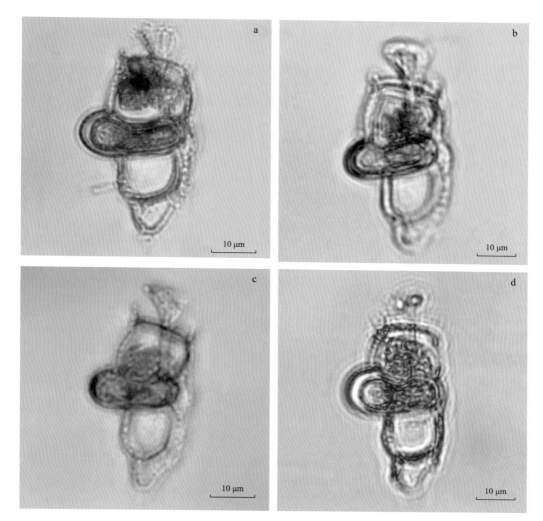

图 54　扁形帆鳍藻 *Histioneis depressa* Schiller, 1928

a ~ d. 右侧面观

　　细胞体小型，长 10 ~ 12 μm，背腹宽 23 ~ 26 μm，总长 51 ~ 56 μm，侧面观呈马鞍形。上壳非常小，横沟上边翅呈细长喇叭状，横沟下边翅呈宽大的杯状。下壳较扁，背部明显突出。纵沟左边翅发达，可至下壳底部偏背侧，末端收窄，透明窗呈近四边形。孔散布于壳面上。

　　本种与船形帆鳍藻形态极为相似，本种透明窗呈近四边形，较短，而后者透明窗呈"U"形且较长。另外，本种横沟边翅、纵沟左边翅上的网状结构更加细密。

　　大洋性种。广泛分布于暖温带至热带海域。中国南海、东海黑潮区有分布。

55. 席勒帆鳍藻 *Histioneis schilleri* Böhm, 1931（图 55）

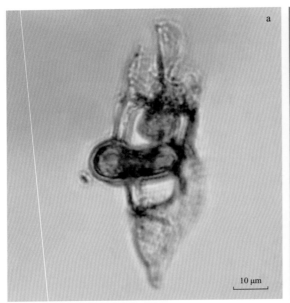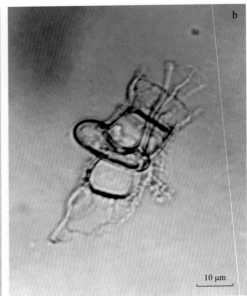

图 55　席勒帆鳍藻 *Histioneis schilleri* Böhm, 1931

a 和 b. 右侧面观

细胞体小型，长 9 ~ 10 μm，背腹宽 22 ~ 23 μm［长 21 μm，背腹宽 49 μm，总长 65 ~ 72 μm（杨世民等，2014）］，侧面观呈马鞍形。下壳较扁，背部明显突出。纵沟左边翅达下壳底部偏背侧，末端尖，透明窗呈较扁的四边形，高度约为下壳底端与左边翅底端距离的 1/3。

大洋性种。广泛分布于西太平洋、大西洋、印度洋的热带和亚热带海域。中国南海、东海黑潮区有分布。

56. 长颈帆鳍藻 *Histioneis longicollis* Kofoid, 1907（图 56）

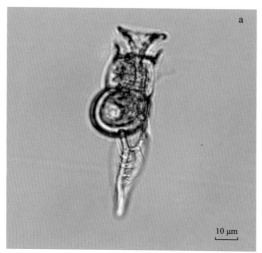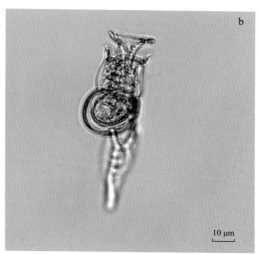

图 56　长颈帆鳍藻 *Histioneis longicollis* Kofoid, 1907

a 和 b. 右侧面观

同物异名：*Histioneis kofoidii* Forti & Issel, 1925; *Histioneis minuscula* Rampi, 1950; *Histioneis sublongicollis* Halim, 1960

细胞体中型，长 22 μm，背腹宽 24 μm，横沟上边翅顶端至纵沟左边翅底端总长 87 μm，背缘至纵沟左边翅外缘宽 29 ~ 36 μm，侧面观呈椭圆形。上壳非常小，横沟上边翅呈细长喇叭状，横沟下边翅呈杯状。下壳长，纵沟左边翅发达，可达下壳底部偏腹侧，与细胞纵轴呈 20° ~ 30° 角向腹侧偏斜。肋刺 R2 弧形弯曲并与 R3 相连形成较小的"U"形透明窗，R3 一直延伸至左边翅底端，在透明窗底部和 R3 下端常生有枝状肋刺。

大洋性种。西太平洋、印度洋热带海域、地中海、墨西哥湾有分布。中国南海北部海域也有分布。

57. 具肋帆鳍藻 *Histioneis costata* Kofoid & Michener, 1911（图 57）

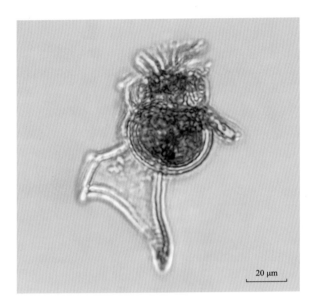

图 57　具肋帆鳍藻 *Histioneis costata* Kofoid & Michener, 1911

左侧面观

　　细胞体中型，长 31 μm，背腹宽 40 μm，藻体总长 110 μm，侧面观呈近圆形。上壳小，平或稍凸。横沟上边翅呈短喇叭状，下边翅呈杯状，具边缘封闭肋和横沟室。下壳较长。纵沟左边翅发达，至下壳底部中央，肋刺 R2 斜向外伸出，肋刺 R3 较长并沿纵轴方向伸出。壳面眼纹及孔清晰。

　　热带大洋性种。太平洋热带海域、印度洋有分布。中国南海北部海域有记录。

58. 延长帆鳍藻 *Histioneis elongata* Kofoid & Michener, 1911（图 58）

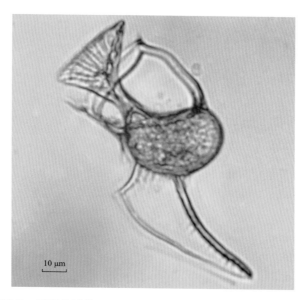

图 58　延长帆鳍藻 *Histioneis elongata* Kofoid & Michener, 1911
左侧面观

　　细胞体中型，长 28 μm，背腹宽 39 μm，藻体总长 122 μm。侧面观呈扁椭圆形。上壳小而平。横沟背侧宽于腹侧，横沟上边翅呈喇叭状，下边翅呈杯状。下壳较长。纵沟左边翅非常发达，可至下壳底部偏腹侧，肋刺 R3 细长且末端稍弯向背侧，左边翅在 R2 与 R3 之间的部分呈尖刀状。壳面眼纹及孔细密。

　　太平洋东部热带海域、大西洋、印度洋、地中海，以及土耳其沿岸有分布。中国南海北部海域有记录。

59. 瑞莫帆鳍藻 *Histioneis remora* Stein, 1883（图 59）

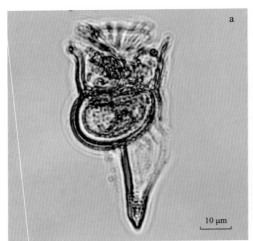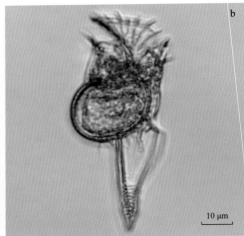

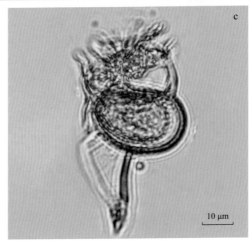

图 59　瑞莫帆鳍藻 *Histioneis remora* Stein, 1883

a 和 b. 右侧面观；c. 左侧面观

　　细胞体中型，长 21 ～ 23 μm，背腹宽 27 ～ 31 μm，横沟上边翅顶端至纵沟左边翅底端长 67 ～ 74 μm，背缘至纵沟左边翅外缘宽 29 μm，侧面观呈椭圆形至近圆形。上壳小，顶端平截。横沟背侧宽于腹侧。横沟上边翅呈喇叭状，具肋刺；下边翅呈圆筒形，透明。下壳浑圆。纵沟左边翅发达，达下壳底部中央，肋刺 R3 长且直，沿细胞纵轴方向伸出，左边翅底端尖锐。左边翅腹缘、底部常有稀疏的网状结构。壳面眼纹及孔清晰。

　　本种与延长帆鳍藻相似，但本种左边翅腹缘较直或稍凸，而后者腹缘自 R2 以下明显外凸。另外，本种的 R3 较直，而后者的 R3 弧形弯曲。

　　热带大洋性种。太平洋、地中海、阿拉弗拉海有分布。中国南海也有分布。

60. 拟锥形帆鳍藻 *Histioneis paraformis* (Kofoid & Skogsberg) Balech, 1971（图 60）

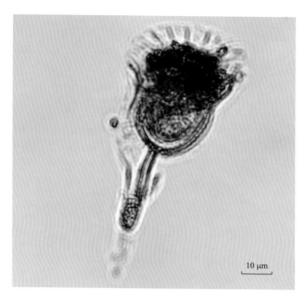

图 60　拟锥形帆鳍藻 *Histioneis paraformis* (Kofoid & Skogsberg) Balech, 1971

背面观，偏左侧面

同物异名：*Parahistioneis paraformis* Kofoid & Skogsberg, 1928

细胞体中型，长 24 μm，背腹宽 30 μm，横沟上边翅顶端至纵沟左边翅底端长 74 μm，侧面观呈近圆形。上壳较小，下壳较长。纵沟左边翅非常发达，可至下壳底部中央，底部呈较尖锐的三角形，肋刺 R3 沿纵轴方向伸出。

热带大洋性种。东太平洋热带海域、大西洋、印度洋、地中海有分布。中国南海北部海域有记录。

61. 加勒特帆鳍藻 *Histioneis garrettii* Kofoid, 1907（图 61）

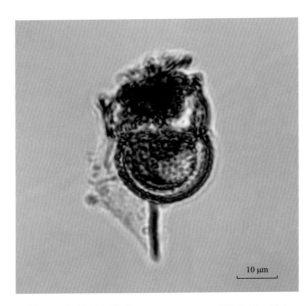

图 61　加勒特帆鳍藻 *Histioneis garrettii* Kofoid, 1907

左侧面观

　　细胞体小型，长 22 μm，背腹宽 23 μm，自横沟上边翅顶端至纵沟左边翅底端共长 51 μm。藻体圆润，上壳短小，呈圆锥形，下壳长，呈半圆形。横沟宽阔，肋发达。纵沟在 R2 处变狭窄，向腹侧的 R3 变宽。R2 后部边缘处与 R3 相连接。纵沟左边翅发达。该种的显著特征是 R3 几乎在细胞的垂直轴上向下笔直延伸。

　　热带大洋性种。广泛分布于大西洋、太平洋，以及澳大利亚西北部及新西兰附近海域等。

62. 皮坦尼帆鳍藻 *Histioneis pieltainii* Osorio-Tafall, 1942（图 62）

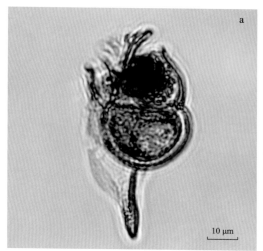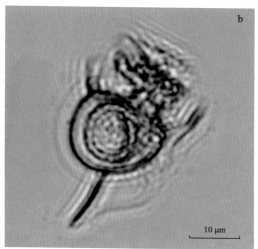

图 62　皮坦尼帆鳍藻 *Histioneis pieltainii* Osorio-Tafall, 1942

a. 左侧面观；b. 右侧面观

细胞体小型，长 16 ~ 20 μm，背腹宽 18 ~ 27 μm，藻体总长 40 ~ 63 μm，侧面观呈近圆形。上壳小而平。横沟宽。横沟上边翅呈漏斗状；下边翅呈杯状。下壳较长，纵沟左边翅非常发达，可至下壳底部中央，肋刺 R3 几乎沿细胞纵轴方向伸展。左边翅上有小面积、不完整的网状结构。

热带大洋性种。太平洋东部热带海域、地中海有分布。中国南海北部海域有记录。

63. 凤尾帆鳍藻 *Histioneis oxypteris* Schiller, 1928（图 63）

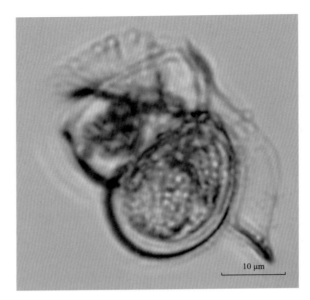

10 μm

图 63　凤尾帆鳍藻 *Histioneis oxypteris* Schiller, 1928

右侧面观

　　细胞体小型，长 19 μm，背腹宽 23 μm，藻体总长 44 μm，侧面观呈卵圆形。上壳小，较平。横沟宽，横沟上边翅呈漏斗状，下边翅呈短圆柱状。下壳较长，纵沟左边翅发达，可达下壳底部偏腹侧，在 R2 以下明显向外呈弧形突出，然后收拢变窄，至底端呈锐三角形，肋刺 R3 沿斜下方向伸出。

　　热带大洋性种。西太平洋热带海域、地中海、墨西哥湾、印度洋有记录。中国南海北部海域也有记录。

64. 樱桃帆鳍藻 *Histioneis cerasus* Böhm, 1933（图 64）

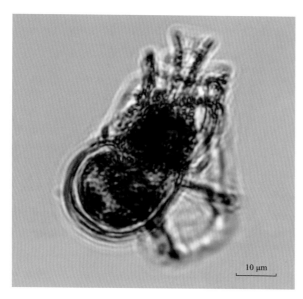

图 64　樱桃帆鳍藻 *Histioneis cerasus* Böhm, 1933
右侧面观

　　细胞体小型，长 24 μm，背腹宽 25 μm，藻体总长 60 μm，侧面观呈近圆形。上壳小而平。横沟宽，背侧宽于腹侧。横沟上边翅呈细长喇叭状，下边翅呈杯状，具边缘封闭肋，横沟室宽大。下壳较长。纵沟左边翅宽大，最宽处可达背腹宽的 2/3，延伸至腹侧，边缘圆钝。壳面无眼纹结构，孔分散于壳面上。

　　热带大洋性种。太平洋热带海域、大西洋、印度洋、地中海有分布。中国南海北部海域有记录。

65. 平行帆鳍藻 *Histioneis parallela* Gaarder, 1954（图 65）

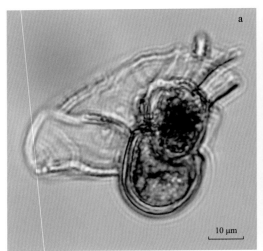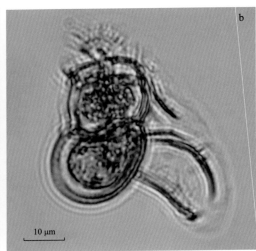

图 65　平行帆鳍藻 *Histioneis parallela* Gaarder, 1954

a. 左侧面观；b. 右侧面观

细胞体小型，长 20 ~ 23 μm，背腹宽 21 ~ 22 μm，藻体总长 53 ~ 65 μm，侧面观呈近圆形。上壳小而平。横沟稍凹，背侧长于腹侧。横沟上边翅呈细长喇叭状，具肋刺支撑；下边翅呈杯状，横沟室宽大。下壳较长。纵沟左边翅宽大，最宽处几乎与背腹同宽，延伸至腹侧。

浮游性种。世界罕见，西班牙附近海域有报道。中国南海北部海域有分布。印度洋首次记录。

66. 条纹帆鳍藻 *Histioneis striata* Kofoid & Michener, 1911（图 66）

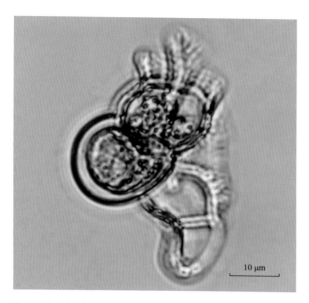

图 66　条纹帆鳍藻 *Histioneis striata* Kofoid & Michener, 1911

右侧面观

同物异名：*Histioneis parallela* Gaardner, 1954; *Histioneis steinii* Schiller, 1928

细胞体侧面观呈圆形，上部截平，长 18 μm，背腹宽 19 μm，藻体总长 45 μm。长为背腹宽的 0.94 倍。顶点到下腰带的距离为该腰带底部的 0.16 倍。上壳非常小，横沟上边翅带有长柄，逐渐在远端扩展为略不对称的漏斗状，下边翅的背高为身体背腹宽的 0.87 倍。纵沟左边翅相当宽，腹侧轻微凸起，末端呈窄圆形，R2 上部水平直线为身体深度的 0.64 倍，R2 下部向下弯曲，与 R3 中部连成一条横肋；R3 呈 "S" 形，位于中线稍腹侧，长度大约相当于藻体的背腹宽度，近中部向下倾斜 40° ~ 50°。

热带东太平洋有报道，稀少。印度洋首次记录。

67. 帆鳍藻 *Histioneis* spp.（图 67）

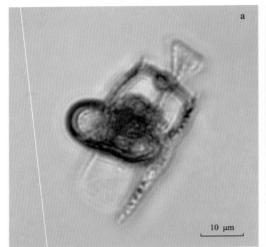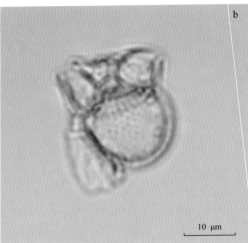

图 67　帆鳍藻 *Histioneis* spp.

奥氏藻科 Oxyphysaceae Sournia, 1984

秃顶藻属 *Phalacroma* Stein, 1883

68. 锋利秃顶藻 *Phalacroma acutum* (Schütt) Pavillard, 1916（图 68）

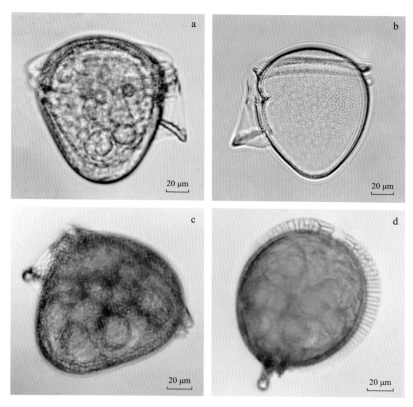

图 68　锋利秃顶藻 *Phalacroma acutum* (Schütt) Pavillard, 1916

a. 右侧面观；b 和 c. 左侧面观；d. 顶面观

同物异名：*Dinophysis acutoides* Balech, 1967

细胞体中型至大型，长 130 ~ 180 μm，背腹宽 102 ~ 112 μm，侧面观呈倒卵形。上壳短且凸出，约为体长的 1/4，横沟边翅沿水平方向伸出。下壳长，背缘后部稍向内凹。纵沟左边翅发达，约占体长的 1/2，具 3 根肋刺（自上而下为 R1、R2、R3），R3 明显比 R2 长；右边翅窄而短。

安达曼海、孟加拉湾、阿拉伯海、地中海、大西洋的海湾有分布。中国东海有记录。

69. 楔形秃顶藻 *Phalacroma cuneus* Schütt, 1895（图 69）

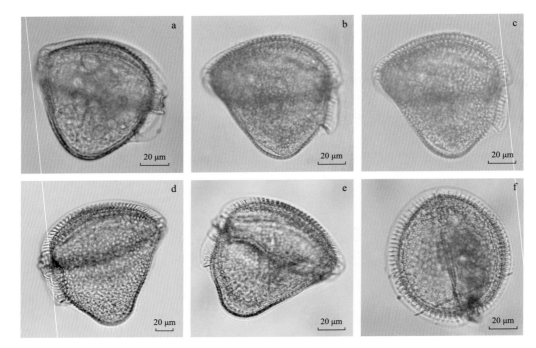

图 69　楔形秃顶藻 *Phalacroma cuneus* Schütt, 1895

a ~ c. 右侧面观；d 和 e. 左侧面观；f. 顶面观

同物异名：*Phalacroma blackmanii* Murray & Whitting, 1899; *Phalacroma triangulare* Wood, 1954; *Dinophysis cuneus* (Schütt) Abé, 1967

　　细胞体中型，长 85 ~ 130 μm，背腹宽 80 ~ 128 μm，侧面观呈楔形，腹面为更窄一点的楔形，顶面观呈椭圆形。上壳短，向上略凸，较宽阔。横沟边翅沿水平方向伸出。下壳向下逐渐收拢变窄呈楔形，底部钝圆。纵沟左边翅发达，约为体长的 1/2；右边翅窄而短。壳面眼纹粗大明显，孔清晰可辨。

　　世界广布种，广泛分布于热带、亚热带及温带海域。太平洋、大西洋、印度洋、地中海等海域有记录。中国东海、南海，以及台湾以东海域、吕宋海峡有分布。

70. 蜂窝秃顶藻 *Phalacroma favus* Kofoid & Michener, 1911（图 70）

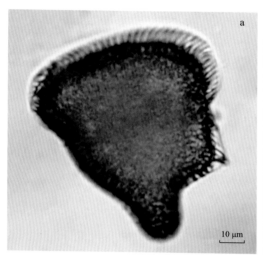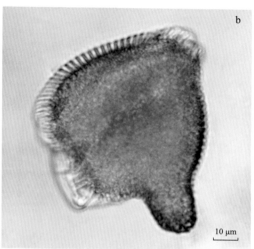

图 70　蜂窝秃顶藻 *Phalacroma favus* Kofoid & Michener, 1911

a. 右侧面观；b. 左侧面观

同物异名：*Dinophysis fava* (Kofoid & Michener) Balech, 1967

细胞体中型，长 72 ~ 80 μm，背腹宽 60 ~ 63 μm。侧面观呈不规则楔形，上壳较平，下壳稍向细胞内缢缩，底部具一指状凸起。纵沟左边翅发达，呈三角形，约为体长的 1/2；右边翅窄。壳面眼纹粗大。

暖水性种。广泛分布于热带、亚热带及暖温带海域。中国东海、南海北部海域，以及吕宋海峡有分布，但数量较少。

71. 宽阔秃顶藻 *Phalacroma lativelatum* Kofoid & Skogsberg, 1928（图 71）

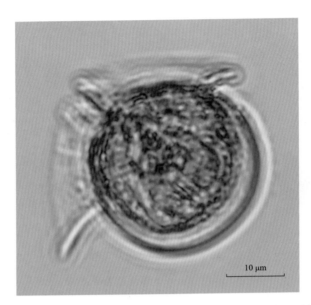

图 71　宽阔秃顶藻 *Phalacroma lativelatum* Kofoid & Skogsberg, 1928

左侧面观

同物异名：*Dinophysis lativelata* (Kofoid & Skogsberg) Balech, 1967

细胞体小型，长 29 μm，背腹宽 28 μm，侧面观呈近圆形。上壳短，凸起呈半球形，约为体长的 1/5。横沟较宽，横沟边翅发达。下壳较长。纵沟左边翅非常发达，可达下壳长的 9/10，宽可达背腹宽的 1/3，末端呈三角状；右边翅窄而短。壳面眼纹较细密。

海洋浮游性种。热带太平洋海域有记录。中国南海北部海域有分布（杨世民等，2014）。

72. 萝卜秃顶藻 *Phalacroma rapa* Jorgensen, 1923（图 72）

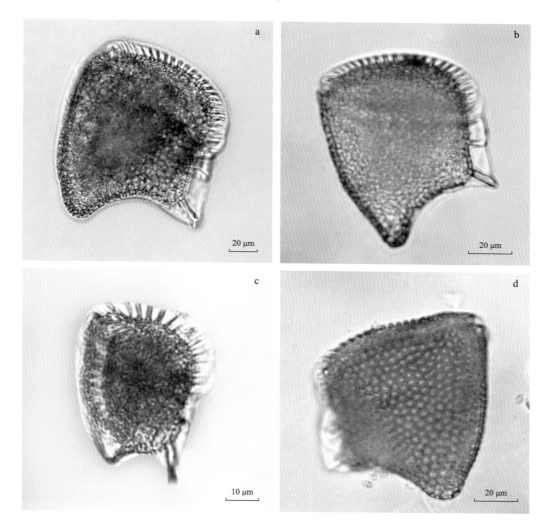

图 72　萝卜秃顶藻 *Phalacroma rapa* Jorgensen, 1923

a 和 b. 右侧面观；c. 腹面偏右侧面观；d. 左侧面观

同物异名：*Dinophysis rapa* (Stein) Abé, 1967

细胞体中型至大型，长 90 ~ 132 μm，背腹宽 75 ~ 105 μm，侧面观呈近楔形。上壳短，较平坦，约为体长的 1/6 ~ 1/5。横沟边翅发达、具肋。下壳长，背缘呈弧形外弯。腹缘前部较直，并略向外斜伸，中后部至下壳底端则明显呈弧形内凹，底端呈近三角形。纵沟左边翅发达，约为体长的 1/2；右边翅窄而短。壳面眼纹粗大，孔清晰可辨。

近岸至大洋性种。广泛分布于热带至温带海域。中国东海、南海，以及吕宋海峡有分布。

73. 圆秃顶藻 *Phalacroma rotundatum* (Claparède & Lachmann) Kofoid & Michener, 1911（图 73）

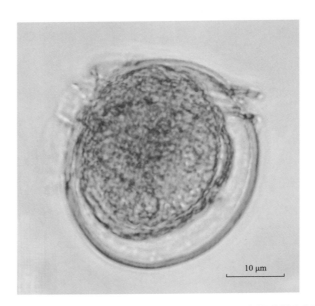

图 73　圆秃顶藻 *Phalacroma rotundatum* (Claparède & Lachmann) Kofoid & Michener, 1911

左侧面观

同物异名: *Dinophysis rotundata* Claparède & Lachmann, 1859

细胞体小型，长 36 μm，背腹宽 31 μm，侧面观呈椭圆形。上壳短，明显凸起，约为体长的 1/4。横沟较宽，横沟边翅沿斜上方伸出。下壳较长，纵沟左边翅发达，约为体长的 1/2；右边翅窄而短。壳面眼纹及孔清晰。

冷水至暖水性种。世界广布种。中国渤海、黄海、东海、南海北部海域、台湾以东海域，以及吕宋海峡均有分布。

74. 具刺秃顶藻 *Phalacroma doryphorum* Stein, 1883（图 74）

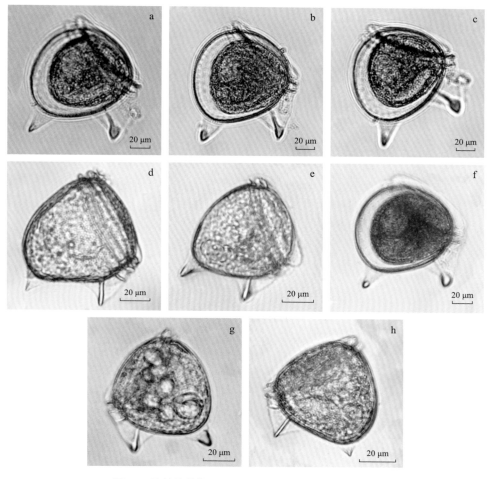

图 74　具刺秃顶藻 *Phalacroma doryphorum* Stein, 1883

a 和 f. 右侧面观；g 和 h. 左侧面观

同物异名：*Dinophysis doryphorum* (Stein) Abé, 1967

细胞体中型，长 57 ~ 105 μm，背腹宽 54 ~ 100 μm，侧面观呈椭圆形或卵圆形。上壳短，扁平，有时稍凸；下壳长，自横沟下方向下逐渐收窄，底部钝圆。下壳底部略偏向腹面具一个三角形的底部边翅，且与纵沟边翅分离。纵沟左边翅发达，向外伸展呈三角状，约为下壳长度的 1/2；右边翅窄而短。

本种与环状秃顶藻 *P. circumsuta* 形态相近，本种的底部边翅与纵沟边翅分离，而后者底部边翅与纵沟左边翅相连。

大洋或近岸性种。广泛分布于热带、亚热带及暖温带海域，太平洋东部、澳大利亚东部、墨西哥湾、孟加拉湾等有记录。中国东海、南海，以及吕宋海峡有分布。

第三目
裸甲藻目
Gymnodiniales

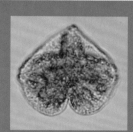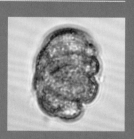

辐星藻科 Actiniscaceae Kützing, 1844

辐星藻属 *Actiniscus* Ehrenberg, 1841

75. 五角辐星藻 *Actiniscus pentasterias* (Ehrenberg) Ehrenberg, 1844（图 75）

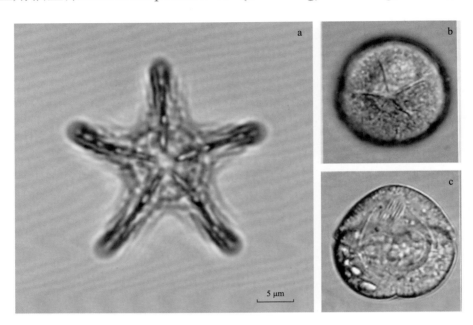

图 75　五角辐星藻 *Actiniscus pentasterias* (Ehrenberg) Ehrenberg, 1844

a. 中央环和辐射臂；b 和 c. 引用 Omata 等（2012）的整体细胞图

同物异名：*Dictyota pentasterias* Ehrenberg, 1840; *Gymnaster pentasterias* Schütt

图 75（a）为该种细胞内部的一片骨骼，本次调查没有记录到完整的细胞。据文献描述，细胞大致呈球形或椭球形，长 35 ~ 45 μm，宽 35 ~ 40 μm，横沟左旋，位移约一倍横沟宽度，纵沟从距底端 3 ~ 4 μm 处延伸至上锥部，细胞壁由类似壁状的膜层包围。最显著的特征是内部骨骼由两个硅化的星状单元构成，每个单元包括一个中央"环"和 5 个辐射臂。异养型。

世界广布种，浅海至大洋、冷水至暖水性种。太平洋、大西洋、北海、波罗的海、加利福尼亚湾、墨西哥湾、印度附近海域有记录。

前沟藻科 Amphitholaceae Poche ex Fensome & al.

前沟藻属 *Amphidinium* Claperède & Lachmann, 1859

76. 厚前沟藻 *Amphidinium crassum* Lohmann, 1908（图 76）

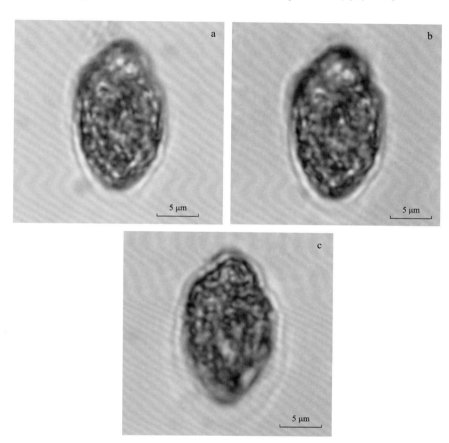

图 76　厚前沟藻 *Amphidinium crassum* Lohmann, 1908

同物异名：*Amphidinium phaeocysticola* Lebour, 1925

细胞体小型，呈卵圆形，前端尖锐，后端圆润，长 18 μm，横径 11 μm，长度为横径的 1.6 倍。上锥部较小，呈帽状，顶端约呈 90° 角，长度占总长的 0.16；下锥部呈球形或卵球形，中部最宽，末端圆润，长度占总长的 0.67；横沟上位，较宽且深，为直径的 0.17。

世界广布种，从浅海至大洋、冷水至暖水皆能采到。北冰洋、大西洋、太平洋、北海、波罗的海、黑海、日本海有分布记录。印度洋首次记录。

77. 鞭毛前沟藻 *Amphidinium flagellans* Schiller, 1928（图 77）

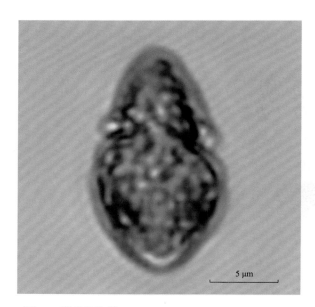

图 77　鞭毛前沟藻 *Amphidinium flagellans* Schiller, 1928

　　细胞体小型，呈钝纺锤形，长 16 μm，宽 9 μm。上锥部对称，下锥部不对称，上锥体尖锐，呈亚锥形，下锥体呈圆形并逐渐变细；横沟宽阔且深，呈环形，从腹侧略微向上倾斜；纵沟在上锥部狭窄，而在下锥部则较宽阔，左侧缘稍高且呈裂片状。

　　温带至热带性种，北大西洋、黑海、墨西哥湾，以及澳大利亚、新西兰附近海域有分布记录。

单星藻属 *Monaster* Schütt, 1895

78. 网状单星藻 *Monaster rete* Schütt, 1895（图 78）

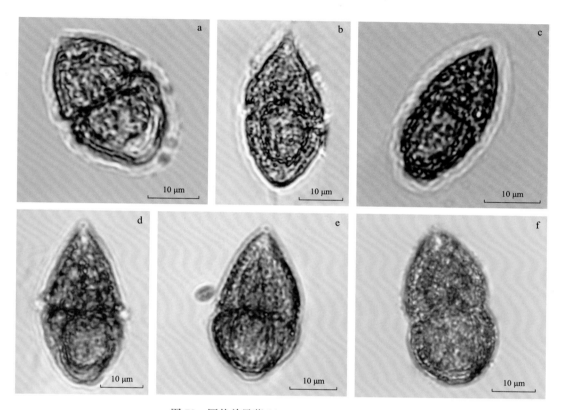

图 78　网状单星藻 *Monaster rete* Schütt, 1895

同物异名：*Achradina angusta* Lohmann, 1920; *Achradina pulchra* Lohmann, 1903; *Achradina reticulata* Lohmann, 1920; *Achradina sulcata* Lohmann, 1920; *Amphilothus elegans* (Schütt) Lindemann, 1928; *Amphitholus elegans* F. Schütt, 1895

细胞体中小型，呈近双锥形，横沟近乎中位，前锥部较后锥部尖，具一组类似网篮的内部骨架结构，后锥部钝尖和圆，呈类似星形的结构；细胞表面覆盖一层薄的、透明的膜层；细胞内有交替排列的透明和深色颗粒。

广布性种，冷水至暖水均有发现。大西洋、黑海有分布。印度洋首次记录。

枝甲藻科 Brachidiniaceae Sournia, 1972

星甲藻属 *Asterodinium* Sournia, 1972

79. 纤细星甲藻 *Asterodinium gracile* Sournia, 1972（图 79）

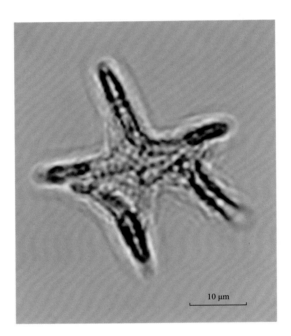

10 μm

图 79　纤细星甲藻 *Asterodinium gracile* Sournia, 1972

同物异名：*Asterodinium libanum* Abboud-Abi Saab, 1989

细胞体小型，长 37 μm，宽 35 μm（包含突起）。细胞周围有 5 个突起往外伸展，分别从细胞的五角伸出。未观察纵沟，横沟不明显且不完整。叶绿素颗粒，多数。

暖水性种。地中海，以及墨西哥、日本附近海域有分布记录。印度洋首次记录。

裸甲藻科 Gymnodiniaceae Lankester, 1885

赤潮藻属 *Akashiwo* Hansen & Moestrup, 2000

80. 红色赤潮藻 *Akashiwo sanguinea* (Hirasaka) Gert Hansen & Moestrup, 2000（图 80）

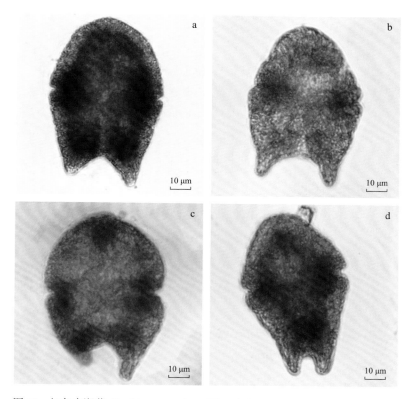

图 80　红色赤潮藻 *Akashiwo sanguinea* (Hirasaka) Gert Hansen & Moestrup, 2000

同物异名：*Gymnodinium nelsonii* G. W. Martin, 1929; *Gymnodinium sangineum* Hirasaka, 1924; *Gymnodinium splendens* Lebour, 1925

细胞体大型，是形态上较易识别的物种之一，长 63 ~ 103 μm，宽 41 ~ 65 μm, 上锥部呈明显的冠状或钝锥状，下锥部变化较大，分为两叶，底部内凹明显，背腹扁，横沟中部，轻微左旋。细胞核呈马蹄形。

世界广布种，浅海至大洋种，暖温带至热带性种。大西洋、太平洋、黑海、红海、地中海，以及澳大利亚、新西兰附近海域有记录。

旋沟藻属 *Cochlodinium* **Schütt, 1896**

81. 阿基米德旋沟藻 *Cochlodinium archimedes* (Pouchet) Lemmermann, 1899（图 81）

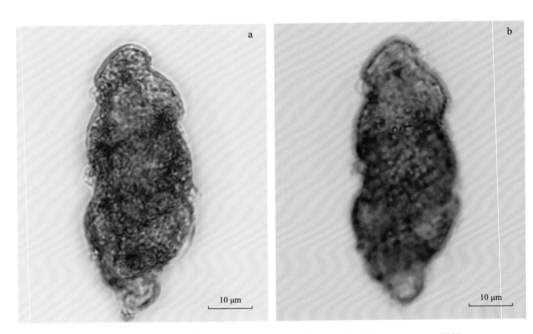

图 81 　阿基米德旋沟藻 *Cochlodinium archimedes* (Pouchet) Lemmermann, 1899

同物异名：*Gymnodinium archimedis* Pouchet, 1883

　　细胞体中型，呈不对称的椭圆形。前端圆润，不对称；后端斜截，最宽部位于中间，约 23 μm，长 57 μm，长度约为横径的 2.5 倍。上锥部和下锥部长度几乎相等，但下锥部体积略大，其底端斜截，腹面凸出而背面凹陷；横沟左旋下降，共 2.5 圈；纵沟旋转至少 1.5 圈。

　　广温性种类，分布广。北冰洋、北大西洋、日本海、黑海、墨西哥湾，以及澳大利亚附近海域有分布记录。

82. 扭旋沟藻 *Cochlodinium convolutum* Kofoid & Swezy, 1921（图 82）

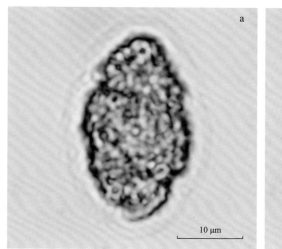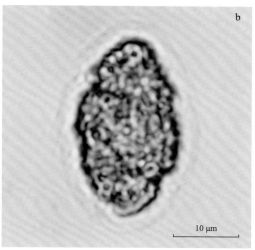

图 82 扭旋沟藻 *Cochlodinium convolutum* Kofoid & Swezy, 1921

a 和 b. 同一细胞的不同焦平面观

　　细胞体小型，身体呈近卵圆形。前端收紧，横截面几乎呈圆形，长 33 μm，横径 17 μm，长度为横径的 1.94 倍。上锥部体积小于下锥部，其长度更长而横径较小；横沟左旋下降，共 1.6 圈；纵沟狭窄深嵌，旋转 0.8 圈。全异养营养类型。

　　世界稀有种。暖水性种。墨西哥湾、红海、加利福尼亚海域有分布记录。

83. 长旋沟藻 *Cochlodinium elongatum* Kofoid & Swezy, 1921（图 83）

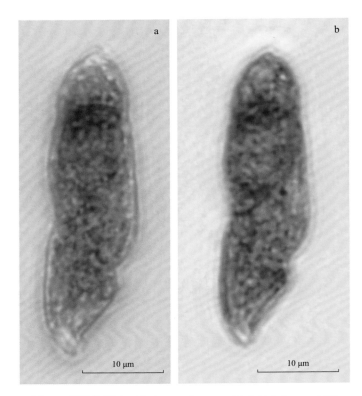

图 83　长旋沟藻 *Cochlodinium elongatum* Kofoid & Swezy, 1921

a 和 b. 同一细胞的不同焦平面观

　　细胞体小型，呈长雪茄形，最宽部位在前端，长 34 μm，横径 10 μm，长度为横直径的 3.4 倍。横沟或纵沟均沿着身体从一端到另一端螺旋状环绕。胞质为颗粒状，清晰并呈暗淡的蛋白石绿色。

　　世界稀有种，最早在太平洋加利福尼亚邻近海域被发现。

84. 扭转旋沟藻 *Cochlodinium helicoides* Lebour, 1925（图 84）

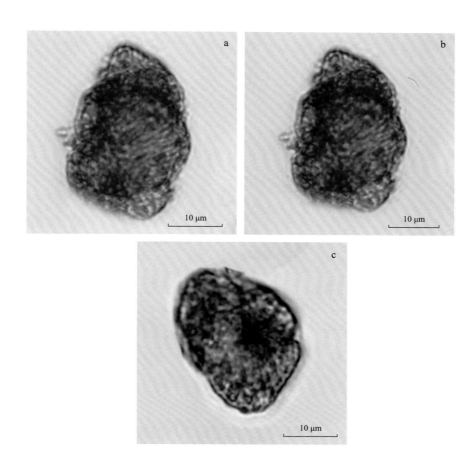

图 84　扭转旋沟藻 *Cochlodinium helicoides* Lebour, 1925

a 和 b. 同一细胞的不同焦平面观

　　同物异名：*Cochlodinium helix* Kofoid & Swezy, 1921; *Cochlodinium helix* Schütt, 1895

　　细胞体小型，呈近卵形，后部宽且不对称，横截面几乎为圆形，最宽处位于下锥部，长 28 ~ 32 μm，横径约 24 μm，长度为横径的 1.16 ~ 1.33 倍。上锥部和下锥部体积几乎相等。上锥呈凸面圆锥形，顶端钝，下锥略宽；横沟左旋下降，旋转 1.5 圈，较浅且边缘圆润；纵沟具在顶部形成环形，随后左旋下降，旋转约 0.8 圈；细胞核呈球形或椭球状，位于身体后部，颜色呈暗淡的黄绿色。

　　广温性种。北大西洋、黑海、地中海、北海、墨西哥湾、日本海，以及澳大利亚附近海域有分布记录。

85. 闪光旋沟藻 *Cochlodinium scintillans* Kofoid & Swezy, 1921（图 85）

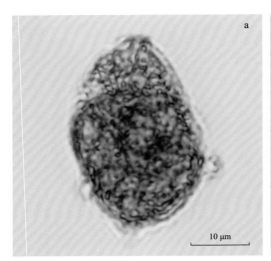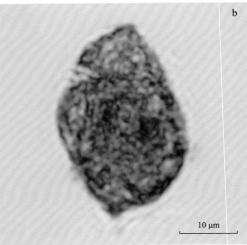

图 85　闪光旋沟藻 *Cochlodinium scintillans* Kofoid & Swezy, 1921

　　细胞体小型，呈近似椭圆形或双锥形。横截面呈圆形，最宽部位在中间，身体不对称，长 34 μm，横径 23 μm，长度为横径的 1.47 倍。上锥体明显大于下锥体。横沟较深，左旋下降，旋转 1.5 圈，位移约为 0.74 个横径；纵沟在上锥顶部形成环状，向后延伸到底端附近。细胞核呈肾形，颜色呈珍珠灰带有红色调。

　　世界稀有种，加利福尼亚拉霍亚外的太平洋、斯堪的纳维亚半岛附近海域有记录。印度洋首次记录。

86. 咽状旋沟藻 *Cochlodinium strangulatum* (Schütt) F. Schütt, 1896（图 86）

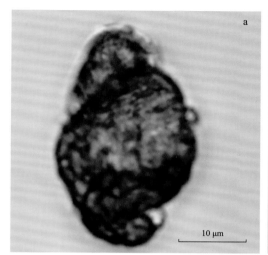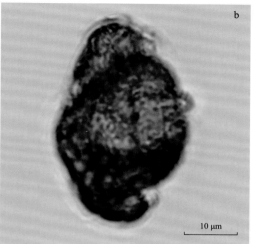

图 86　咽状旋沟藻 *Cochlodinium strangulatum* (Schütt) F. Schütt, 1896

a 和 b. 同一细胞的不同焦平面观

同物异名：*Gymnodinium strangulatum* Schütt, 1895; *Plectodinium miniatum* (Kofoid & Swezy) Taylor, 1980

　　细胞体小型，身体坚固，呈不规则椭球体，顶端呈宽圆形，长 33 ~ 38 μm，横径 20 ~ 26 μm，长度为横径的 1.5 ~ 1.6 倍。下锥部比上锥部稍宽。横沟左旋下降，旋转 1.6 ~ 1.75 圈，位移约一倍横径。纵沟在顶部和底部均形成环形，旋转约 0.8 圈。细胞质呈肺泡状。表面具等距细致的条纹，约 60 条。

　　暖水性种。北大西洋、墨西哥湾有记录。印度洋首次记录。

87. 旋沟藻 *Cochlodinium* spp.（图 87）

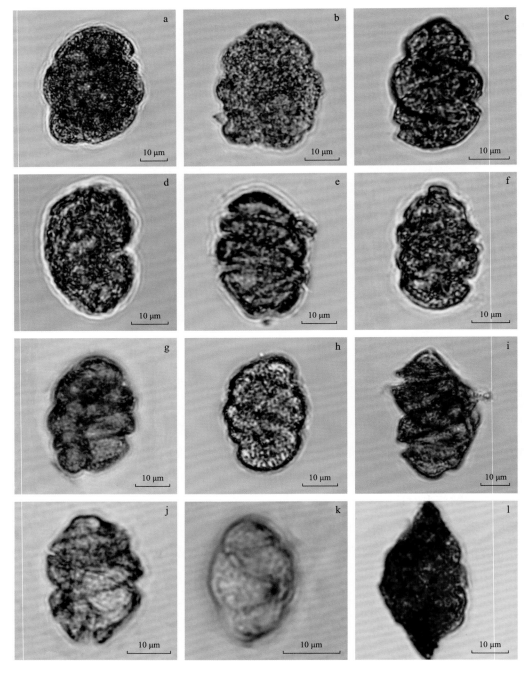

图 87　旋沟藻 *Cochlodinium* spp.

马格里夫藻属 **Margalefidinium**

88. 黄褐色马格里夫藻 *Margalefidinium fulvescens* Gómez, Richlen & Anderson, 2017（图 88）

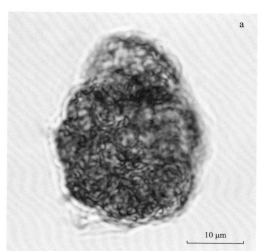
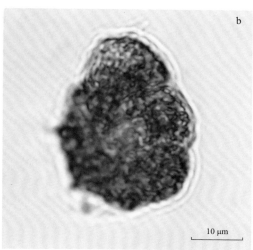

图 88　黄褐色马格里夫藻 *Margalefidinium fulvescens* Gómez, Richlen & Anderson, 2017

a 和 b. 同一细胞的不同焦平面观

同物异名：*Cochlodinium fulvescens* Iwataki, Kawami & Matsuoka, 2007

细胞体小型，可成 2 ~ 4 细胞的链状群体，细胞呈近球形或椭球形，长 37 μm，宽 26 μm。上锥部半球形，下锥部后端略凹陷。横沟环绕约两圈。纵沟窄，环绕细胞约一圈。细胞核呈球形，位于前部。细胞颜色呈淡黄色。

暖水性种。加利福尼亚湾、墨西哥湾，以及日本附近海域有分布记录。印度洋首次记录。

89. 多环马格里夫藻 *Margalefidinium polykrikoides*（Margalef）Gómez, Richlen & Anderson, 2017（图 89）

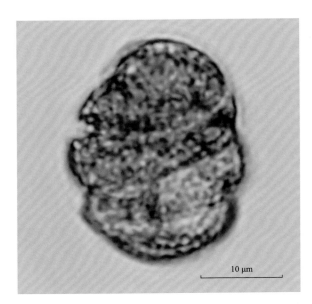

图 89　多环马格里夫藻 *Margalefidinium polykrikoides* (Margalef) Gómez, Richlen & Anderson, 2017

同物异名：Cochlodinium polykrikoides Margalef, 1961; Cochlodinium heterolobatum Silva, 1967

细胞体小型，呈椭球状，长 28 μm，宽 21 μm。横沟位移约两圈，纵沟狭窄，顶端可观察到类似马蹄形的顶沟。细胞核呈球形，位于细胞的前部；叶绿体呈杆状，颜色呈褐色。

世界广布种，热带至冷水性种。太平洋、大西洋、黑海、地中海、波罗的海、加勒比海、波斯湾、阿拉伯海，以及日本海附近海域有分布。中国东海、南海有记录。

裸甲藻属 *Gymnodinium* Stein, 1878

90. 无色裸甲藻 *Gymnodinium achromaticum* Lebour, 1917（图 90）

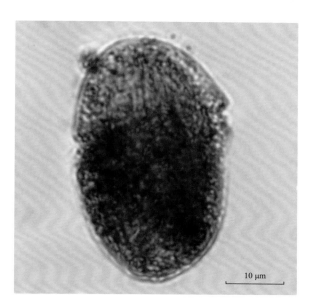

10 μm

图 90　无色裸甲藻 *Gymnodinium achromaticum* Lebour, 1917

细胞体中型，大致呈不对称的椭球形，长 41 μm，横径 25 μm，长度为横径的 1.64 倍。上锥部顶端钝圆，下锥部底部逐渐收窄，上锥部明显小于下锥部；横沟中上位，距离顶点约为总长的 0.29，左旋，横沟位移约为其宽度的两倍；纵沟向上锥部略延伸一段短距离，向后延伸至底部，且略微弯曲。表面稀疏地覆盖着粗条纹。细胞核呈椭球状，位于细胞体的后部。藻体细胞无色透明。

暖水性种。地中海、黑海、南太平洋，以及澳大利亚附近海域有记录。中国黄海有记录。

91. 沙柱裸甲藻 *Gymnodinium arenicola* Dragesco, 1965（图 91）

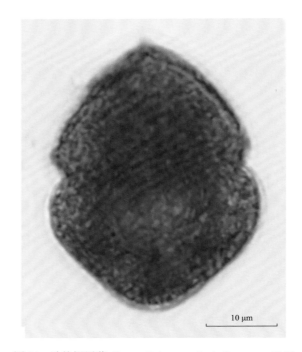

10 μm

图 91 沙柱裸甲藻 *Gymnodinium arenicola* Dragesco, 1965

同物异名: *Gymnodinium arenicolum* Dragesco, 1965

细胞体小型，长约 38 μm，横径约 30 μm。细胞中央具大型泡状结构，呈卵形，因内容物富含铁而呈现颜色。细胞核呈圆形，位于藻体后端，细胞表面覆盖着色素体，颜色呈黄色至棕色。

世界稀有种，暖水性种。北大西洋有记录。印度洋首次记录。

92. 浅灰白色裸甲藻 *Gymnodinium canus* Kofoid & Swezy, 1921（图 92）

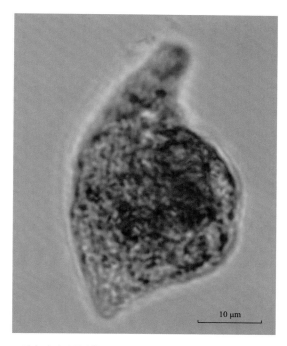

图 92　浅灰白色裸甲藻 *Gymnodinium canus* Kofoid & Swezy, 1921

细胞体中型，大致呈不对称的卵圆形，最宽处位于后部，长 46 μm，横径 26 μm，长度为横径的 1.77 倍。上锥部稍向前倾斜，具顶角，横沟中位，左螺下降，位移为 0.18 倍横径。纵沟从顶端延伸至底端，略微弯曲。表面具纵向、等距的蓝绿色粗条纹，上锥部和下锥部上的条纹数量大致相等。细胞核呈椭球体，位于下锥部中心，颜色呈绿灰色。

暖水性种。地中海，以及巴西、中国、印度、澳大利亚附近海域有分布记录。

93. 链状裸甲藻 *Gymnodinium catenatum* Graham, 1943（图 93）

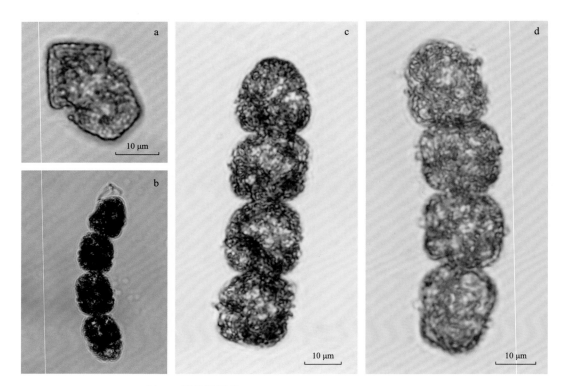

图 93　链状裸甲藻 *Gymnodinium catenatum* Graham, 1943

a. 单个细胞；b ~ d. 4 个细胞的群体

　　细胞体中型，常见由两个、4 个、8 个或 16 个细胞组成的链状群体，最多可达 64 个细胞。长 25 ~ 46 μm，宽 19 ~ 26 μm，末端细胞比其他细胞稍宽。左侧位移，细胞表面覆盖着大致呈六角形的囊泡，顶沟呈马蹄形。叶绿体多个。

　　世界广布种。大西洋、太平洋、印度洋、地中海、波罗的海、加利福尼亚湾、泰国湾均有分布记录。

94. 双锥裸甲藻 *Gymnodinium diploconus* Schütt, 1895（图 94）

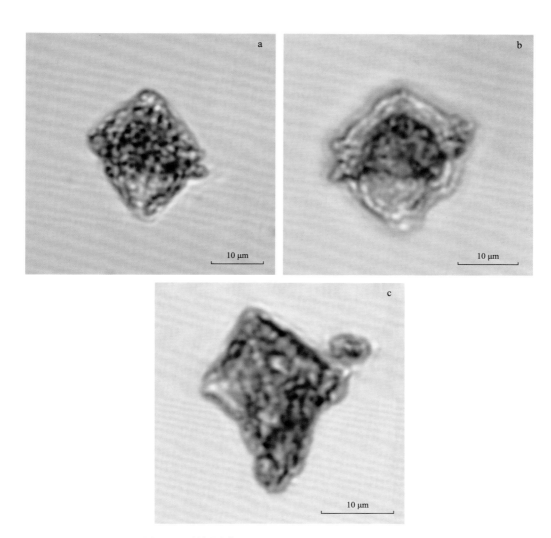

图 94　双锥裸甲藻 *Gymnodinium diploconus* Schütt, 1895

　　细胞体小型，呈双锥形，横截面几乎呈圆形，长 23 ～ 25 μm，横径 19 ～ 23 μm，长度与横径近等。上锥部和下锥部近乎相等，带有近似截平的顶点，横沟前中位，无位移；纵沟狭窄且深嵌，从横沟延伸至底端，面覆盖着细长的纵向条纹。细胞核呈球形，位于中央。

　　大西洋或那不勒斯湾、澳大利亚附近海域、加利福尼亚外的太平洋有分布。

95. 长裸甲藻 *Gymnodinium elongatum* Hope, 1954（图 95）

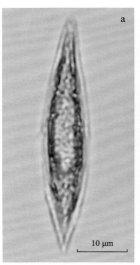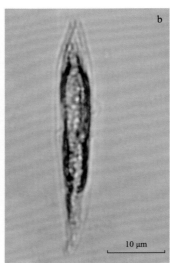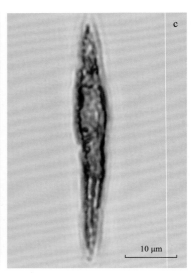

图 95　长裸甲藻 *Gymnodinium elongatum* Hope, 1954

　　细胞体中型，大致呈长细纺锤形，长 41 ~ 45 μm，宽 6 ~ 8 μm。显微镜下观察时，其表面呈现出明显的凹凸不平的纹理。细胞质中含有大量的食物颗粒，且没有明显的色素体。

　　暖温带浮游性种。北太平洋、波罗的海、北海、日本海域有记录。印度洋首次记录。

96. 深棕色裸甲藻 *Gymnodinium fuscum* (Ehrenberg) Stein, 1878（图 96）

图 96　深棕色裸甲藻 *Gymnodinium fuscum* (Ehrenberg) Stein, 1878

同物异名：*Cystodinium gessneri* (Baumeister) Bourrelly, 1970; *Gymnodinium gessneri* (Baumeister) Bourrelly, 1970; *Peridinium fuscum* Ehrenberg, 1834; *Rhizodinium gessneri* (Baumeister) Loeblich Jr. & Loeblich Ⅲ, 1968

　　细胞体中型，大致呈长卵形，中间最宽，后部略窄，背腹略微扁平，长 45 ~ 58 μm，横径 24 ~ 29 μm。上锥部短于下锥部或近等，顶部宽阔，两侧对称圆润，下锥部通常比上锥部略窄，并向后逐渐收窄，底部略尖锐。横沟中上位，浅且表面光滑，呈环形，无位移；纵沟从横沟延伸至底端。该种体色与同属其他种类相比明显加深，尤其是下锥部。

　　世界广布种。大西洋、太平洋、波罗的海、黑海、北海、几内亚湾、波斯湾有分布记录。

97. 淡红色裸甲藻 *Gymnodinium helveticum* Penard（图 97）

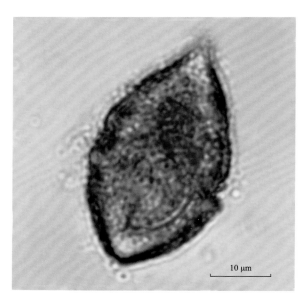

图 97　淡红色裸甲藻 *Gymnodinium helveticum* Penard

细胞体小型，体型对称，呈近卵形，最宽处位于横沟处，长 50 μm，横径 30 μm，长度为横径的 1.66 倍。上锥体短于下锥体，横沟前中位，位移约为其自身宽度。纵沟从上锥部顶点下方开始，几乎呈直线延伸至近底端；表面覆盖有细长的纵向条纹。细胞核呈椭球体，位于中央区域，颜色呈玫瑰色。营养方式为全异养。

半咸水至海水种。北大西洋、北太平洋、波罗的海、黑海有记录。印度洋首次记录。

98. 钝形裸甲藻 *Gymnodinium obtusum*（图 98）

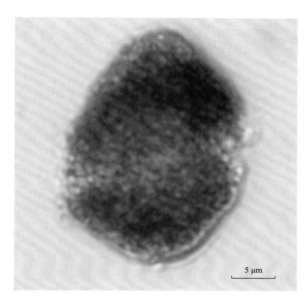

图 98　钝形裸甲藻 *Gymnodinium obtusum*

　　细胞体中型，大致呈椭球形，略微扁平，横截面几乎呈圆形，长 29 μm，横径 21 μm，长度为横径的 1.38 倍。上锥部和下锥部大小几乎相等，上锥部呈宽圆顶形，顶部宽圆，下锥部略微呈圆锥形，两侧圆润，末端钝。横沟次中位，左旋下降，位移约为其自身宽度。纵沟窄，从顶点至底端呈曲线延伸。

　　广温性种。大西洋、北冰洋、日本海、北海、地中海、亚得里亚海、波罗的海、黑海、墨西哥湾等海域有记录。

99. 红色裸甲藻 *Gymnodinium rubrum* Kofoid & Swezy, 1921（图 99）

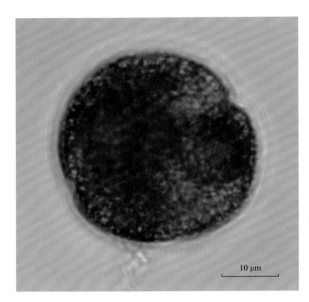

10 μm

图 99　红色裸甲藻 *Gymnodinium rubrum* Kofoid & Swezy, 1921

　　细胞体小型，通常呈卵形，横截面呈圆形，长 34 μm，横径 32 μm，长度与横径近相等。上锥部和下锥部长度几乎相等。顶部圆钝。横沟中位，位移不明显。

　　暖水性种。大西洋、波罗的海、北海、墨西哥湾、那不勒斯湾、澳大利亚附近海域有分布记录。

100. 裸甲藻 *Gymnodinium* spp.（图 100）

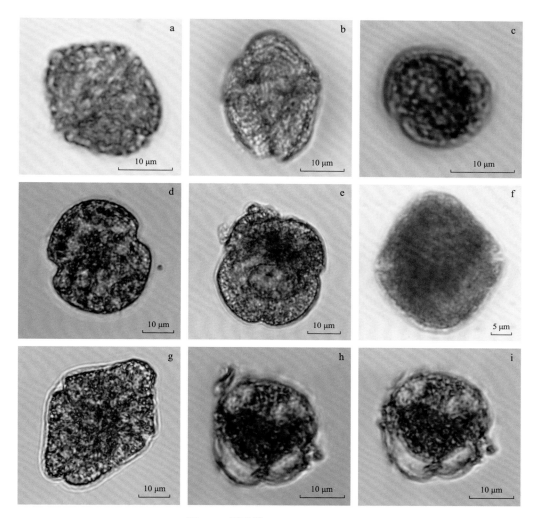

图 100　裸甲藻 *Gymnodinium* spp.

细甲藻属 *Lepidodinium* Watanabe, Suda, Inouye, Sawaguchi & Chihara, 1990

101. 细甲藻 *Lepidodinium* spp.（图 101）

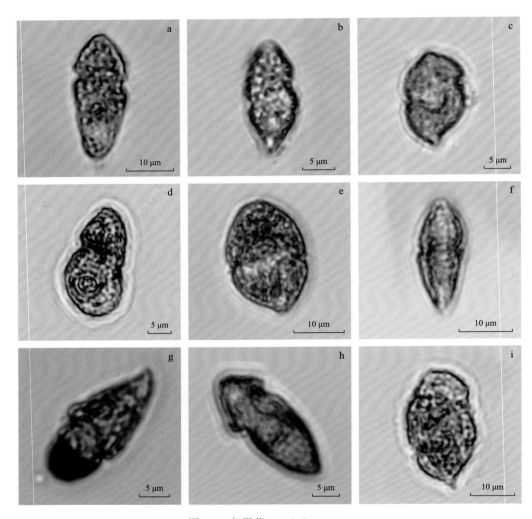

图 101　细甲藻 *Lepidodinium* spp.

尾沟藻属 *Torodinium* Kofoid & Swezy, 1921

102. 粗尾沟藻 *Torodinium robustum* Kofoid & Swezy, 1921（图 102）

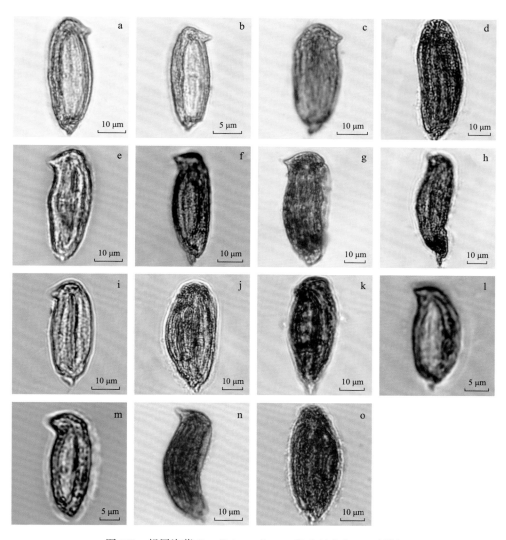

图 102　粗尾沟藻 *Torodinium robustum* Kofoid & Swezy, 1921

　　细胞体中型，呈延长的纺锤形，两端稍尖，前部稍满，中间最宽，长 67 ～ 75 μm，横径 21 ～ 23 μm，长度为横径的 2.8 ～ 3.2 倍。上锥部明显大于下锥部，占总长度的 0.83 ～ 0.85；后锥微小，呈锥形，不对称，其形态如同钻头的尖端。横沟左旋下降，位移约 1.01 个横径。纵沟较深，边缘突出，几乎从顶点延伸至底端。细胞表面没有条纹。

　　广温性种，分布广。大西洋、太平洋、波罗的海、北海、黑海、墨西哥湾、波斯湾有分布记录。

103. 圆柱尾沟藻 *Torodinium teredo* (Pouchet) Kofoid & Swezy, 1921（图 103）

图 103　圆柱尾沟藻 *Torodinium teredo* (Pouchet) Kofoid & Swezy, 1921

b. 细胞表面附着了一些杂质

同物异名：*Gymnodinium teredo* Pouchet, 1885

　　细胞体中型，呈延长的纺锤形，不对称，长 42 ~ 64 μm，最宽部分的横径 13 ~ 17 μm，长度为横径的 3.2 ~ 3.8 倍。上锥部占总长度的 0.88 ~ 0.91，下锥部呈近似圆锥形。横沟左旋下降，约一圈无重叠，位移约为 1.5 个横沟宽度；纵沟左旋下降，旋转约 0.5 圈，顶点处无环。

　　广温性种。北冰洋、大西洋、波罗的海、黑海、北海、墨西哥湾，以及印度、新西兰沿海均有分布记录。

104. 尾沟藻 *Torodinium* sp.（图 104）

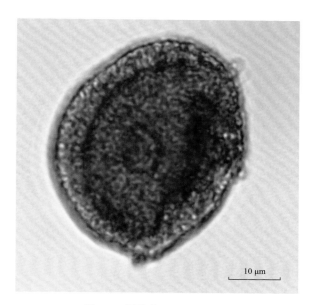

图 104　尾沟藻 *Torodinium* sp.

环沟藻科 Gyrodiniaceae Moestrup & Calado, 2018

环沟藻属 *Gyrodinium* Kofoid & Swezy, 1921

105. 厚环沟藻 *Gyrodinium crassum* (Pouchet) Kofoid & Swezy, 1921（图 105）

10 μm

图 105　厚环沟藻 *Gyrodinium crassum* (Pouchet) Kofoid & Swezy, 1921

同物异名：*Gymnodinium crassum* Pouchet, 1885; *Spirodinium crassum* Lemmermann, 1899

　　细胞体中型，呈延长的椭球状，两端不规则圆润，后部稍宽，最宽处位于下锥部中间，长 49 μm，横径 26 μm，长度为横径的 1.90 倍。上锥部略长于下锥部，下锥稍宽于上锥。横沟左旋下降，位移 0.92 个横径。纵沟狭窄，从横沟区延伸至底端。

　　广温性种。北冰洋里昂湾、北大西洋、波罗的海、北海、日本海、普利茅斯海峡有记录。印度洋首次记录。

106. 纺锤环沟藻 *Gyrodinium fusiforme* Kofoid & Swezy, 1921（图 106）

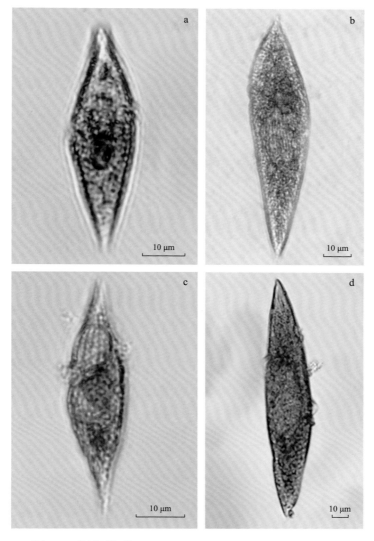

图 106　纺锤环沟藻 *Gyrodinium fusiforme* Kofoid & Swezy, 1921

同物异名：*Spirodinium fusus* Meunier, 1910

细胞体中大型，呈细长的纺锤形，两端尖锐，中间最宽，长 53 ～ 140 μm，横径 16 ～ 30 μm。上锥部和下锥部几乎相等，上锥部顶端细长尖锐，后部略宽，下锥部亦为细长的锥形。横沟左旋下降，位移 1.4 个横径；纵沟不明显。细胞核呈椭圆形体，位于中央或前部。

广温性种。北冰洋、太平洋、亚得里亚海、波罗的海、黑海、北海、加勒比海，以及澳大利亚附近海域有分布记录。中国近海常采到。

107. 钝形环沟藻 *Gyrodinium obtusum* (Schütt) Kofoid & Swezy, 1921 （图 107）

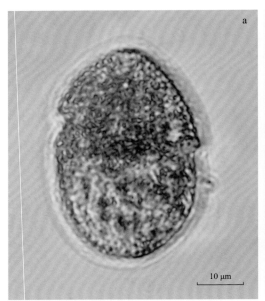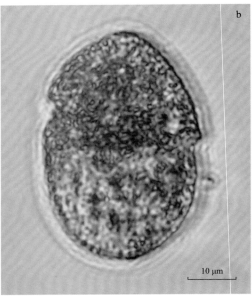

图 107　钝形环沟藻 *Gyrodinium obtusum* (Schütt) Kofoid & Swezy, 1921

同物异名：*Gymnodinium spirale* var. *obtusa* Schütt, 1895; *Spirodinium spirale* var. *obtusum Lemmermann*, 1899

细胞体中型，呈对称的椭圆形，横截面几乎呈圆形，两端宽圆，中间最宽，长 46 μm，横径 31 μm。上锥部略小于下锥部，前者为凸面锥形，后者略宽，底部宽钝。横沟左旋下降，位移为横径一倍。沟槽从顶点延伸到底端，在上锥部较浅，横沟区域和下锥部变深。细胞核呈椭圆形体，位于后中部。

温带至亚热带性种。美国加州拉霍亚海湾、那不勒斯湾、北海、日本海、澳大利亚附近海域有分布记录。

108. 螺旋环沟藻 *Gyrodinium spirale* (Bergh) Kofoid & Swezy, 1921 （图 108）

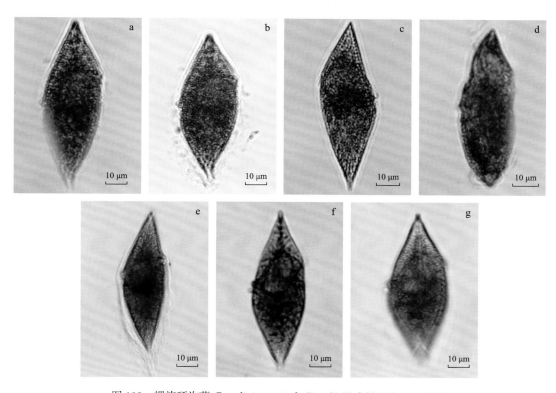

图 108　螺旋环沟藻 *Gyrodinium spirale* (Bergh) Kofoid & Swezy, 1921

同物异名：*Gymnodinium spirale* Bergh, 1882; *Spirodinium spirale* Entz, 1884

细胞体中型，呈纺锤形，后部最宽，前部逐渐变细，横截面几乎呈圆形，背面凸出，腹面略凹，使两端稍微向腹侧偏转，整个有轻微的不对称，长 48 ～ 70 μm，横径 10 ～ 22 μm。下锥部的最大长度略小于前锥。横沟左旋下降；纵沟从顶点延伸至底端，旋转约 0.19 个横径。全异养的营养方式。

世界广布种。北冰洋、大西洋、太平洋、印度洋、北海、波罗的海、地中海、黑海、墨西哥湾有记录。中国各海域均有发现。

109. 易变环沟藻 *Gyrodinium varians* (Wulff) Schiller, 1933（图 109）

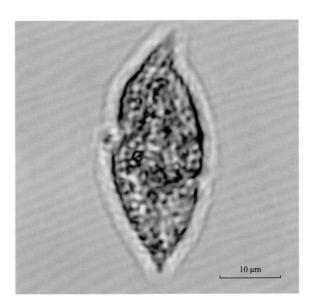

图 109　易变环沟藻 *Gyrodinium varians* (Wulff) Schiller, 1933

同物异名：*Spirodinium varians* Wulff

　　细胞体小型，身体延长，大约呈双锥形，不对称，长约 38 μm，横径约 15 μm，长度约为横径的 2.5 倍。上锥部呈锥形，顶端形成钝尖，左侧逐渐收缩，右侧突然收缩；下锥部呈钝锥形，稍微比上锥部宽，两侧几乎是直线或稍微凸出。横沟宽且深；纵沟很窄，弯曲成"S"形。色素体呈淡棕色。细胞无明显的纵向条纹。

　　北温带性种。北大西洋、黑海、俄罗斯沿海有分布。印度洋首次记录。

110. 环沟藻 *Gyrodinium* spp.（图 110）

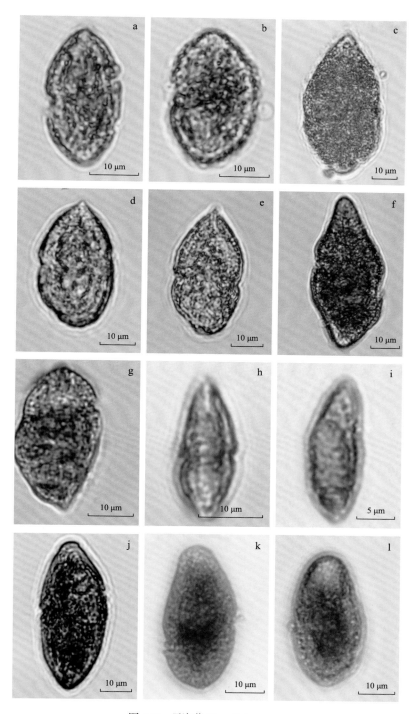

图 110　环沟藻 *Gyrodinium* spp.

莱伯藻属 *Lebouridinium*（Lebour）Gómez, Takayam, Moreira & Lopez, 2016

111. 灰白莱伯藻 *Lebouridinium glaucum* (Lebour) Gómez, Takayam, Moreira & Lopez, 2016（图 111）

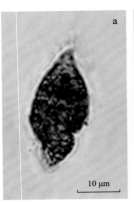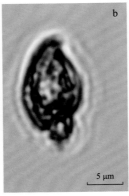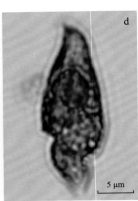

图 111　灰白莱伯藻 *Lebouridinium glaucum* (Lebour) Gómez, Takayam, Moreira & Lopez, 2016

同物异名：*Katodinium glaucum*（Lebour）Loeblich, 1965; *Massartia glauca* (Lebour) Schiller, 1937; *Gyrodinium glaucum* (Lebour) Kofoid & Swezy, 1921; *Spirodinium glaucum* Lebour, 1917

　　细胞体小型，呈纺锤形，两端突然收缩，横截面呈近圆形，长 15 ~ 46 μm，横径 8 ~ 13 μm。顶点尖锐且向左弯曲。上锥部占据了身体的较大部分；下锥部非常短，突然收窄至尖锐。横沟位于后方，左旋下降；纵沟从横沟处延伸至底端，几乎是直的。细胞表面有稀疏的纵向等距条纹。营养方式为全异养。

　　世界广布种。大西洋、太平洋、北冰洋、北印度洋、波罗的海、黑海、北海、加勒比海、墨西哥湾等有记录。中国黄海有分布。

凯伦藻科 Kareniaceae Bergholtz, Daugbjerg, Moestrup & Fernández-Tejedor, 2005

凯伦藻属 *Karenia* Hansen & Moestrup, 2000

112. 紫罗兰色凯伦藻 *Karenia asterichroma* Salas, Bolch & Hallegraeff, 2004（图 112）

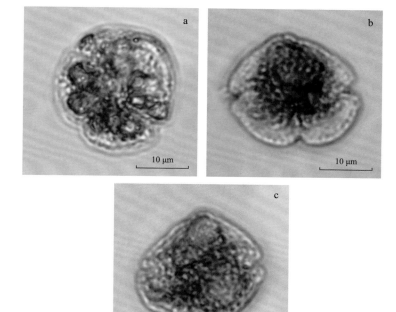

图 112　紫罗兰色凯伦藻 *Karenia asterichroma* Salas, Bolch & Hallegraeff, 2004

细胞体小型，呈近似五角形或有时六角形的形状，背腹侧扁平细胞，长 23 ～ 34 μm，宽 23 ～ 38 μm，长宽近相等。上锥部顶点处具凹陷，侧面观呈凹面状圆锥；下锥部通常被纵沟分成左右两部分，右叶通常比左叶长，但有时轮廓呈半圆形。横沟具凸起的边缘，移位大约为细胞长度的 1/6；顶沟直线状，延伸至上锥部的背侧约半程处；纵沟在上锥部浅而宽，下锥部更宽。细胞核小而呈球形，位于细胞中心附近。叶绿体 10 ～ 20 个不等，呈泪滴状或有时楔形，辐射成星形。

墨西哥湾、澳大利亚塔斯马尼亚附近海域有分布。

113. 短凯伦藻 *Karenia brevis* (Davis) Gert Hansen & Moestrup, 2000（图 113）

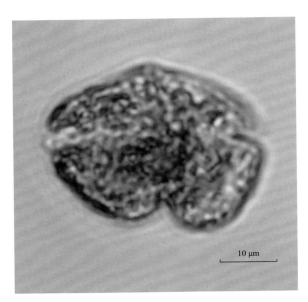

图 113　短凯伦藻 *Karenia brevis* (Davis) Gert Hansen & Moestrup, 2000

同物异名：*Gymnodinium breve* Davis, 1948；*Ptychodiscus brevis* (Davis) Steidinger, 1979

细胞体中型，背腹方向扁平，背面凸起，腹面凹陷，长 28 ~ 59 μm，宽 35 ~ 72 μm。上锥部呈宽阔的扁圆锥形，顶端具显著的尖状突出；下锥部底端内凹，略呈双叶。横沟略有位移；纵沟向上锥部侵入；顶沟略微延伸至上锥部的背侧。叶绿体黄绿色，较多。细胞核呈球形，位于下锥部左叶。

温带至暖温带沿岸性种。北大西洋、墨西哥湾、地中海、加勒比海、阿拉伯海，以及日本、新西兰附近海域有记录。中国各海域均有分布。

114. 双楔形凯伦藻 *Karenia bicuneiformis* Botes, Sym & Pitcher, 2003（图 114）

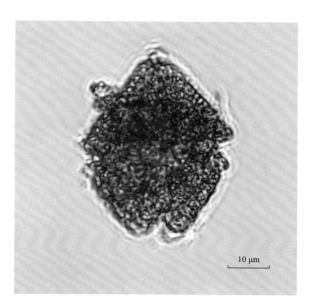

图 114　双楔形凯伦藻 *Karenia bicuneiformis* Botes, Sym & Pitcher, 2003

同物异名：*Karenia bidigitata* Haywood & Steidinger, 2004

细胞体中型，腹面观呈菱形，背腹方向扁平，长 46 μm，宽 34 μm。上锥部呈圆锥形，下锥部呈"W"形。横沟位移为自身宽度的一倍；纵沟向上延伸至上锥部。上锥体顶部具顶沟。叶绿体呈黄绿色，形状多变。

暖水性种。澳大利亚戈登湾、加那利群岛、墨西哥湾、地中海，以及南非、韩国、新西兰沿海均有记录。

115. 米氏凯伦藻 *Karenia mikimotoi* (Miyake & Kominami ex Oda) Gert Hansen & Moestrup, 2000（图 115）

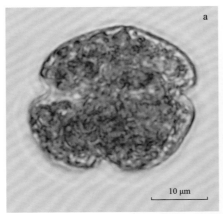
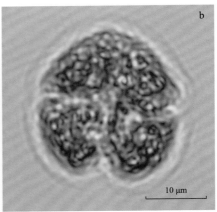
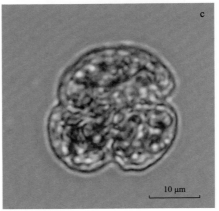

图 115　米氏凯伦藻 *Karenia mikimotoi* (Miyake & Kominami ex Oda) Gert Hansen & Moestrup, 2000

同物异名：*Gymnodinium mikimotoi* Miyake & Kominami ex Oda, 1935; *Gymnodinium nagasakiense* Takayama & Adachi, 1985; *Gyrodinium nagasakiense* Takayama & Adachi, 1984

细胞体小型，呈宽阔的椭圆形，背腹方向扁平，长 25 ~ 27 μm，宽 22 ~ 30 μm。上锥部呈半球形或宽阔的圆锥形，下锥部略微呈双叶形，较宽大。横沟略前中位，位移为细胞长度的 1/9 ~ 1/4；纵沟向上锥部轻微侵入；顶沟深，向下延伸至上锥部背侧的 1/3。细胞核呈椭圆形到肾形，位于下锥部左叶。叶绿体多个，分散至细胞表面，颜色呈棕黄色。

世界广布种。太平洋、大西洋、印度洋、波罗的海、地中海、黑海、北海、加勒比海、墨西哥湾，以及日本、新西兰附近海域有记录。中国东海也有记录。

116. 蝶形凯伦藻 *Karenia papilionacea* Haywood & Steidinger, 2004 （图 116）

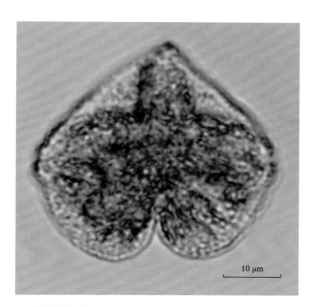

图 116　蝶形凯伦藻 *Karenia papilionacea* Haywood & Steidinger, 2004

细胞体大小和形状变化较大，长 41 μm，宽 37 μm，背腹扁平，大致呈椭圆形。上锥部带有穹顶状突起，下锥部呈双叶状，左叶较右叶长，并具凹陷。横沟中位，位移约为横沟的宽度；纵沟延伸至上锥部；顶沟短，向背面延伸至上锥部的 1/3。叶绿体呈黄绿色，数量、大小和形状易变。

暖水性种。大西洋、加勒比海、墨西哥湾，以及日本、澳大利亚、新西兰沿海有分布。中国东海也有分布。

117. 长纵沟凯伦藻 *Karenia longicanalis* Yang, Hodgkiss & Gert Hansen, 2001（图 117）

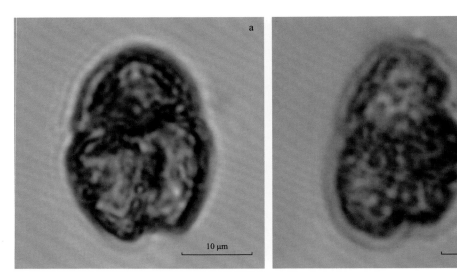

图 117　长纵沟凯伦藻 *Karenia longicanalis* Yang, Hodgkiss & Gert Hansen, 2001

同物异名：*Karenia umbella* Salas, Bolch & Hallegraeff, 2004

细胞体小型，呈长椭圆形，腹面观呈卵形，背腹略扁平，长 29 μm，宽 20 μm。上锥部呈半球形，表面具 8 个辐射沟；下锥部右叶比左叶长。横沟较深且宽，移位约占细胞总长度的 0.2；纵沟较宽，呈手指状。叶绿体不规则且多叶，呈带状。

暖温带至亚热带性种。澳大利亚塔斯马尼亚岛附近海域、北大西洋凯尔特海、新西兰附近海域有记录。

118. 凯伦藻 *Karenia* sp.（图 118）

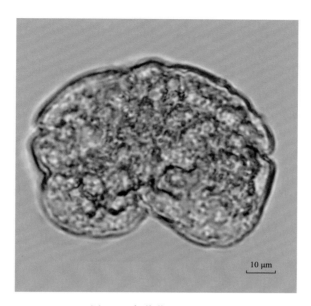

图 118　凯伦藻 *Karenia* sp.

卡尔藻属 *Karlodinium* **Larsen, 2000**

119. 卡尔藻 *Karlodinium* sp.（图 119）

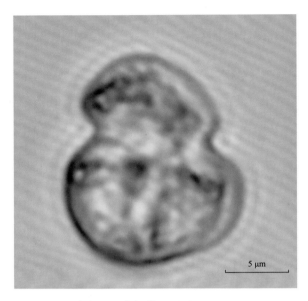

图 119　卡尔藻 *Karlodinium* sp.

枝甲藻属 *Brachidinium* Taylor, 1967

120. 头状枝甲藻 *Brachidinium capitatum* Taylor, 1963（图 120）

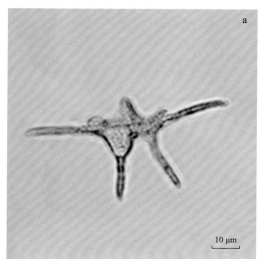
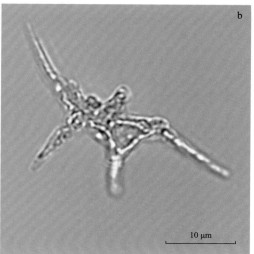
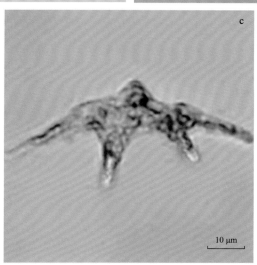

图 120　头状枝甲藻 *Brachidinium capitatum* Taylor, 1963

同物异名：*Brachydinium capitatum* Taylor, 1967

细胞体中型，呈扁平的圆盘状，直径 36 ~ 80 μm（含突起）。细胞周围有 4 个延伸的突起，分别从细胞的四角伸出。细胞核呈卵形，较大且位于中央，占细胞质的大部分。横沟不明显且不完整，具横鞭毛和纵鞭毛。叶绿体可见。

暖水性种。大西洋、墨西哥湾、亚得里亚海、地中海，以及菲律宾、日本附近海域有分布。印度洋首次记录。

多沟藻科 Polykrikaceae Kofoid & Swezy, 1921

多沟藻属 *Polykrikos* Bütschli, 1873

121. 宝石多沟藻 *Polykrikos geminatus* (Schütt) Qiu & Lin, 2013（图 121）

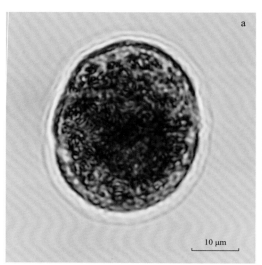
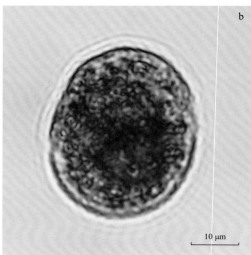

图 121　宝石多沟藻 *Polykrikos geminatus* (Schütt) Qiu & Lin, 2013

同物异名：*Cochlodinium geminatum* (Schütt) Schütt, 1896; *Gymnodinium geminatum* Schütt, 1895

　　细胞体小型，呈近似椭球形，有时左侧略扁平而右侧突出，长 38 μm；横径 31 μm，长度为横径的 1.22 倍。横沟左旋下降，旋转 1.5 ~ 2 圈，位移约为总长度的 0.8；纵沟深嵌，左旋下降，旋转约 0.5 ~ 1 圈。细胞核呈球形或宽椭圆形，位于身体中央。色素体呈蚯蚓状，颜色呈赭石色。

　　广温性种。大西洋或那不勒斯湾、加利福尼亚外的太平洋、北冰洋、黑海、澳大利亚附近海域均有分布。

122. 科氏多沟藻 *Polykrikos kofoidii* Chatton, 1914（图 122）

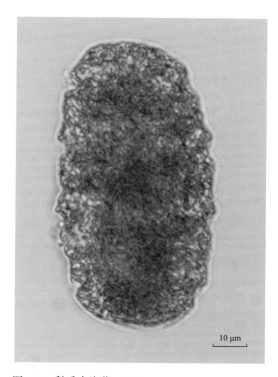

10 μm

图 122　科氏多沟藻 *Polykrikos kofoidii* Chatton, 1914

同物异名：*Polykrikos schwarzii* Kofoid, 1907

　　细胞体中型，横截面呈近乎圆形，长 90 μm，横径 38 μm。上锥部和下锥部大小几乎相等，上锥部表面通常平滑，下锥部表面有肋状花纹。横沟中位或略偏上，位移约为0.15 个横径；纵沟贯穿全长。藻细胞颜色从绿灰色到玫瑰色。细胞核呈球形，位于中心。

　　世界广布种。北大西洋、加利福尼亚拉霍亚外的太平洋、亚得里亚海、黑海、北海、加勒比海、墨西哥湾、红海，以及印度、日本、韩国、澳大利亚、新西兰附近海域均有记录。

裂甲藻科 Ptychodiscaceae (Schütt) Lemmermann, 1899

贝奇那藻属 *Balechina* Loeblich Jr. & Loeblich Ⅲ, 1968

123. 蓝色贝奇那藻 *Balechina coerulea* (Dogiel) Taylor, 1976（图 123）

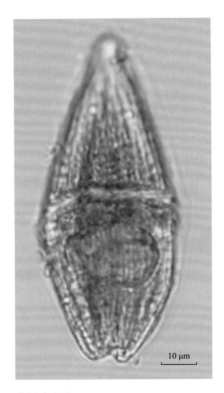

10 μm

图 123　蓝色贝奇那藻 *Balechina coerulea* (Dogiel) Taylor, 1976

同物异名：*Cucumeridinium coeruleum* (Dogiel) Gómez, López-García, Takayama & Moreira, 2015; *Gymnodinium coeruleum* Dogiel, 1906

细胞体较大，呈近椭球形，横截面几乎呈圆形，长 91 μm，横径 38 μm。上锥部和下锥部大小接近，上锥部圆润，顶端呈三角锥形；横沟位于中部，左旋，位移约为 0.28 个横径；纵沟从近顶端延伸至底端，在腹面底部形成一个深刻的凹陷；细胞核呈椭圆形，位于下锥部中间；细胞表面具纵向等距的条纹。

暖水性种。加利福尼亚湾、地中海、加勒比海、墨西哥湾，以及日本、印度、巴西、澳大利亚附近海域有分布。中国各海域均有分布。

单眼藻科 Warnowiaceae Lindemann, 1928

线甲藻属 *Nematopsides* Greuet, 1973

124. 维吉兰线甲藻 *Nematopsides vigilans* (Marshall) Greuet, 1973（图 124）

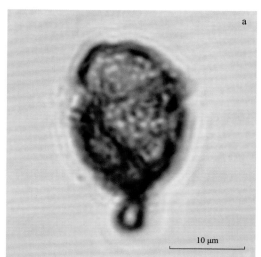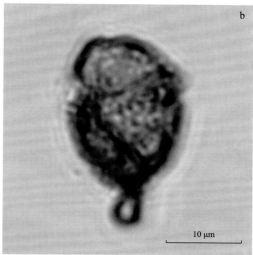

图 124　维吉兰线甲藻 *Nematopsides vigilans* (Marshall) Greuet, 1973

同物异名：*Proterythropsis vigilans* Marshall, 1925

细胞体小型，呈卵形体，身体后端有一根较粗的触手，长约 21 μm，宽约 17 μm。横沟左旋下降，直至延伸到触手；纵沟顶端延伸至底端，旋转约 0.5 圈。眼点紧凑呈梨形。细胞核呈椭圆形或肾形，颜色呈玫瑰红色。

温带至暖温带沿岸性种。加利福尼亚湾、墨西哥湾、北海、加那利群岛附近海域有分布。

125. 线甲藻 *Nematopsides* spp.（图 125）

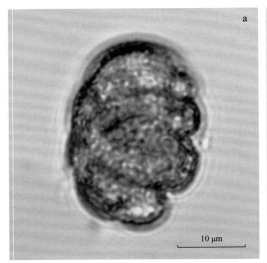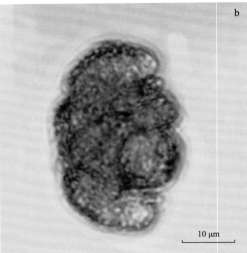

图 125　线甲藻 *Nematopsides* spp.

单眼藻属 *Warnowia* Lindemann, 1928

126. 波利单眼藻 *Warnowia polyphemus* (Pouchet) Schiller, 1933（图 126）

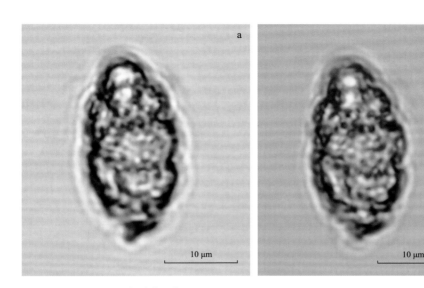

图 126　波利单眼藻 *Warnowia polyphemus* (Pouchet) Schiller, 1933

a 和 b. 同一个细胞的不同焦平面观

同物异名：*Gymnodinium polyphemus* Pouchet; *Pouchetia polyphemus* (Pouchet) Kofoid & Swezy, 1921

　　细胞体小型，呈延长且弯曲的椭球状，长 26 μm，横径 14 μm。横沟约 1.75 圈，位移约占总长度的 0.5；纵沟可旋转至少两圈，在顶部和底部呈环形。上锥部和下锥部大小几乎相等，顶端呈不对称的扁平半球体，底部收缩，被纵沟分隔，两侧呈尖锐状延伸。眼点位于前中部。色素体形状不规则，无明显颜色。

　　世界稀有种。大西洋康卡纳、冰岛附近海域，以及北海、墨西哥湾等海域有分布。印度洋首次记录。

127. 美丽单眼藻 *Warnowia pulchra* (Schiller) Schiller, 1933（图 127）

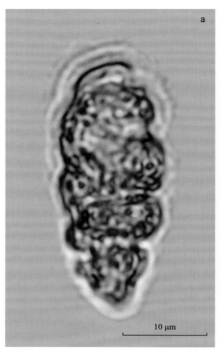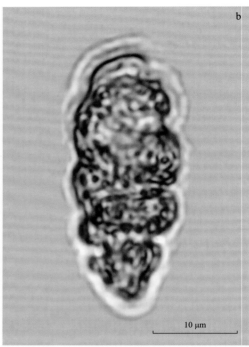

图 127　美丽单眼藻 *Warnowia pulchra* (Schiller) Schiller, 1933

a 和 b. 同一个细胞的不同焦平面观

同物异名: *Pouchetia pulchra* Schiller, 1928

细胞体小型，呈纺锤形，无触手，无环状隆起，长 31 μm，横径 13 μm。细胞顶端较宽圆，底端非常狭窄，锥形，上 1/3 处最宽，随后逐渐变尖。细胞核呈卵形，略靠近顶端。眼点呈黑色，位于中央偏上位置，周围有明显的白色区域。色素体呈圆盘状，位于眼点下方。身体表面光滑，无明显纹路。

世界稀有种。南亚得里亚海、那不勒斯湾、北海有分布。印度洋首次记录。

128. 单眼藻 *Warnowia* spp.（图 128）

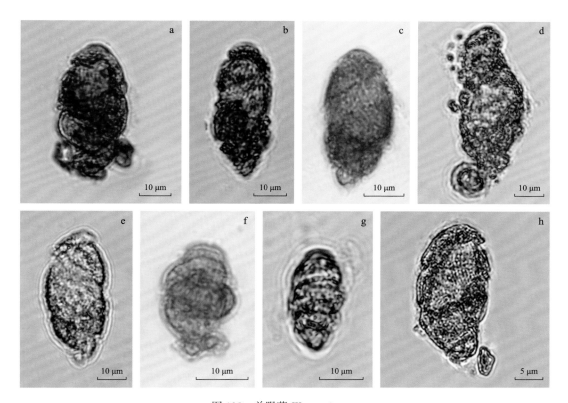

图 128　单眼藻 *Warnowia* spp.

红裸藻属 *Erythropsidinium* Silva, 1960

129. 活泼红裸藻 *Erythropsidinium agile* (Hertwig) Silva, 1960（图 129）

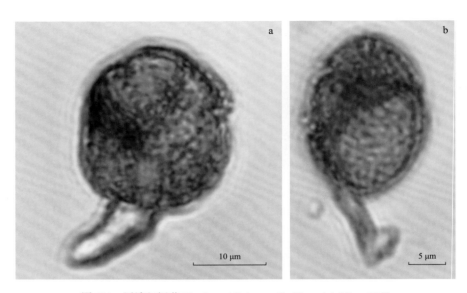

图 129　活泼红裸藻 *Erythropsidinium agile* (Hertwig) Silva, 1960

同物异名：*Erythropsidinium pavillardii* (Kofoid & Swezy) Silva, 1960; *Erythropsis agilis* Hertwig, 1884; *Erythropsis cornuta* (Schütt) Kofoid & Swezy; *Erythropsis pavillardii* Kofoid & Swezy

细胞体小型，圆润，长 23 ～ 40 μm（不包含触手），横径 21 ～ 30 μm。前端背腹侧扁平，最宽处在横沟略下；后端较宽且截平，被触手裂缝纵向一分为二。顶端具明显的螺旋环结构，为纵沟向上延伸形成。横沟左旋，位移约横径的 0.35; 纵沟不明显。伸缩柄呈圆柱形。

暖温带至热带性种。加那利群岛、加利福尼亚州湾、墨西哥湾，以及澳大利亚、地中海索伦托附近海域有记录。

130. 角状红裸藻 *Erythropsidinium cornuta* (Schütt) Kofoid & swezy, 1921（图 130）

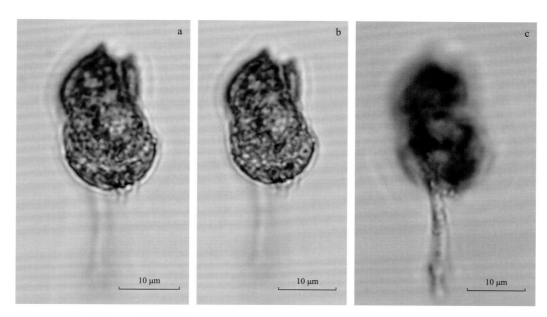

图 130　角状红裸藻 *Erythropsidinium cornuta* (Schütt) Kofoid & swezy, 1921

同物异名：*Pouchctm cornuta* Schütt, 1895; *Erythropsis cornuta* (Schütt)

细胞体小型，呈卵形，长 25 μm（不含触手），横径 16 μm，长度为横径的 1.56 倍。具有明显的钩状顶角，顶点宽圆。横沟位移 0.65 横直径；纵沟非常窄，向斜后方延伸。触手呈圆柱形，伸展时总长度约为细胞体的 2.3 倍，末端明显呈冠状。

世界稀有种。大西洋、太平洋、加利福尼亚外海、北大西洋欧洲沿海有分布。印度洋首次记录。

131. 巴氏红裸藻 *Erythropsidinium pavillardi* (Kofoid & Swezy) Silva, 1960（图 131）

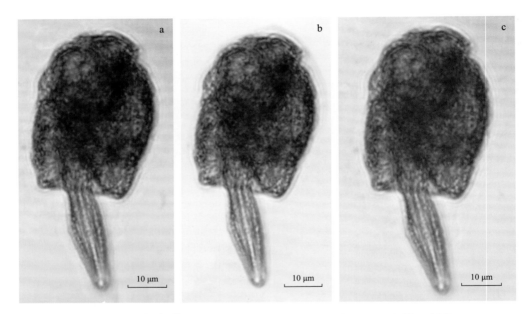

图 131 巴氏红裸藻 *Erythropsidinium pavillardi* (Kofoid & Swezy) Silva, 1960

同物异名：*Erythropsidinium agile* (Hertwig) Silva, 1960; *Erythropsis pavillardii* Kofoid & Swezy

细胞体中型，呈椭圆形，长 82 μm（不含触手），横径 57 μm，长度为横径的 1.3 ~ 1.5 倍。触手异常大。上锥部矮，约为 0.5 个横径；下锥部约占总长度的 0.75。横沟左旋下降，位移为 0.8 个横径，约一圈；纵沟宽而浅。

暖温带至热带性种。加那利群岛、加利福尼亚州湾、墨西哥湾、地中海、澳大利亚附近海域等均有分布。

Dinoflagellata incertae sedis

佩赛藻属 *Pseliodinium* Sournia, 1972

132. 梭状佩赛藻 *Pseliodinium fusus* (Schütt) Gómez, 2018（图 132）

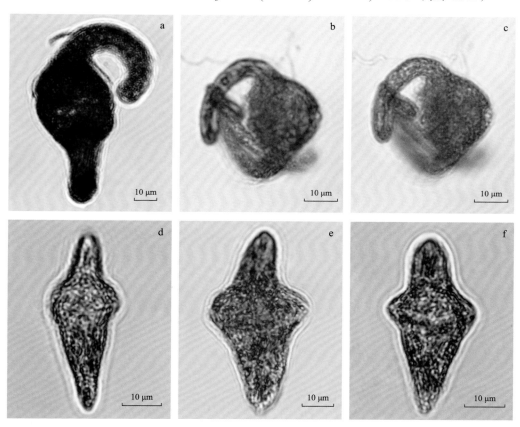

图 132　梭形佩赛藻 *Pseliodinium fusus* (Schütt) Gómez, 2018

a. 单独的细胞；b 和 c，e 和 f. 同一个细胞的不同焦平面观

同物异名：*Gyrodinium falcatum* Kofoid & Swezy, 1921

　　细胞体大型，呈不规则的纺锤形，中间宽圆，两端收缩较窄，背面凹陷，腹面几乎直线。上锥部略大于下锥部，形状大致呈近圆锥形，后部圆润；下锥部不如上锥部规则，前部圆润，后端收缩变窄，呈钝尖形。横沟次中位，呈左旋下降，位移约 0.39 个横径；纵沟在上锥部和下锥部都较短。具有黄赭石色的色素体。

　　广温性种类，但数量少。加那利群岛、黑海、墨西哥湾，以及英国、爱尔兰、葡萄牙、巴西、印度、俄罗斯（远东）、澳大利亚附近海域有分布。中国各海域均有分布。

第四目
膝沟藻目
Order Gonyaulacales Taylor, 1980

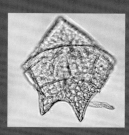

双顶藻科 Amphidomataceae Sournia, 1984

双顶藻属 *Amphidoma* Stein, 1883

133. 坚果双顶藻 *Amphidoma nucula* Stein, 1883（图 133）

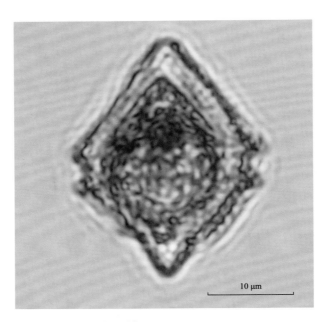

图 133　坚果双顶藻 *Amphidoma nucula* Stein, 1883

同物异名：*Murrayella spinosa* Kofoid, 1907; *Gonyaulax rouchii* Rampi, 1948

细胞体小型，长 28 μm，宽 21 μm，宽与长的比值为 0.75。上壳顶部与下壳底部均呈尖锥形，细胞整体呈双锥形。具顶孔。顶角短。横沟宽，左旋，位移不明显。细胞下体部有一个三角形尖锥，具脊状纵条纹。

热带、亚热带性种。东太平洋、大西洋及印度南部海域有记录。

134. 渐尖双顶藻 *Amphidoma acuminata* Stein, 1883（图 134）

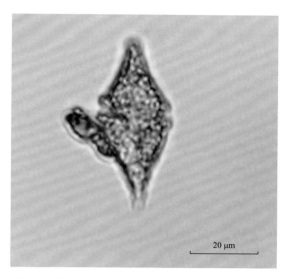

图 134　渐尖双顶藻 *Amphidoma acuminata* Stein, 1883

　　细胞体中型，长 52 μm，宽 22 μm，呈双锥形。上壳和下壳的长度近似，横沟处细胞体最宽。上壳和下壳均呈圆锥形，细胞表面覆盖着细小的斑点，有纵肋；上壳顶部略钝，下壳底部渐尖。

　　世界稀有种。大西洋有记录。

135. 双顶藻 *Amphidoma* spp.（图 135）

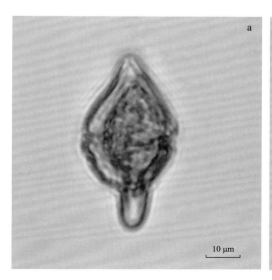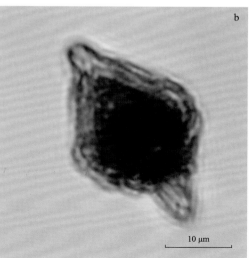

图 135　双顶藻 *Amphidoma* spp.

环氨藻属 *Azadinium* Elbrächter & Tillmann, 2009

136. 具尾环氨藻 *Azadinium caudatum* (Halldal) Nézan & Chomérat, 2012（图 136）

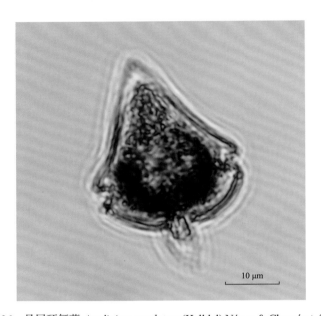

10 μm

图 136　具尾环氨藻 *Azadinium caudatum* (Halldal) Nézan & Chomérat, 2012

同物异名：*Amphidoma caudata* Halldal, 1953; *Oxytoxum margalefii* Rampi, 1969; *Oxytoxum tonollii* Rampi, 1969

细胞体小型，长 38.7 μm，宽 28.1 μm，有学者报道该细胞长 25.9 ～ 36.9 μm，宽 18.9 ～ 25.8 μm（Nézan et al., 2012）。上壳明显长于下壳，上壳呈三角锥形，其长约占细胞总长度的 3/5，两侧边缘略凹陷，无刺，末端平截；下壳底部生出一个锥形突起，短、钝，具发达的纵脊。横沟凹陷，左旋。

全球广布种，但数量稀少。地中海、利古里亚海、亚得里亚海有分布，西班牙、挪威、爱尔兰等近岸海域亦有报道。印度洋首次记录。

中甲藻属 *Centrodinium* Kofoid, 1907

137. 中甲藻 *Centrodinium* spp.（图 137）

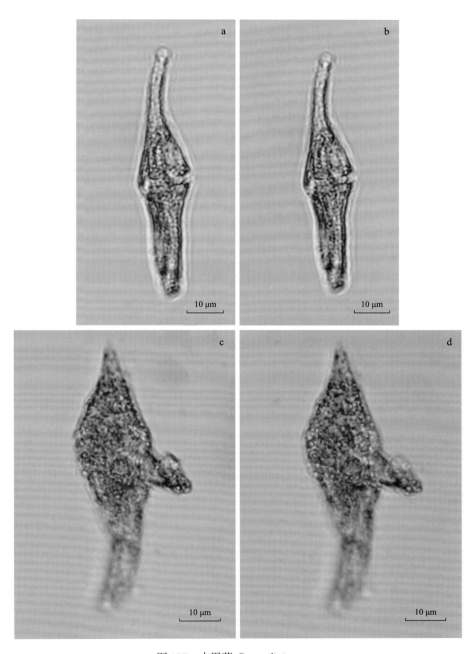

图 137　中甲藻 *Centrodinium* spp.

角藻科 Cerataceae Kofoid, 1907

角藻属 *Tripos* Bory de Saint-Vincent, 1823

138. 尖头角藻 *Tripos acuticephalotum* sp. nov.（图 138）

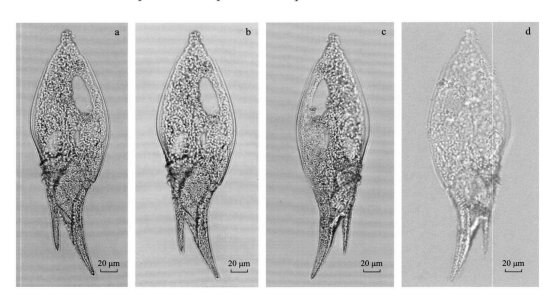

图 138　尖头角藻 *Tripos acuticephalotum* sp.nov.

a 和 b. 腹面观；c 和 d. 背面观

　　细胞体大型，背腹扁平，似叶片。总长 348 μm。上壳远长于下壳，上壳长 212 μm，呈尖叶状，横沟以上约 1/3 处最宽，最宽处为 112 μm，由最宽处向顶端急缩，顶端钝突，钝突处两侧边缘不光滑，呈锯齿状，突起的高度约 16 μm，与宽度近等。下壳短，底边斜直，下壳横沟至两底角中线处的长度为 60 μm。两底角较粗壮，左底角略长于右底角，分别为 56 μm 和 48 μm。右底角直，与细胞纵轴平行方向伸出，左底角较右底角粗，自下壳底线向外稍弯，横沟平直或向左下方略倾斜。环孔小，具顶孔。

　　本种与脑形角藻 *T. cephalotus*、圆头角藻 *T. gravidus* 和长头角藻 *T. praeolongum* 同属一组，其共性是无顶角，背腹甚扁，下壳形状略同；其不同点在于上壳的形状。本种上壳尖，宽披针形，顶端钝突，根据其形状而命名为尖头角藻。

　　该种只发现一个标本，采集地点为西印度洋，坐标为 2°S，63°E。

　　热带大洋性种。

139. 脑形角藻 *Tripos cephalotus* (Lemmermann) Gómez, 2013（图 139）

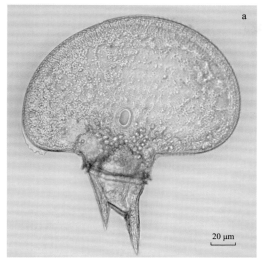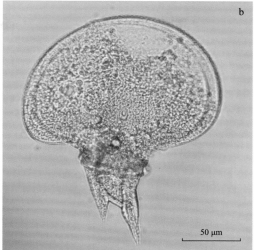

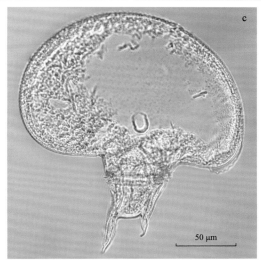

图 139　脑形角藻 *Tripos cephalotus* (Lemmermann) Gómez, 2013

a 和 b. 腹面观；c. 背面观

同物异名：*Ceratium cephalotum* (Lemmermann) Jörgensen, 1911; *Neoceratium cephalotum* (Lemmermann) Gómez, Moreira & López-Garcia, 2010

细胞体较扁平，无顶角。上体部圆阔，在靠近横沟的部分宽度骤然缩小，上壳宽大于长，横沟平直。下体部高度小，两底角短小而平直，末端尖。

热带大洋性种。太平洋热带海域、大西洋、印度洋有分布。中国东海、南海有记录。

140. 趾状角藻 *Tripos digitatus* (Schütt) Gómez, 2013（图 140）

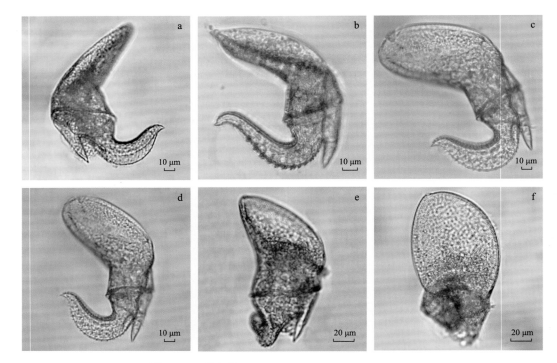

图 140　趾状角藻 *Tripos digitatus* (Schütt) Gómez, 2013

a. 腹面观；b ~ e. 侧背面观；f. 背面观

同物异名：*Ceratium digitatum* Schütt, 1895; *Neoceratium digitatum* (Schütt) Gómez, Moreira & López-Garcia, 2010

　　细胞体大型，该种外形很有特点，较容易鉴别。上壳和左底角均急剧地弯向藻体背面。上壳腹区部分也明显凹陷。顶孔位于顶部的突起上。横沟较宽。下壳短。左底角远比右底角粗壮，两底角的边翅都比较明显，有肋状结构，右底角短且尖，伸向藻体后方。

　　热带大洋嗜阴性种。西太平洋热带海域、大西洋、印度洋等有记录。图中样品采自 2016 年夏季东印度洋 100 m 水深处。

141. 长头角藻 *Tripos praeolongum* (Lemmermann) Kofoid ex Jörgensen, 1911（图 141）

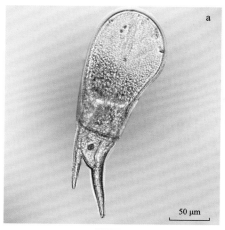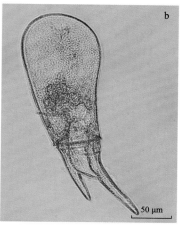

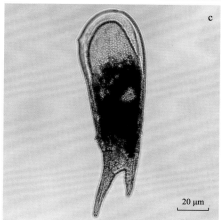

图 141　长头角藻 *Tripos praeolongum* (Lemmermann) Kofoid ex Jörgensen, 1911

a 和 b. 腹面观；c. 背面观

同物异名：*Ceratium praeolongum* (Lemmermann) Kofoid ex Jörgensen, 1911; *Ceratium gravidum* var. *praeolongum* Lemmermann, 1899; *Neoceratium praeolongum* (Lemmermann) Gómez, Moreira & López-Garcia, 2010

细胞体大型。上壳长，呈舌状，顶端圆，无顶角，两侧边缘几近平行；下壳短、窄，长度为上壳的 1/4 ~ 1/3。两底角锥形，粗壮，均弯向左侧，左底角约为右底角的两倍长。横沟平直，有边翅。壳壁较厚，上有小孔。

热带大洋性种。太平洋、大西洋、印度洋、加勒比海、莫桑比克海峡有记录。中国东海和南海也有记录。

142. 圆头角藻 *Tripos gravidus* (Gourret) Gómez, 2013（图 142）

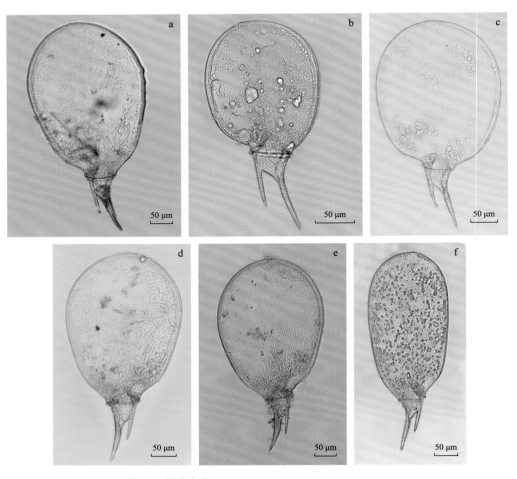

图 142　圆头角藻 *Tripos gravidus* (Gourret) Gómez, 2013

a ~ c. 腹面观；d ~ f. 背面观

同物异名：*Ceratium gravidum* Gourret, 1883; *Ceratium gravidum* var. *latum* Jörgensen, 1911; *Ceratium gravidum* var. *angustum* Jörgensen, 1920; *Neoceratium gravidum*（Gourret）Gómez, Moreira & López-Garcia, 2010

　　细胞体较大，上壳呈圆形或卵圆形，较圆钝，背腹扁平；下壳短，两底角均呈尖锥形，壳面平滑，无明显的脊状条纹。

　　热带大洋嗜阴性种，世界广布。太平洋、大西洋、印度洋、地中海、加勒比海等海域均有分布。中国东海和南海等有记录。

143. 矛形角藻 *Tripos lanceolatus* (Kofoid) Gómez, 2013（图 143）

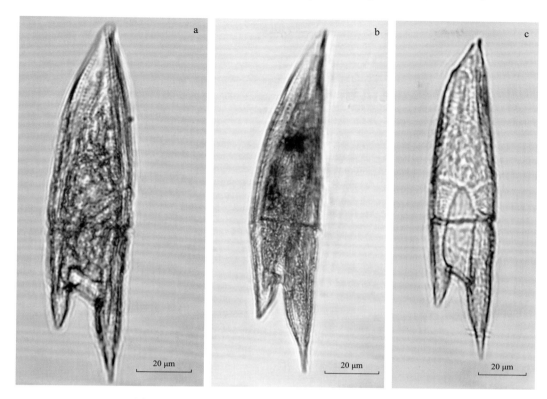

图 143　矛形角藻 *Tripos lanceolatus* (Kofoid) Gómez, 2013

a ～ c. 腹面观

同物异名：*Ceratium lanceolatum* Kofoid, 1907; *Neoceratium lanceolatum*（Kofoid）Gómez, Moreira & López-Garcia, 2010

细胞体小型，略扁平。上壳呈宽矛状，顶部尖，无顶角。横沟宽，边翅窄。上壳长为下壳长的 3.1 ～ 3.5 倍。两底角均沿纵轴方向伸出，左底角粗壮，末端呈尖锥形；右底角长约为左底角长的 1/2，粗壮且末端稍弯曲。

热带性种。太平洋、大西洋、印度洋、地中海有记录。中国南海也有记录。

144. 锥形角藻 *Tripos schroeteri* (Schröder) Gómez, 2013（图 144）

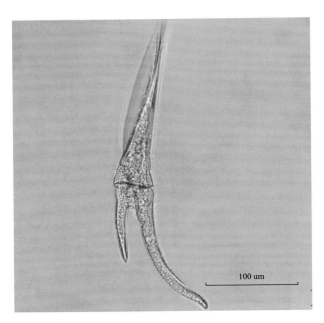

图 144　锥形角藻 *Tripos schroeteri* (Schröder) Gómez, 2013

腹面观

同物异名：*Ceratium schroeteri* Schröder, 1906; *Neoceratium schroeteri* (Schröder)
Gómez, Moreira & López-Garcia, 2010

　　细胞体大型。上壳呈长锥形，自横沟向上逐渐变细，顶端较尖且向左侧背侧倾斜，
末端开口，已有形成顶角的趋势（郭玉洁等，1983）。横沟平直，边翅窄。左底角长，
向背侧弯曲；右底角短，沿细胞纵轴方向伸出，末端稍弯向内侧。壳面条纹不明显。

　　热带大洋性种。太平洋、大西洋、印度洋，以及墨西哥湾、孟加拉湾有记录。中国
东海、南海的西沙群岛和南沙群岛附近海域也有记录。

145. 披针角藻 *Tripos belone* (Cleve) Gómez, 2013（图 145）

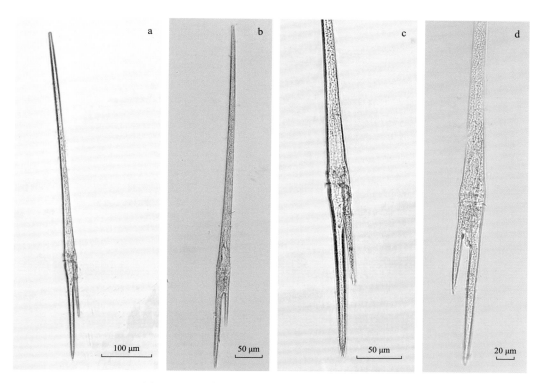

图 145 披针角藻 *Tripos belone* (Cleve) Gómez, 2013

a ~ c.背面观；d.腹面观

同物异名：*Ceratium belone* Cleve, 1900; *Neoceratium belone* (Cleve) Gómez, Moreira & López-Garcia, 2010

细胞体较大，细长。上壳自横沟开始往上逐渐变细，形成细长的顶角，两者之间几乎没有明显的界线。两底角几乎平行，不等长，左底角约为右底角的两倍长，纵沟窄。

热带大洋性种。太平洋、大西洋、印度洋，以及地中海、安达曼海有分布。中国南黄海、东海、南海海域有记录。

146. 波氏角藻 *Tripos boehmii*（Graham & Bronikovsky）Gómez, 2013 （图 146）

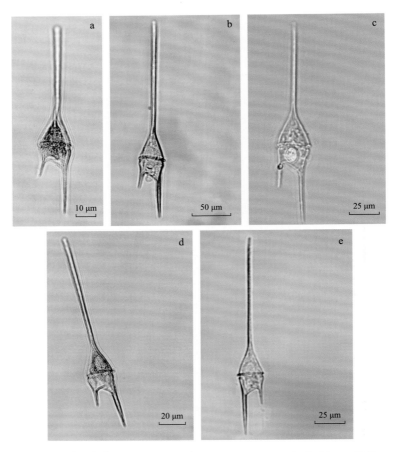

图 146　波氏角藻 *Tripos boehmii*（Graham & Bronikovsky）Gómez, 2013

a ~ d. 腹面观；e. 背面观

同物异名：*Ceratium boehmii* Graham et Broniovsky, 1944; *Neoceratium boehmii*（Graham & Bronikovsky）Gómez, Moreira & López-Garcia, 2010

细胞体小型，顶角细长，上体部呈近似于等腰三角形，侧缘平直，顶角细长。横沟平直。下体部较上体部短，底缘斜直。两底角末端尖，几乎平行，左底角长于右底角，约为右底角长度的两倍。

该种与科氏角藻 *T. kofoidii* 非常相似，主要区别在于本种两底角明显长于后者，均约为后者的两倍甚至更长，且近平行伸出，而科氏角藻右底角甚短且常常稍向外歧分（杨世民等，2016）。

暖水性种。太平洋、印度洋有记录。

147. 蜡台角藻 *Tripos candelabrum* (Ehrenberg) Gómez, 2013（图 147）

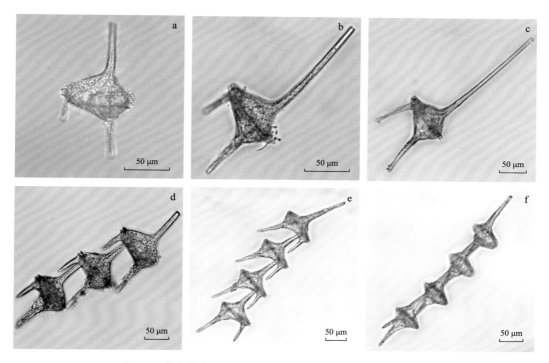

图 147　蜡台角藻 *Tripos candelabrum* (Ehrenberg) Gómez, 2013

a ~ c. 腹面观；d ~ f. 群体

同物异名：*Ceratium candelabrum* (Ehrenberg) Stein, 1883; *Neoceratium candelabrum* (Ehrenberg) Gómez, Moreira & López-Garcia, 2010

　　细胞体中等大小，体长小于宽。壳壁较厚。上壳呈斜锥形，左边缘较右边缘更陡；下壳呈三角形，底缘斜直或略呈弓形。两底角平行或稍分开，左底角长于右底角。横沟较宽，边翅发达，常具放射肋。

　　暖温带至热带大洋性种。广泛分布于太平洋、大西洋、印度洋。中国黄海、东海、南海，以及吕宋海峡较为常见。

148. 叉状角藻 *Tripos furca* (Ehrenberg) Gómez, 2013（图 148）

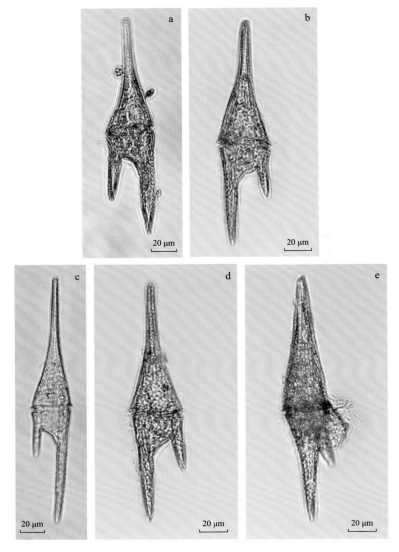

图 148　叉状角藻 *Tripos furca* (Ehrenberg) Gómez, 2013

a 和 c. 腹面观；b 和 d. 背面观；e. 侧面观

同物异名：*Ceratium furca* (Ehrenberg) Claparede et Lachmann, 1859; *Neoceratium furca* (Ehrenberg) Gómez, Moreira & López-Garcia, 2010

细胞体中型，背腹扁平。壳面条纹粗大清晰，上壳呈近似等腰三角形，顶部缓慢变细，最终拉伸成为一开口顶角。底角平行或微微张，左底角长于右底角，约为右底角的两倍，底角粗壮。

世界广布种。中国各海域均有分布。

149. 叉状角藻矮胖变种 *Tripos furca* var. *eugrammum* (Ehrenberg) Jörgensen, 1911（图 149）

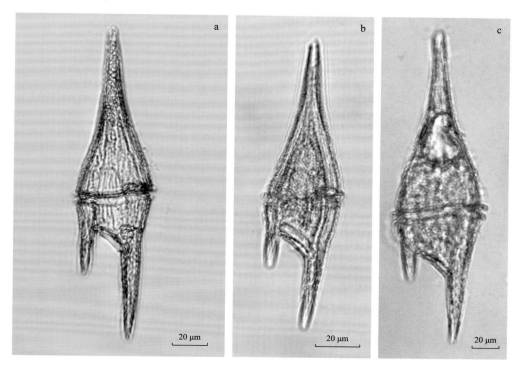

图 149　叉状角藻矮胖变种 *Tripos furca* var. *eugrammum* (Ehrenberg) Jörgensen, 1911

a ～ c. 腹面观

同物异名：*Ceratium furca* var. *eugrammum* (Ehrenberg) Jörgensen, 1911; *Neoceratium furca* var. *eugrammum* (Ehrenberg) Yang & Li, 2014

该变种与原种叉状角藻 *T. furca* 的区别：①该变种的藻体较原种矮胖；②该变种下壳底边倾斜程度小于原种；③该变种的顶角和两底角的长度也明显小于原种，使藻体占整体长度的比例约为 1/2，明显高于原种的 1/3 ～ 1/4（杨世民等，2016）。

暖水性种。全球各大洋热带海域均有分布。

150. 剑峰角藻 *Tripos incisus* (Karsten) Gómez, 2013（图 150）

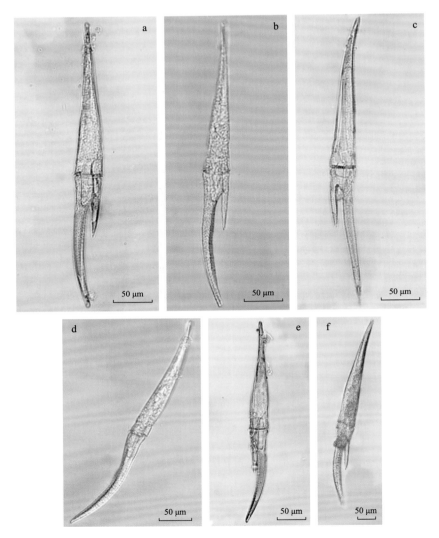

图 150　剑峰角藻 *Tripos incisus* (Karsten) Gómez, 2013

a 和 b. 背面观；c. 腹面观；d ~ f. 侧面观

同物异名：*Ceratium incisum* (Karsten) Jörgensen, 1911; *Neoceratium incisum* (Karsten) Gómez, Moreira & López-Garcia, 2010

　　细胞体较大，壳壁厚，上壳呈长锥形，从横沟处向顶端变细成顶角。顶角稍向背侧弯曲。横沟平直。下壳短，左侧边稍凹，右侧边直。左底角比较粗壮，约为右底角两倍长，末端尖。

　　热带大洋性种。太平洋、大西洋、印度洋、地中海、阿拉伯海等有记录。中国南黄海、东海、南海有分布。

151. 科氏角藻 *Tripos kofoidii* (Jörgensen) Gómez, 2013（图 151）

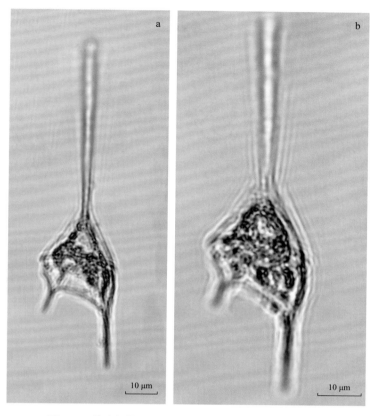

图 151　科氏角藻 *Tripos kofoidii* (Jörgensen) Gómez, 2013

a 和 b. 腹面观

　　同物异名：*Ceratium kofoidii* Jörgensen, 1911; *Neoceratium kofoidii* (Jörgensen) Gómez, Moreira & López-Garcia, 2010

　　细胞体小型，是本属中较小的一种。藻体窄，横沟宽，上壳呈三角形，下壳宽大于长，较扁平。两底角细长平行或稍微散开，左底角较长，右底角短小。壳壁薄，上有线形条纹和清晰小孔。

　　暖温带至热带大洋性种。地中海、阿拉伯海、墨西哥湾、巴西东南部海域有记录。中国东海、南海有分布。

152. 微小角藻 *Tripos minutus* (Jörgensen) Gómez, 2013（图 152）

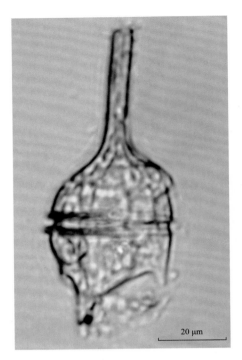

图 152　微小角藻 *Tripos minutus* (Jörgensen) Gómez, 2013

背面观

同物异名：*Ceratium minutum* Jörgensen, 1920; *Neoceratium minutum* (Jörgensen) Gómez, Moreira & López-Garcia, 2010

细胞体小型，顶角较短，粗大，直或稍弯曲。横沟平直，边翅窄。下壳底部斜直，两底角短，左底角呈尖锥形，右底角呈齿状，左底角长于右底角。极为短小的右底角是该种显著特点。

暖水性种。东太平洋、大西洋、印度洋、地中海等有记录。中国南海有分布。

153. 五角角藻 *Tripos pentagonus* (Gourret) Gómez, 2013（图 153）

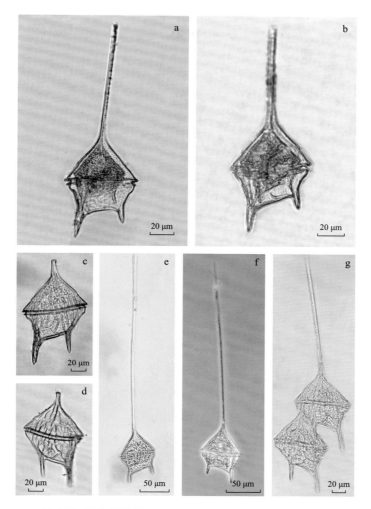

图 153　五角角藻 *Tripos pentagonu*s (Gourret) Gómez, 2013

a、b、c 和 e. 背面观；d、f 和 g. 腹面观

同物异名：*Ceratium pentagonum* Gourret, 1883; *Neoceratium pentagonum*（Gourret）Gómez, Moreira & López-Garcia, 2010

　　细胞体中型，呈五角形。上壳呈三角形，两侧缘直。顶角细，其长度在不同细胞个体间差异大（图 153a 和 c），两侧平行。横沟平直。下壳短，从横沟处两侧缘稍向内凹，伸出两个底角，均短且直，左底角长于右底角。两底角无刺。部分细胞壳面的条纹清晰可见。

　　热带外洋性种。世界分布广，太平洋、大西洋、印度洋、地中海、加勒比海等均有分布。中国东海、南海有记录。

154. 圆柱角藻 *Tripos teres* (Kofoid) Gómez, 2013（图 154）

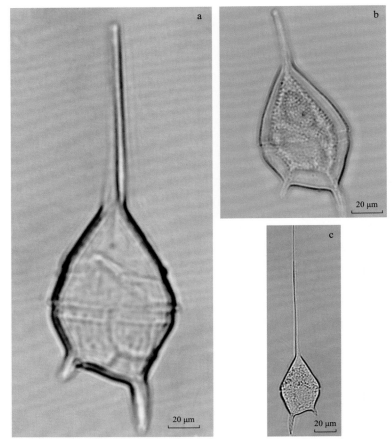

图 154　圆柱角藻 *Tripos teres* (Kofoid) Gómez, 2013

a. 背面观；b 和 c. 腹面观

同物异名：*Ceratium teres* Kofoid, 1907; *Neoceratium teres*（Kofoid）Gómez, Moreira & López-Garcia, 2010

细胞体小而精致，表面光滑，腹区扁平。上壳呈三角形，下壳呈梯形，较短。顶角细长或短、直立，与上壳界限明显。两底角较短，歧分，两底角的外边缘中部均稍往内弯，左底角为右底角的 2 ~ 3 倍长。

暖温带至热带大洋性种。世界分布广，太平洋、大西洋、印度洋、地中海、阿拉伯海、安达曼海等均有分布。中国东海、南海有记录。

155. 二裂角藻 *Tripos biceps* (Claparède & Lachmann) Gómez, 2013 （图 155）

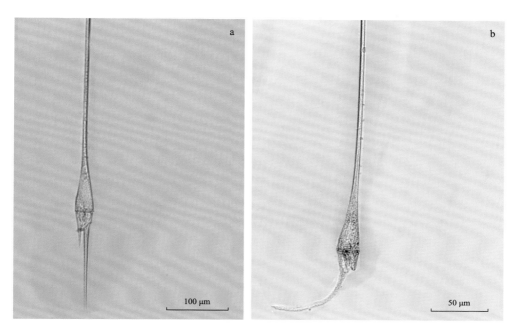

图 155　二裂角藻 *Tripos biceps* (Claparède & Lachmann) Gómez, 2013

a. 腹面观；b. 背面观（新形成的底角）

同物异名：*Ceratium biceps* Claparède et Lachmann, 1895; *Neoceratium biceps* (Claparède et Lachmann) Gómez, Moreira & López-Garcia, 2010

细胞体极细长，上体部呈长锥形，自横沟往上快速变细。顶角粗细均匀，横沟直径小。下壳短，两侧边稍向内倾斜，长宽相近。左底角细长，向藻体后部伸出，粗细均匀，右底角短，甚至是退化消失。

暖水性种。太平洋、印度洋有记录。中国南黄海、东海、南海有分布。

156. 毕氏角藻 *Tripos bigelowii* (Kofoid) Gómez, 2013（图 156）

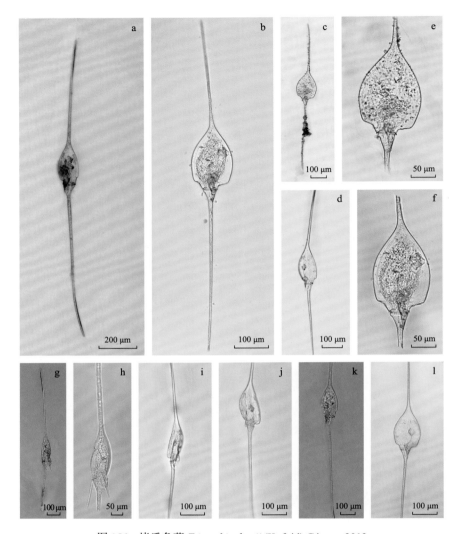

图 156　毕氏角藻 *Tripos bigelowii* (Kofoid) Gómez, 2013

同物异名：*Ceratium bigelowii* Kofoid, 1907; *Neoceratium bigelowii*（Kofoid）Gómez, Moreira & López-Garcia, 2010

细胞体大型，呈细长状，上体部近横沟处膨大呈圆形或椭圆形。顶角细长，其末端略向背部弯曲。横沟平直。下壳很短。左底角颀长，末端明显向左侧、背侧弯曲；右底角极短小，其末端与左底角稍歧分。该种上壳近横沟处明显膨大，是区别于其他藻种的主要特征。

热带大洋性种。太平洋、印度洋热带海域、墨西哥湾、巴西东南部海域有记录。中国东海、南海有分布。

157. 奇长角藻 *Tripos extensus* (Gourret) Gómez, 2013（图 157）

100 μm

图 157　奇长角藻 *Tripos extensus* (Gourret) Gómez, 2013

同物异名：*Ceratium extensum* (Gourret) Cleve, 1901; *Neoceratium extensum* (Gourret) Gómez, Moreira & López-Garcia, 2010

细胞体大型，细长。上壳长，呈长锥形，自横沟向上逐渐平缓变细形成顶角。顶角粗细均匀，长且直。横沟窄，无横沟边翅。下壳短，两侧边稍向内倾斜。左底角长且直，粗细均匀；右底角退化。壳面平滑无脊状条纹，孔细小。

暖温带至热带大洋性种。太平洋、大西洋、印度洋，以及地中海、红海、阿拉伯海等均有记录。中国南黄海、东海、南海有分布。

158. 拟镰角藻 *Tripos falcatiformis* (Jörgensen) Gómez, 2013（图 158）

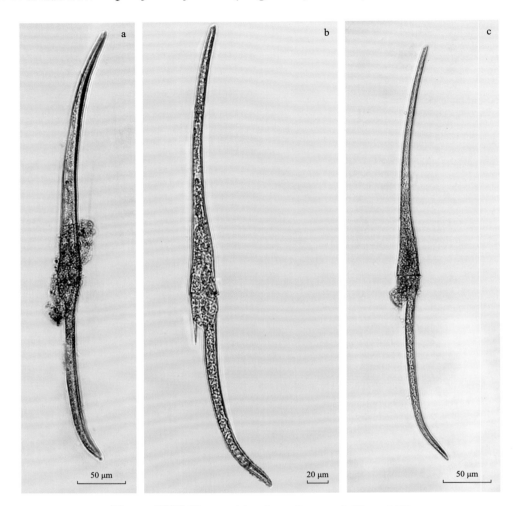

图 158　拟镰角藻 *Tripos falcatiformis* (Jörgensen) Gómez, 2013

a ~ c.腹面观

同物异名: *Ceratium falcatiforme* Jörgensen, 1920; *Ceratium inflatum* subsp. *falcatiforme* (Jörgensen) Peters, 1934; *Neoceratium falcatiforme* (Jörgensen) Gómez, Moreira & López-Garcia, 2010

　　细胞体中型。上壳与顶角间界限不明显，自横沟以上向顶端逐渐变细，顶角末端稍向左侧、背侧弯曲。下壳短，底边斜。左底角长且粗壮，自下壳生出后先稍向内侧弧形弯曲一段距离，然后逐渐弯向外侧，其末端较钝；右底角短，呈尖刺状，沿细胞纵轴方向伸出。壳面孔大而明显。

　　热带大洋性种。太平洋热带海域、大西洋、印度洋、地中海、加勒比海、安达曼海、加利福尼亚湾、墨西哥湾、孟加拉湾有记录。中国南黄海、东海、南海有分布。

159. 镰状角藻 *Tripos falcatus* (Kofoid) Gómez, 2013（图 159）

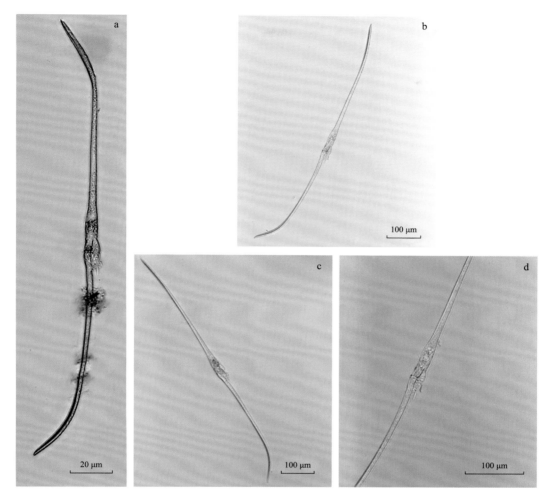

图 159　镰状角藻 *Tripos falcatus* (Kofoid) Gómez, 2013

a ～ d. 腹面观

同物异名：*Ceratium falcatum* (Kofoid) Jörgensen, 1920; *Neoceratium falcatum* (Kofoid) Gómez, Moreira & López-Garcia, 2010

　　细胞体纤细，自横沟往上延伸形成顶角。顶角细直，粗细均匀，末端直或稍弯向左侧。下壳短。左底角粗壮，末端如镰刀状向左弯曲，上有小刺；右底角非常短，呈刺状。该种类的显著特征是左底角的末端向背部快速弯曲，呈镰刀状。

　　热带大洋性种。太平洋、大西洋、印度洋、地中海，以及澳大利亚东部海域、新西兰北部海域等均有记录。中国南黄海、东海、南海有分布。

160. 梭状角藻 *Tripos fusus* (Ehrenberg) Gómez, 2013（图 160）

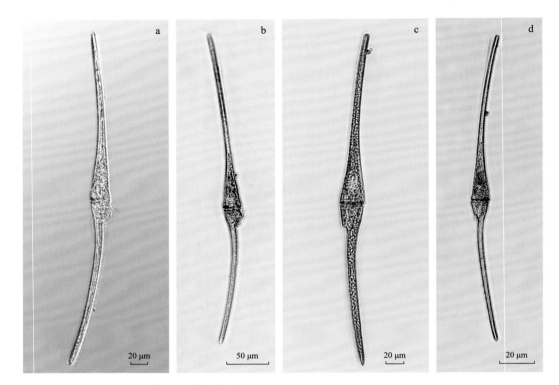

图 160　梭状角藻 *Tripos fusus* (Ehrenberg) Gómez, 2013

a 和 b. 腹面观；c 和 d. 背面观

同物异名：*Ceratium fusus* (Ehrenberg) Dujardin, 1841; *Neoceratium fusus* (Ehrenberg) Gómez, Moreira & López-Garcia, 2010

　　细胞体中等，细长，整体呈梭形。上壳长，从横沟往上变细形成顶角。顶角稍向背部弯曲。横沟有边翅。下壳相对于上壳稍短。左底角粗细均匀，非常长，向背部弯曲，有些种类也有可能不弯曲；右底角消失或退化呈尖刺状。

　　世界广布种，近岸到大洋、寒带至热带均有分布。

161. 针状角藻 *Tripos seta* (Ehrenberg) Kent, 1881（图 161）

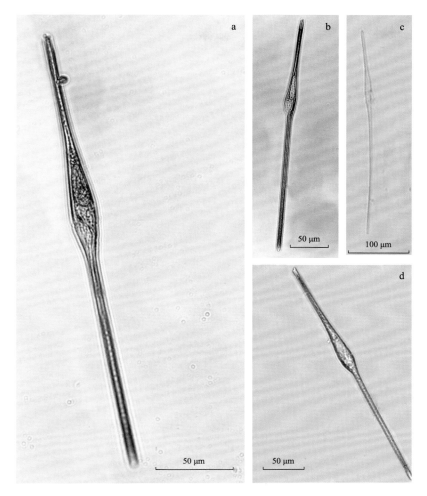

图 161　针状角藻 *Tripos seta* (Ehrenberg) Kent, 1881

同物异名：*Ceratium fusus* var. *seta* (Ehrenberg) Jörgensen, 1911. *Neoceratium seta* (Ehrenberg) Yang & Li, 2014

本种与梭状角藻（*T. fusus*）主要区别：①本种细胞个体较后者更细弱；②横沟较后者窄；③本种的顶角及左底角几乎与纵轴重合，仅末端轻微弯向背侧，而后者弯曲程度明显。

暖温大洋性种。太平洋、大西洋、印度洋、地中海、澳大利亚东部海域等有分布。中国东海、南海有记录。

162. 曲肘角藻 *Tripos geniculatus* (Lemmermann) Gómez, 2013（图 162）

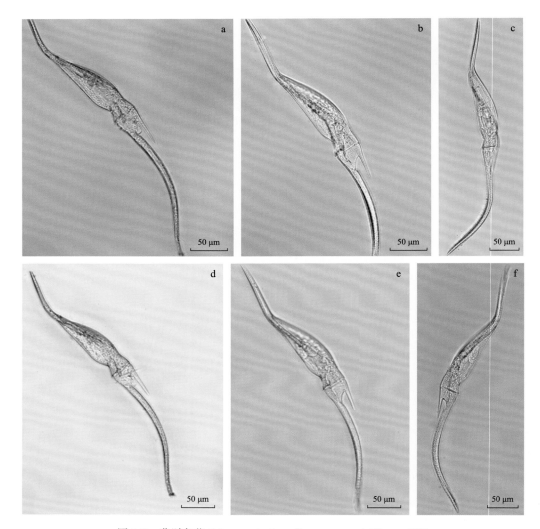

图 162　曲肘角藻 *Tripos geniculatus* (Lemmermann) Gómez, 2013

a ~ e. 背面观；f. 腹面观

　　同物异名：*Ceratium geniculatum* (Lemmermann) Cleve, 1911; *Neoceratium geniculatum* (Lemmermann) Gómez, Moreira & López-Garcia, 2010

　　本种特征明显，细胞整体如弯肘状。上部自横沟处先变细后膨大变粗，距离横沟 2/3 处又变细，后延伸形成顶角。下部短，左底角粗壮，自横沟往下先向右侧弯曲，然后又弯向左侧；右底角短，呈刺锥形。

　　热带大洋性种。太平洋、大西洋、印度洋、地中海、安达曼海、阿拉伯海等有记录。中国东海及南海部分海域有分布。

163. 膨胀角藻 *Tripos inflatus* (Kofoid) Gómez, 2013（图 163）

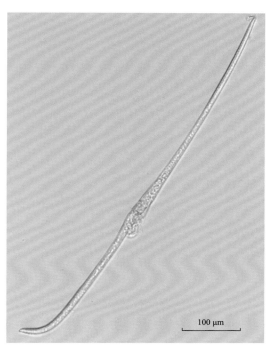

图 163　膨胀角藻 *Tripos inflatus* (Kofoid) Gómez, 2013

背面观

同物异名：*Ceratium inflatum* (Kofoid) Jorgensen, 1911; *Neoceratium inflatum* (Kofoid) Gómez, Moreira & López-Garcia, 2010

　　细胞体中型，细长。上壳自横沟起向顶端逐渐变细，与顶角的界限不明显。顶角略向背部弯曲，腹面观顶端略朝向藻体左侧。上壳稍长于下壳，下壳底缘斜。左底角长，较顶角粗壮，其先垂直向体后，末端较迅速地弯向藻体背部；右底角小，呈细刺状。本种的显著特点为左底角末端迅速向藻体背部弯曲。

　　暖温带至热带大洋性种，分布广。印度洋、太平洋、大西洋、地中海、阿拉伯海、墨西哥湾、孟加拉湾、澳大利亚东部海域等有记录。中国黄海、东海及南海部分海域有分布。

164. 长咀角藻 *Tripos longirostrum* (Gourret) Hallegraeff & Huisman, 2020（图 164）

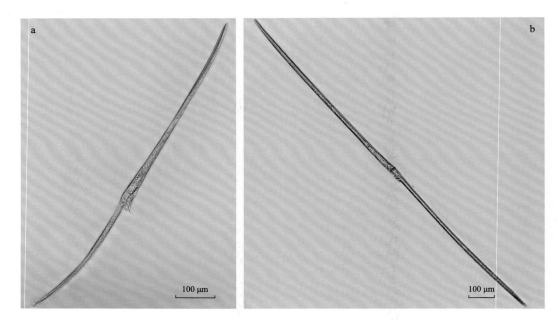

图 164　长咀角藻 *Tripos longirostrum* (Gourret) Hallegraeff & Huisman, 2020

a. 背面观；b. 侧面观

同物异名：*Ceratium longirostrum* (Gourret) Gourret, 1883; *Ceratium falcatum* (Kofoid) Jörgensen, 1920; *Ceratium pennatum* f. *propria* Kofoid, 1907; *Ceratium pennatum* var. *scapiforme* Jörgensen, 1911; *Neoceratium longirostrum* (Gourret) Gómez, Moreira & López-Garcia, 2010

　　细胞体大型，细长。上壳明显长于下壳。上壳逐渐变细形成细长的顶角，背部弯曲，与顶角间界限不明显。下壳左底角与顶角相似，但比顶角短，弯曲程度更明显，也弯向背部。右底角短小。该种的显著特点为顶角细长（可达 300 μm 以上），而且上壳与顶角的长度要远远大于下壳和左底角的长度。

　　热带大洋性种。印度洋、太平洋、大西洋、安达曼海、孟加拉湾、加利福尼亚湾、墨西哥湾、巴西东南部海域有分布。中国黄海、东海及南海部分海域有记录。

165. 羽状角藻 *Tripos pennatum* (Kofoid) Gómez, 2013（图 165）

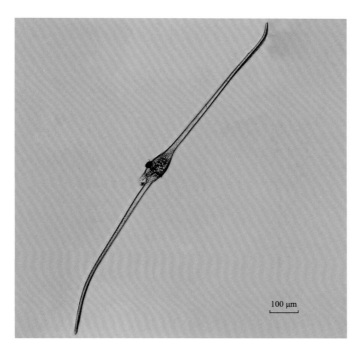

100 μm

图 165　羽状角藻 *Tripos pennatum* (Kofoid) Gómez, 2013

腹面观

同物异名：*Ceratium pennatum* Kofoid, 1907

细胞体大型，细长，较膨大。上壳与顶角间界限明显。顶角纤细，本标本的上壳末端稍向腹侧弯折，区别于文献记载。横沟窄。左底角细长，约 3/5 处开始向左侧弯曲，末端尖；右底角短，呈尖锥形。

暖温带至热带大洋性种。印度洋、太平洋、地中海有记录。

166. 花葶角藻 *Tripos scapiforme* (Kofoid) Gómez, 2013（图 166）

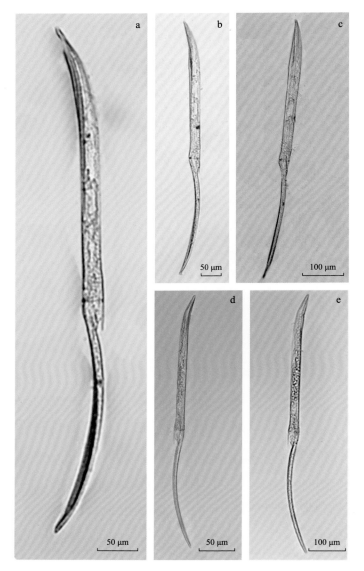

图 166　花葶角藻 *Tripos scapiforme* (Kofoid) Gómez, 2013

a ~ c. 腹面观；d 和 e. 背面观

同物异名：*Ceratium scapiforme* Kofoid, 1907

细胞体大型，细长，长 358 ~ 700 μm，个体差异大。该种腹面观呈刀状，顶角粗壮，稍向左侧、背侧弯曲。横沟窄，无边翅。下壳短。左底角长，自下壳基部开始即向左侧、背侧弯曲，与顶角弯曲方向一致；右底角短。

热带大洋性种。仅东太平洋热带海域及加勒比海有记录。印度洋首次记录。

167. 臼齿角藻 *Tripos dens* (Ostenfeld & Johannes Schmidt) Gómez, 2013（图 167）

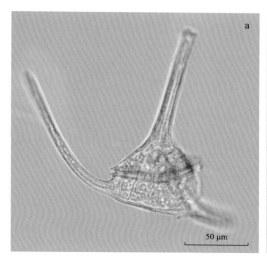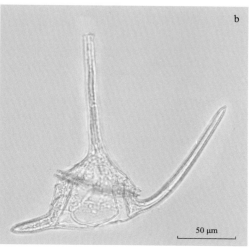

图 167　臼齿角藻 *Tripos dens* (Ostenfeld & Johannes Schmidt) Gómez, 2013

a. 背面观；b. 腹面观

同物异名：*Ceratium dens* Ostenfeld et Schmidt, 1901; *Neoceratium dens* (Ostenfeld et Schmidt) Gómez, Moreira & López-Garcia, 2010

细胞体大。上、下壳几乎等长，上壳呈斜锥形。顶角粗壮。左底角短，末端尖；右底角长，从横沟下部伸出，稍弯一小段距离，然后径直生长，末端尖。横沟明显。壳壁厚，上覆大量不规则线性条纹。该种显著特征在于有短小的左底角。

暖水性种。太平洋、印度洋、阿拉伯海、安达曼海、泰国湾，以及澳大利亚东部海域有记录。中国东海、南海有分布。

168. 歧分角藻 *Tripos carriensis* (Gourret) Gómez, 2013（图 168）

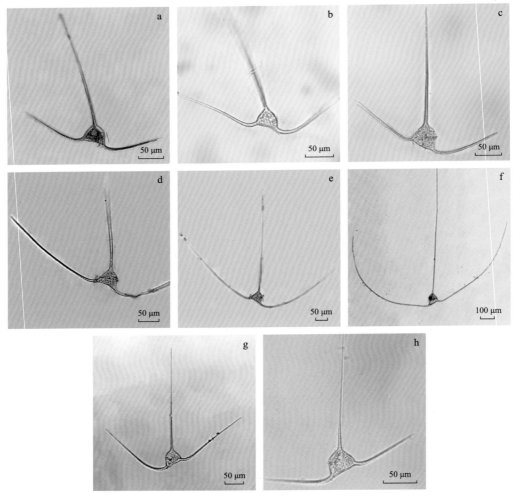

图 168　歧分角藻 *Tripos carriensis* (Gourret) Gómez, 2013

a ~ e. 腹面观；f ~ h. 背面观

同物异名：*Ceratium carriense* Gourret, 1883; *Neoceratium carriense* (Gourret) Gómez, Moreira & López-Garcia, 2010

　　细胞体大型，长略大于宽。上壳倾斜，两侧缘凸出。下壳较上壳长，左侧缘稍往内凹陷。两底角发达，顾长。该种的典型特征在于顾长的顶角和底角，三者的长度大致相近，能达 500 μm 以上，并且两底角张开的角度很大。

　　热带外洋性种。分布于世界各热带海区。中国东海及南海部分海域有分布。

169. 反转角藻 *Tripos contrarius* (Gourret) Gómez, 2013（图 169）

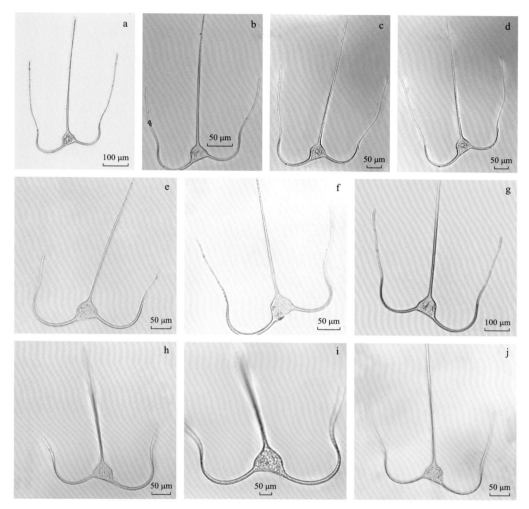

图 169　反转角藻 *Tripos contrarius* (Gourret) Gómez, 2013

a ~ f. 背面观；g ~ j. 腹面观

同物异名：*Ceratium contrarium* (Gourret) Pavillard, 1905; *Neoceratium contrarium* (Gourret) Gómez, Moreira & López-Garcia, 2010

细胞体中型，宽大于长，呈三角形。细胞上体部较下体部长。横沟明显。顶角细长，直或略向右弯曲。两底角均很细长，且各向后侧伸出一段距离后再平滑而急剧弯向前方，近与顶角平行，呈不规则波浪弯曲，末端向外歧分（林永水，2009）。

耐高温暖水表层种。分布于全球各暖水性大洋和海域，印度洋、太平洋、大西洋有记录。中国南黄海、东海、南海有分布。

170. 偏转角藻 *Tripos deflexus* (Kofoid) Gómez, 2013（图 170）

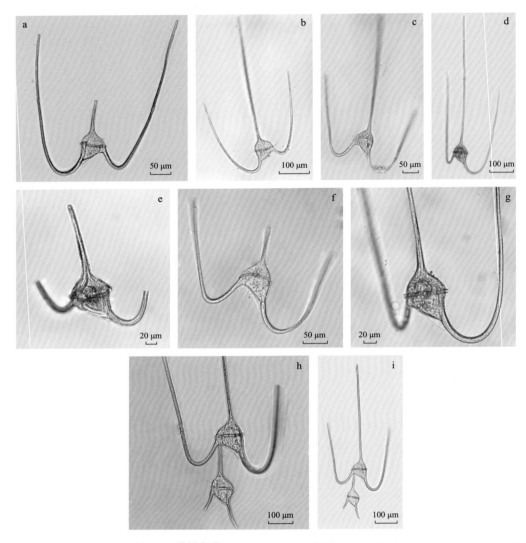

图 170　偏转角藻 *Tripos deflexus* (Kofoid) Gómez, 2013

a 和 b. 背面观；c ~ i. 腹面观；h 和 i. 群体（下部为新分裂个体）

同物异名：*Ceratium deflexum* (Kofoid) Jörgensen, 1911; *Neoceratium deflexum* (Kofoid) Gómez, Moreira & López-Garcia, 2010

　　细胞体中型，长大于宽。顶角长且直。横沟边缘有明显的翼。两底角自下壳生出后，先分别向外侧延伸一段距离，然后弯转向腹面方向，并向藻体前方伸出。该种特征明显，两底角特殊的弯曲方式使三个角不在同一个平面上。

　　热带大洋上层性种。印度洋（苏门答腊海域、红海）、太平洋西岸，以及澳大利亚海域有记录。中国南黄海、东海、南海有分布。

171. 网纹角藻 *Tripos hexacanthus* (Gourret) Gómez, 2013（图 171）

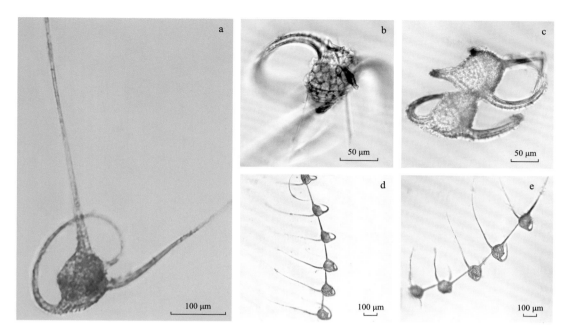

图 171　网纹角藻 *Tripos hexacanthus* (Gourret) Gómez, 2013

a. 背面观；b. 底面观；c ～ e. 群体

同物异名：*Ceratium. hexacanthum* (Gourret) Gourret, 1883; *Cerarium hexacanthum* f. *spirale* (Kofoid) Schiller, 1937; *Neoceratium hexacanthum* var. *contortum* (Lemmermann) Yang & Li, 2014; *Ceratium hexacanthum* var. *contortum* Lemmermann, 1900; *Neoceratium hexacanthum* (Gourret) Gómez, Moreira & López-Garcia, 2010

细胞体大型，细胞壁厚实，有独特的网纹结构。单个生活或形成链状群体（图 171d 和 e）。藻体长大于宽，呈三角形。从上壳伸出直至顶部，形成顶角，顶端细但靠近细胞处粗壮。两底角可以自由弯曲和扭曲。该种的显著特征是细胞壁独特的网纹结构和两底角多样的弯曲形式，极易识别。

热带大洋性种。印度洋、太平洋、大西洋，以及澳大利亚东部海域等有分布。中国南黄海、东海、南海有记录。

172. 粗刺角藻 *Tripos horridus* (Cleve) Gómez, 2013（图 172）

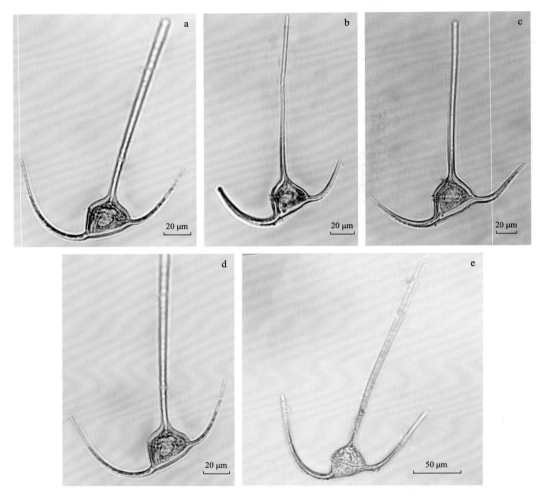

图 172　粗刺角藻 *Tripos horridus* (Cleve) Gómez, 2013

a ～ e. 背面观

同物异名：*Ceratium horridum* (Cleve) Gran, 1902; *Ceratium tripos* var. *horrida* Cleve, 1896; *Ceratium intermedium* (Jörgensen) Jörgensen, 1905; *Neoceratium horridum* (Cleve) Gómez, Moreira & López-Garcia, 2010

细胞体小型。上壳呈三角形。顶角直，基部较宽，中上部粗细均匀，顶端平截。左底角粗大，从下壳生出后沿底部边缘向左后方伸出一小段距离后弯向前方，顶端渐细；右底角自下壳伸出后亦弯向前方，末端尖细。

世界广布种。从河口到大洋、从寒带至热带海域均可找到。

173. 棒槌角藻 *Tripos claviger* (Kofoid) Gómez, 2013（图 173）

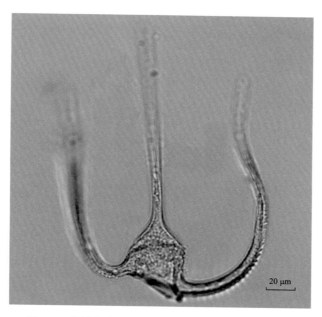

20 μm

图 173　棒槌角藻 *Tripos claviger* (Kofoid) Gómez, 2013

腹面观

同物异名: *Ceratium horridum* var. *claviger* (Kofoid) Graham et Bronikovsky, 1944; *Ceratium claviger* Kofoid, 1907

细胞体呈近似三角形。顶角长，稍向右侧弯曲。两底角与顶角近平行伸出，两底角末端膨胀呈棒槌状。该种的显著特征是两底角末端呈棒槌状，极易识别。

暖水大洋性种。印度洋、太平洋、大西洋、澳大利亚东部海域、新西兰附近海域、马达加斯加海域等有记录。中国东海、南海有分布。

174. 细齿角藻 *Tripos denticulatum* (Jörgensen) Gómez, 2013（图 174）

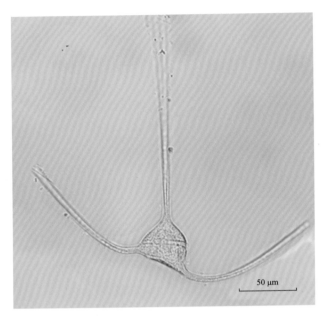

图 174　细齿角藻 *Tripos denticulatum* (Jörgensen) Gómez, 2013

腹面观

同物异名：*Ceratium horridum* var. *denticulatum* Jörgensen, 1920; *Ceratium denticulatum* (Jörgensen) Paulsen, 1930

本种与粗刺角藻 *T. horridum* 非常相似，但本种藻体细胞较后者稍小，两底角弯折后向上歧分的角度大，夹角可达 105° ~ 120°；而后者两底角末端仅稍歧分，夹角明显小于本种（杨世民等，2016）。

暖水性种。印度洋、地中海、澳大利亚附近海域、马达加斯加西部海域均有分布。中国东海、南海有记录。

175. 柔软角藻 *Tripos mollis* (Kofoid) Gómez, 2013（图 175）

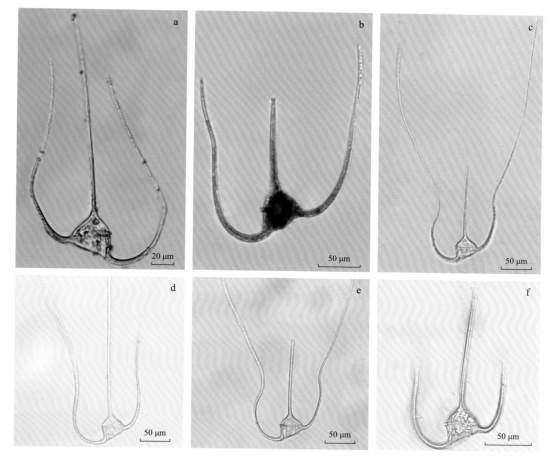

图 175　柔软角藻 *Tripos mollis* (Kofoid) Gómez, 2013

a. 腹面观；b ~ f. 背面观

同物异名：*Ceratium mollis* Kofoid, 1907; *Ceratium horridum* var. *molle* (Kofoid) Graham et Broniovsky, 1944; *Ceratium molle* Kofoid, 1907

细胞体小型，上壳呈三角形。顶角粗大，由中央生出后直立向上或稍弯向右侧。横沟直且稍斜。两底角粗大且长、直，自下壳生出后先向外侧伸出一段距离，然后平滑地弯向上方，左底角末端与顶角近平行或有歧分，右底角则与顶角有歧分。

世界广布种。太平洋、大西洋、印度洋、地中海、红海、澳大利亚东部海域、新西兰附近海域、巴西东南部海域有记录。中国渤海、黄海、东海、南海均有分布。

176. 伸展角藻 *Tripos patentissimum* Ostenfeld & Schmidt, 1901（图 176）

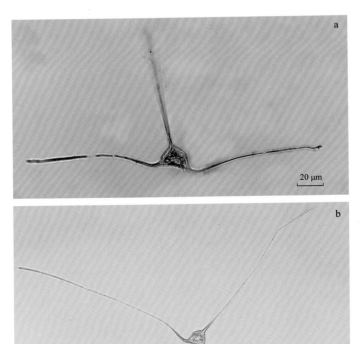

图 176　伸展角藻 *Tripos patentissimum* Ostenfeld & Schmidt, 1901

a. 背面观；b. 腹而观

同物异名：*Ceratium patentissimum* Ostenfeld & Schmidt, 1901; *Ceratium horridum* var. *patentissimum* (Ostenfeld & Schmidt) Taylor, 1976

　　该种的显著特征是三个角都很细长，两底角歧分的角度非常大，约 160°，其中，左底角与顶角的夹角等于或略大于 90°（林永水，2009）。

　　本种与歧分角藻 *T. carriense* 相似，但本种藻体较后者小且显圆润（Taylor，1976），另外，本种的两底角几乎在一条直线上，比后者伸展的角度大。

　　暖水性种。太平洋、印度洋有记录。中国东海、南海也有记录。

177. 纤细角藻 *Tripos tenuis* (Ostenfeld & Johannes Schmidt) F. Gómez, 2013 （图 177）

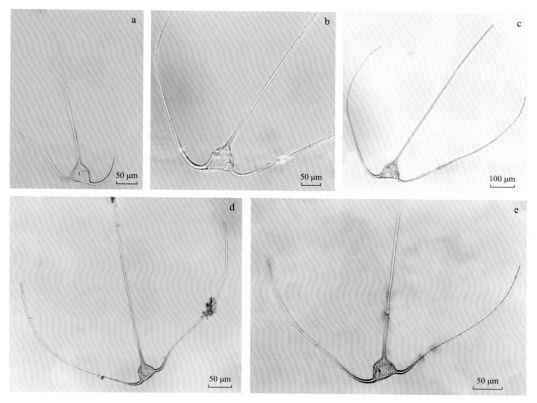

图 177　纤细角藻 *Tripos tenuis* (Ostenfeld & Johannes Schmidt) F. Gómez, 2013

a. 腹面观；b ~ e. 背面观

同物异名：*Ceratium tenue* (Ostenfeld & Schmidt) Jörgensen, 1911; *Ceratium horridum* var. *tenue* Ostenfeld & Schmidt, 1901; *Neoceratium tenue* (Ostenfeld & Schmidt) Gómez, Moreira & López-Garcia, 2010

细胞体中型，长与宽相近。细胞体呈三角形。顶角细长，末端稍弯向右侧。横沟直，边翅窄。底部边缘倾斜，左低右高。左底角先斜下方伸出，然后弯向斜上方；右底角直接向斜上方伸展。

暖温带至热带大洋性种。印度洋、太平洋、大西洋、地中海有分布。中国南黄海、东海、南海有记录。

178. 大角角藻 *Tripos macroceros* (Ehrenberg) Gómez, 2013（图 178）

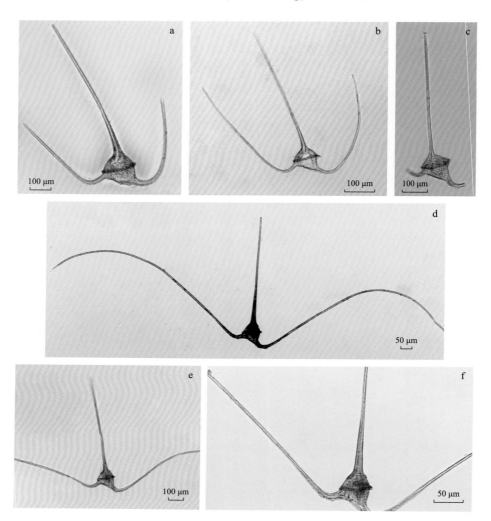

图 178　大角角藻 *Tripos macroceros* (Ehrenberg) Gómez, 2013

a ~ f. 背面观

同物异名：*Ceratium macroceros* Schrank, 1802; *Neoceratium macroceros* (Ehrenberg) Gómez, Moreira & López-Garcia, 2010

　　细胞体中型，壁厚，藻体背部凸出，腹部凹进，长大于宽。上、下壳近似相等或上壳略长。两底角自下壳底部伸出后先往外延伸一段距离，然后快速地向体前方弯曲，x（横沟至左底角的距离）远大于 y（横沟至右底角的距离）（林永水，2009）。

　　暖温带性种。世界分布广，各大洋温带海域常见，印度洋热带、亚热带海域也常见。中国渤海、黄海、东海、南海均有分布。

179. 橡实角藻 *Tripos gallicus* (Kofoid) Gómez, 2013（图 179）

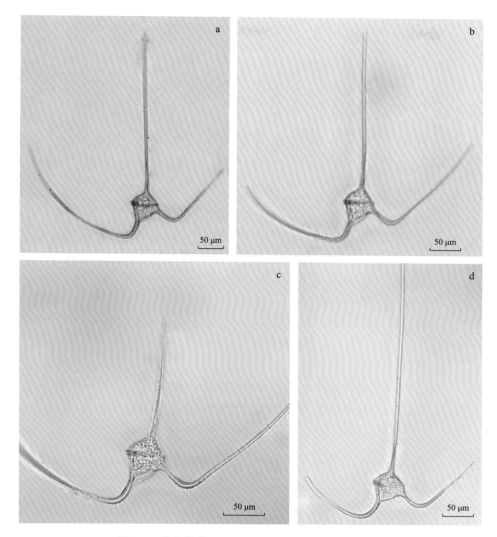

图 179　橡实角藻 *Tripos gallicus* (Kofoid) Gómez, 2013

a ~ d. 背面观

　　同物异名：*Ceratium gallicum* (Kofoid) Yang & Li, 2014; *Ceratium macroceros* var. *gallicum* (Kofoid) Jörgensen, 1911; *Neoceratium macroceros* var. *gallicum* (Kofoid)

　　该种主要特征与大角角藻相似，主要区别在于：①该种个体小，顶角和两底角较后者细弱；②前者两底角向上弯折程度较后者急剧。

　　暖温带至热带性种。印度洋、太平洋、大西洋、阿拉伯海、澳大利亚附近海域、巴西东南部海域均有分布。中国南黄海、东海、南海有分布。

180. 细弱角藻 *Tripos tenuissima* (kofoid, 1907）Gómez, 2013（图 180）

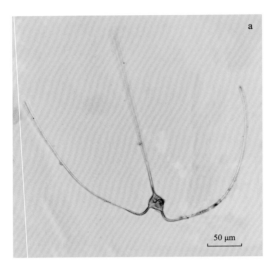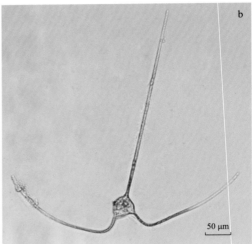

图 180　细弱角藻 *Tripos tenuissima* (kofoid, 1907) Gómez, 2013

a. 腹面观；b. 背面观

同物异名：*Ceratium macroceros* var. *tenuissima* Karsten, 1907

细胞体小，左侧隆起，右侧平直。底部边缘凹，3 个角均细长。左、右两底角自细胞下部生出，后经过一定距离才分别弯向两侧，与顶角垂直或略向前斜，至底角长度约 1/2 处呈弧形弯向上方，两底角末端与顶角近平行或稍歧分（郭玉洁等，1983）。这也是该种与大角角藻和橡实角藻的主要区别。

热带性种。太平洋、印度洋热带海域特有。中国西沙群岛、南沙群岛附近海域有记录。

181. 马西里亚角藻 *Tripos massiliensis* (Gourret) Gómez, 2013（图 181）

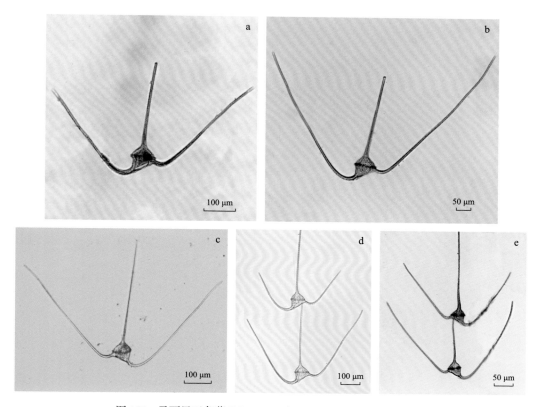

图 181　马西里亚角藻 *Tripos massiliensis* (Gourret) Gómez, 2013

a、b 和 d. 背面观；c 和 e. 腹面观；d 和 e. 群体

同物异名：*Ceratium massiliense* (Gourret) Jörgensen, 1911; *Neoceratium massiliense* (Gourret) Gómez, Moreira & López-Garcia, 2010

　　细胞体大型，壁厚，表面有大孔纹和纵向脊。顶角细长。横沟直，边翅清晰。左、右两底角也很细长，两底角分别由基部生出后向体侧后方成直线伸出一段距离后，再缓慢弯向前方。本种的形态变化比较大。

　　暖温带至热带大洋性种。印度洋、太平洋、大西洋、地中海、新西兰附近海域等有分布。中国东海、南海也较为常见。

182. 巴氏角藻 *Tripos pavillardii* (Jörgensen) Gómez, 2021（图 182）

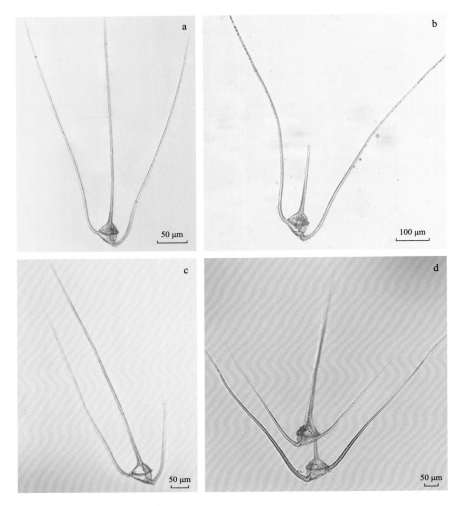

图 182　巴氏角藻 *Tripos pavillardii* (Jörgensen) Gómez, 2021

a ~ c. 腹面观；d. 背面观，群体

同物异名：*Ceratium pavillardii* Jörgensen, 1911；*Neoceratium pavillardii* (Jörgensen) Gómez, Moreira & López-Garcia, 2010

细胞体中型，长近等于宽。上壳呈近似三角形。上壳较下壳短。横沟斜，明显下旋。藻体底部边缘极倾斜，略微凹入。左底角自生出后没有延伸一段距离，而是急弯向前方；右底角沿底部边缘伸出后，平缓弯曲向体前方伸出。右底角与横沟间的距离较左侧小。顶角和两底角都很细长，有的个体顶角短，可能是群体中部的个体。

热带、亚热带大洋性种。印度洋、太平洋、大西洋、澳大利亚附近海域、巴西东南部海域有记录。

183. 波状角藻 *Tripos trichoceros* (Ehrenberg) Gómez, 2013（图 183）

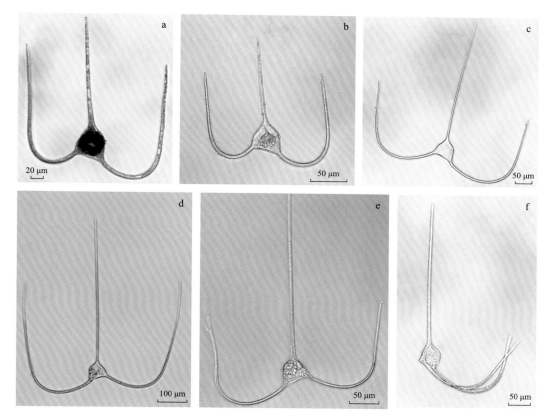

图 183　波状角藻 *Tripos trichoceros* (Ehrenberg) Gómez, 2013

a ～ c. 腹面观；d 和 e. 背面观；f. 侧面观

同物异名：*Ceratium trichoceros* (Ehrenberg) Kofoid, 1908; *Neoceratium trichoceros* (Ehrenberg) Gómez, Moreira & López-Garcia, 2010

　　细胞体小型，细胞壁薄，无花纹。顶角和两底角都很细长，近乎平行。顶角直。左底角由下壳底部向偏后方伸出，右底角则与横沟平行伸出，左、右底角均往外延伸一段距离后分别弯向前方，常带有波状弯曲。

　　本种与反转角藻 *T. contrarium* 易混淆，两者的顶角和两底角都很细长，两底角也是延伸一段距离后再弯向前方，且有一定程度波浪状，但仔细观察、对比会发现，本种两底角往外延伸几乎对称，向上伸展的方向多与顶角平行，而后者两底角波浪状明显。本种细胞体与后者长宽比不同，本种长等于或大于宽，后者反之。

　　近岸至大洋、暖温带至热带性种，常见种。印度洋、太平洋、大西洋、地中海、阿拉伯海、安达曼海、孟加拉湾等有分布。我国南黄海、东海、南海有记录。

184. 兀鹰角藻 *Tripos vultur* (Cleve) Gómez, 2013（图 184）

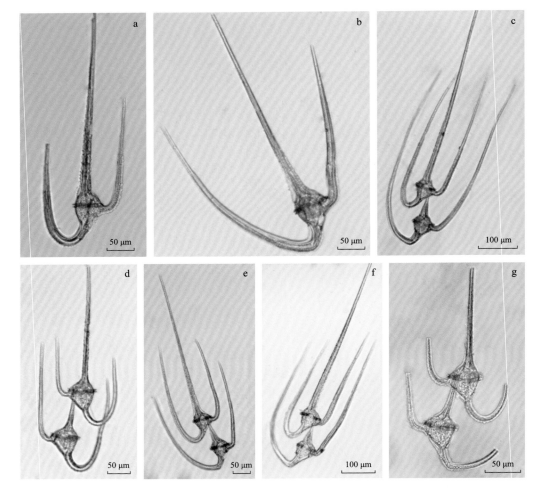

图 184　兀鹰角藻 *Tripos vultur* (Cleve) Gómez, 2013

a 和 b. 背面观；c ~ g. 群体

同物异名：*Ceratium vultur* Cleve, 1900；*Ceratium vultur* var. *japonicum* (Schröder) Jörgensen, 1911；*Ceratium vultur* var. *japonicum* f. *robustum* (Ostenfeld & Schmidt) Taylor, 1976；*Neoceratium vultur* (Cleve) Gómez, Moreira & López-Garcia, 2010

　　细胞体大型，壳壁厚，粗纹和孔明显。单个生活或多个细胞形成长链。上壳右侧边缘直，左侧边缘凸出。顶角直，基部粗。横沟直。下壳底部边缘凹陷，两底角均很发达，左底角基部明显，即左侧伸出后，再向体后伸出一段距离，才缓慢弯向前方，右底角基部不很明显，两底角末端呈歧分状态。

　　暖温带至热带大洋性种。太平洋、大西洋、印度洋、地中海、墨西哥湾、澳大利亚附近海域、巴西附近海域有分布。中国东海、南海，以及吕宋海峡有记录。

185. 苏门答腊角藻 *Tripos sumatranum* (Karsten) Gómez, 2013（图 185）

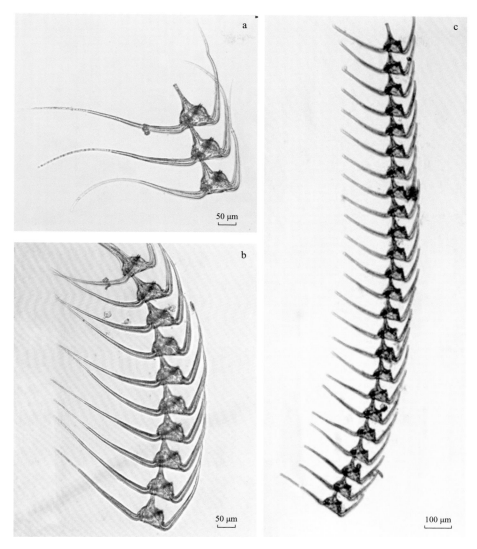

图 185　苏门答腊角藻 *Tripos sumatranum* (Karsten) Gómez, 2013

a ~ c. 腹面观，群体

同物异名：*Ceratium vultur* var. *sumatranum* (Karsten) Steemann Nielsen, 1934

细胞体中大型，壳壁厚，有明显的粗纹和孔，宽大于长。左底角自下壳基部生出后急转向前方，而右底角生出后几乎斜直伸出。本种顶角长度变化大，可单个生活，但极易形成长链，十几个或几十个细胞连在一起，在自然海区的样品中经常能看到该现象。

热带大洋性种。世界分布广，各大洋热带海域均有发现。中国东海、南海，以及吕宋海峡也有记录。

186. 蛙趾角藻 *Tripos ranipes* (Cleve) Gómez, 2013（图 186）

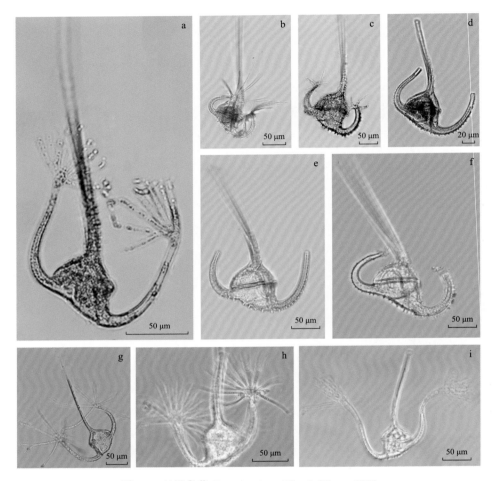

图 186　蛙趾角藻 *Tripos ranipes* (Cleve) Gómez, 2013

a ~ f.腹面观；g ~ i.背面观

同物异名：*Ceratium ranipes* Cleve, 1900; *Ceratium ranipes* var. *palmatum* (Schröder) Jörgensen, 1920; *Ceratium palmatum* var. *ranipes* (Cleve) Jörgensen, 1911; *Ceratium ranipes* var. *palmatum* f. *furcelladum* Lemmermann, 1900; *Neoceratium ranipes* (Cleve) Gómez, Moreira & López-Garcia, 2010

细胞体小型至中型，长宽相近。上壳宽阔，往右侧倾斜。下壳与上壳长度约相等，底缘微凸。两底角发达，且末端高度异化，辐射散出指状分枝是该种明显的特征。蛙趾状结构具有多种形态，分枝数目变化较大。指状分枝并不是一直伴随藻体终生，蛙趾状结构在一天之内也能完成从有到无的经历（Pizay et al., 2009）。

暖温带至热带大洋性种，常见种。印度洋、太平洋、大西洋、地中海，以及新西兰、澳大利亚、巴西附近海域等有分布。中国黄海、东海、南海有分布。

187. 板状角藻 *Tripos platycornis* (Daday) Gómez, 2013（图 187）

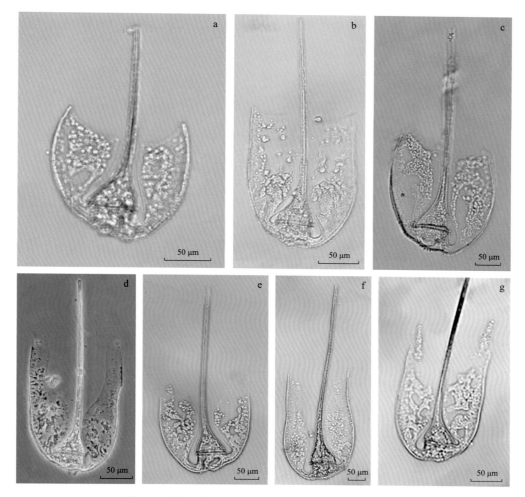

图 187　板状角藻 *Tripos platycornis* (Daday) Gómez, 2013

a～d. 腹面观；e～g. 背面观

同物异名：*Ceratium platycorne* Daday, 1888; *Neoceratium platycorne* (Daday) Gómez, Moreira & López-Garcia, 2010

细胞体中型，长大于宽。顶角长直或略弯曲，粗壮。横沟斜直或平直。下壳左侧边缘略凹，右侧边缘很短，底部边缘凸出。两底角的形态特征非常特殊，末端膨大呈平薄"桨"字状，"桨"的末端平截或呈不规则形。体内色素体较多。该种特征明显，比较容易鉴定。

热带外洋嗜阴性种。印度洋、太平洋、大西洋、地中海、佛罗里达海峡、加利福尼亚湾、新西兰附近海域、澳大利亚东南部海域、巴西东南部海域有分布。中国东海及南海部分海域有记录。

188. 板状角藻膨角变种 *Tripos platycornis* var. *dilatatum* (Karsten)（图 188）

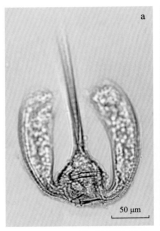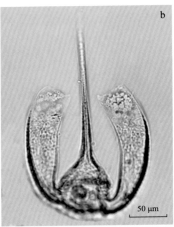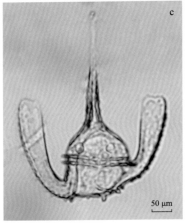

图 188 板状角藻膨角变种 *Tripos platycornis* var. *dilatatum* (Karsten)

a 和 b. 腹面观；c. 背面观

同物异名：*Ceratium platycorne* var. *dilatatum* (Karsten) Jörgensen, 1920 ；*Neoceratium platycorne* var. *dilatatum* (Karsten)

本变种与原种板状角藻的主要区别：①本变种两底角呈管状，宽度明显小于原种，左底角最宽处 15 ～ 20 μm，右底角最宽处 15 ～ 18 μm（杨世民等，2016）；②本变种顶角自上壳伸出的更突兀些，顶角与上壳间界限明显，而后者顶角与上壳间界限较混沌（Taylor，1976）。

热带狭温大洋性种。印度洋、太平洋、地中海有记录。中国南海北部、三亚附近海域、台湾北部海域有记录。

189. 反折角藻 *Tripos reflexus* (Cleve) Gómez, 2013（图 189）

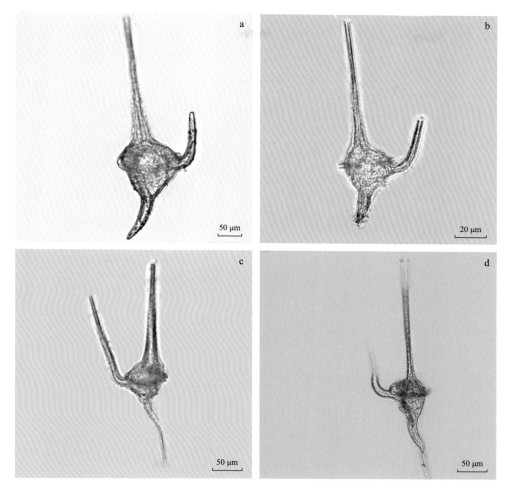

图 189　反折角藻 *Tripos reflexus* (Cleve) Gómez, 2013

a 和 b 背面观；c 和 d. 腹面观

同物异名：*Ceratium reflexum* Cleve, 1900; *Neoceratium reflexum* (Cleve) Gómez, Moreira & López-Garcia, 2010

细胞体中型，长与宽略相近，腹部凹陷，背侧凸出。顶角直，粗壮，基部宽，向上略变细。横沟翼明显。左底角自细胞下部生出后向斜后方伸出；右底角生出后先向外伸展短距离，然后以稍大于 90° 的角度急剧地弯向体侧前方，伸展方向与顶角一致，稍微歧分。

狭温性热带种。印度洋、太平洋、大西洋、地中海、孟加拉湾、澳大利亚东部海域、巴西附近海域有记录。中国东海及南海部分海域有分布。

190. 羊头角藻 *Tripos arietinus* (Cleve) Gómez, 2021（图 190）

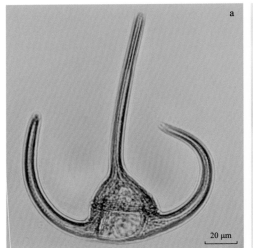
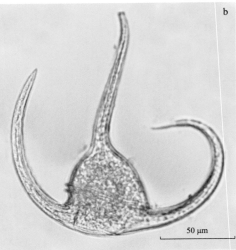
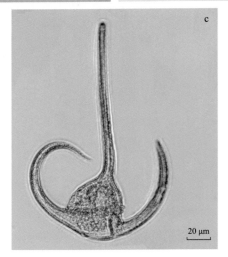

图 190　羊头角藻 *Tripos arietinus* (Cleve) Gómez, 2021

a 和 b. 背面观；c. 腹面观

同物异名：*Ceratium arietinum* Cleve, 1900; *Neoceratium arietinum* (Cleve) Gómez, Moreira & López-Garcia, 2010

细胞体中等偏小，形状像羊头。上壳呈三角形，宽大于长，两侧缘微凸，顶角基部稍向右弯，末端呈 "S" 形弯向左侧。下壳与上壳长度近相等。两底角的形状差别显著，弯曲方向也不一样，左底角规则弯曲；右底角的末端部分几乎以 90° 的弯折角度向顶角方向内弯，底缘凸出，与两底角基部处有明显凹痕。壳壁上有线纹修饰。

暖海外洋种。印度洋、太平洋、大西洋、地中海、加勒比海、红海、新西兰附近海域、澳大利亚东部和西部海域等有分布。中国南黄海、东海、南海有记录。

191. 细轴角藻 *Tripos axialis* (Kofoid) Gómez, 2013（图 191）

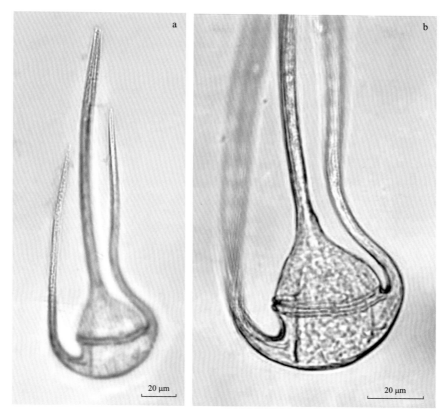

20 μm

20 μm

图 191　细轴角藻 *Tripos axialis* (Kofoid) Gómez, 2013

a 和 b. 背面观

同物异名: *Ceratium axiale* Kofoid, 1907; *Neoceratium axiale*（Kofoid）Gómez, Moreira & López-Garcia, 2010

细胞体中型，长大于宽。上壳两侧缘均凸出。顶角粗壮且长，比左、右底角长。横沟发达。下壳与上壳几乎等长，细胞底部边缘饱满外凸。两底角形态不同，左底角自下壳生出后向体前方弯曲，并沿上壳逐步向顶角靠拢；右底角的形态较正常，先向右前方伸出一小段距离，然后弯向藻体前方，其末端指向顶角。

暖水大洋性种。印度洋、太平洋、大西洋、地中海、安达曼海、孟加拉湾、澳大利亚东部海域等有记录。中国东海、南海有分布。

192. 短角角藻 *Tripos brevis* (Ostenfeld & Johannes Schmidt) Gómez, 2013 （图 192）

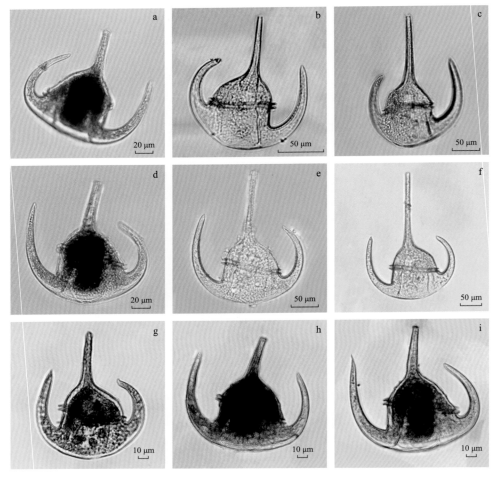

图 192　短角角藻 *Tripos brevis* (Ostenfeld & Johannes Schmidt) Gómez, 2013

a ~ c. 腹面观；d ~ i. 背面观

同物异名：*Ceratium breve* (Ost.et Schmidt) Schröder, 1906; *Neoceratium breve* (Ostenfeld & Schmidt) Gómez, Moreira & López-Garcia, 2010

细胞体大，粗壮，长略大于宽。顶角粗壮，基部常膨大凸出。下壳显著长于上壳，底缘一致凸出。两底角基部矮胖，比藻体稍长，左底角通常长于右底角，两底角从基部逐步弯曲向上，直至末端平行于顶角的长轴。右底角弯曲程度更明显，只是其末端有向顶角靠拢的趋势。壳壁很厚，沿顶角基部常有透明翼。

暖水性种。广泛分布于世界各大洋的热带、亚热带海域。中国南黄海、东海、南海有记录。

193. 短角角藻凹腹变种 *Tripos breve* var. *schmidtii* (Jörgensen) Sournia
（图 193）

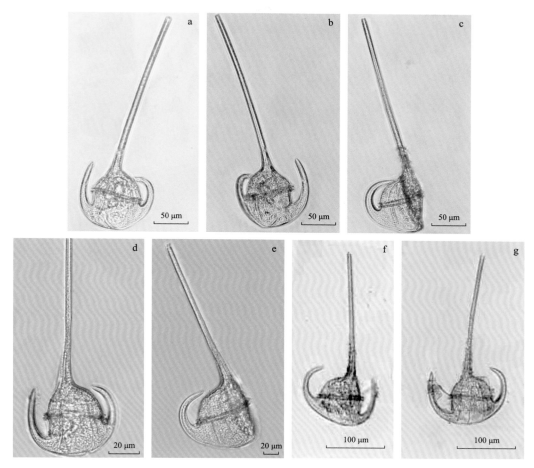

图 193　短角角藻凹腹变种 *Tripos breve* var. *schmidtii* (Jörgensen) Sournia

a、d 和 g. 背面观；b 和 f. 腹面观；c 和 e. 侧面观

同物异名：*Ceratium breve* var. *schmidtii* (Jörgensen) Sournia, 1968; *Neoceratium breve* var. *schmidtii* (Jörgensen) Sournia

细胞体大型，背腹扁平，腹部深凹入。上壳宽扁，两侧边缘均凸出，左侧缘较短，右侧缘凸起似肩状。横沟位于藻体略偏上，所以下壳比上壳长。顶角长且直，微偏向右侧。两底角均短，左底角末端与顶角平行或略歧分；右底角比左底角弯曲，末端明显弯向背侧。

热带外洋性种。印度洋、太平洋有分布。中国南黄海、东海、南海有记录。

194. 矮胖角藻 *Tripos humilis* (Jörgensen) Gómez, 2013（图 194）

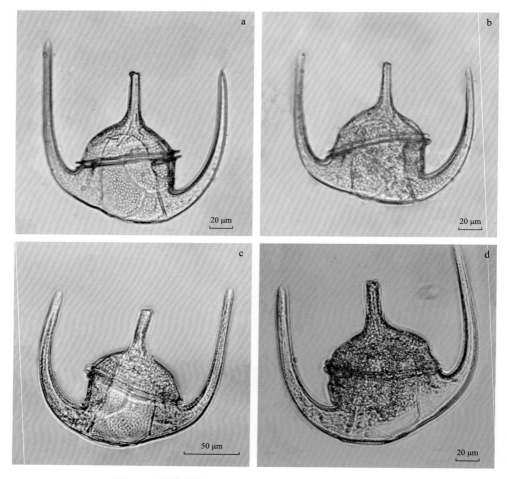

图 194　矮胖角藻 *Tripos humilis* (Jörgensen) Gómez, 2013

a 和 b. 腹面观；c 和 d. 背面观

同物异名：*Ceratium humile* Jörgensen, 1911

本种细胞多单个生活，细胞粗壮。顶角短。横沟斜直，边翅发达。上壳左侧边圆凸，右侧边稍凸，并略倾斜；下壳长。右底角长于左底角，两底角均较粗壮，末端与顶角近平行。壳面条纹明显。

暖水大洋性种。印度洋、太平洋、大西洋、地中海、阿拉伯海、孟加拉湾、加利福尼亚湾有记录。中国东海、南海有分布。

195. 肉色角藻 *Tripos carnegiei* (Graham & Bronikovsky) Gómez, 2013（图 195）

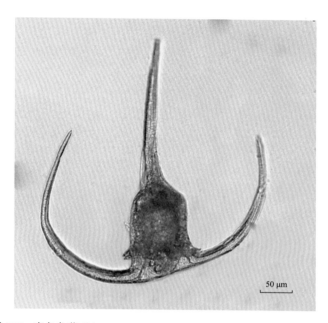

图 195　肉色角藻 *Tripos carnegiei* (Graham & Bronikovsky) Gómez, 2013

同物异名：*Neoceratium carnegiei* (Graham & Bronikovsky) Gómez, Moreira & López-Garcia, 2010

细胞体大型。上壳明显大于下壳，上壳两侧边缘近乎平行向上伸出，呈杯状，至上壳约 1/3 处快速收缩变细形成顶角，粗且直。横沟位于藻细胞下部。两底角自下壳生出后先向外侧伸出一段距离，然后弧形弯向上方。左底角自 1/2 处开始向体内侧收拢；右底角在 1/3 处近乎与顶角平行。壳面条纹粗壮。

热带外洋性种。稀有种。

196. 扭状角藻 *Tripos contortus* (Gourret) Gómez, 2013（图 196）

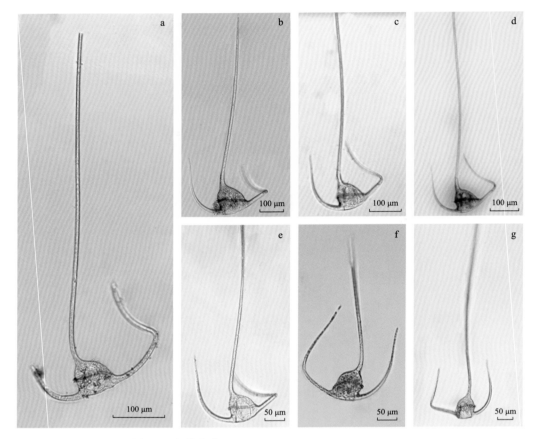

图 196　扭状角藻 *Tripos contortus* (Gourret) Gómez, 2013

a ～ e. 背面观；f 和 g. 腹面观

同物异名：*Ceratium contortum* (Gourret) Cleve, 1900; *Ceratium contortum* var. *saltans* (Schröder) Jörgensen, 1911; *Neoceratium contortum* (Gourret) Gómez, Moreira & López-Garcia, 2010

　　细胞体大型。上壳极度向左倾斜，右侧缘凸出明显。下壳与上壳近相等，左侧缘较直，底缘凸出。顶角由上壳左侧生出，基部略向左弯曲，然后笔直地向上生长，均匀细长。左底角生出后缓慢地向体前侧弯曲，末端渐细，伸展方向几乎与顶角平行；右底角基部的 1/3 左右先向背部弯曲，然后指向顶角弯曲，最后末端又偏向体外侧弯曲。

　　暖水性种。分布广泛，印度洋、太平洋、大西洋、地中海、阿拉伯海、泰国湾、墨西哥湾、非洲东部海域、澳大利亚东部海域等有分布。中国东海、南海有分布。

197. 卡氏角藻 *Tripos karstenii* (Pavillard) Gómez, 1907（图 197）

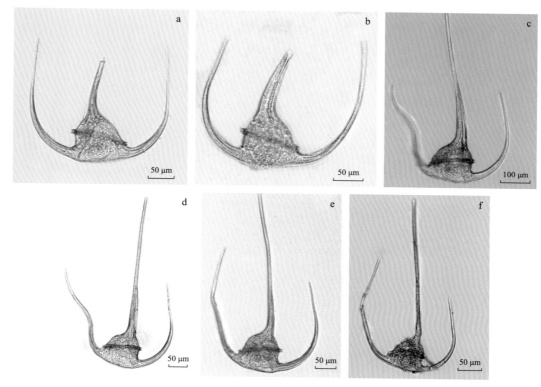

图 197　卡氏角藻 *Tripos karstenii* (Pavillard) Gómez, 1907

a 和 b. 背面观；c ～ f. 腹面观

同物异名：*Ceratium karstenii* Pavillard, 1907; *Ceratium contortum* var. *karstenii* (Pavillard) Souria, 1968; *Neoceratium karstenii* (Pavillard) Gómez, Moreira & López-Garcia, 2010

　　细胞体大、粗壮，长与宽略相等。上壳稍短，明显向左倾斜，右侧边圆凸，左侧边斜直或稍凸。顶角基部粗壮且明显向左侧弯曲，而后向上方偏右侧伸出。横沟宽阔，横沟边翅发达。下壳较长，右侧边短，左侧边向内凹陷，底边圆凸。两底角自下壳两隅生出后先向外侧伸出一段距离，然后弧形弯向上方，末端与顶角近平行或稍向内侧收拢。壳面脊状条纹粗壮，顶角基部和两底角内侧生有透明翼。

　　本种与扭状角藻相似，但本种较后者藻体更大，顶角更粗壮，且右底角向上弯曲较平滑，而后者右底角约呈"S"形。

　　热带、亚热带大洋性种。印度洋、太平洋、大西洋、地中海、墨西哥湾、澳大利亚东部海域、新西兰附近海域、巴西附近海域等有分布。中国东海、南海有记录。

198. 偏斜角藻 *Tripos declinatus* (Karsten) Gómez, 2013（图 198）

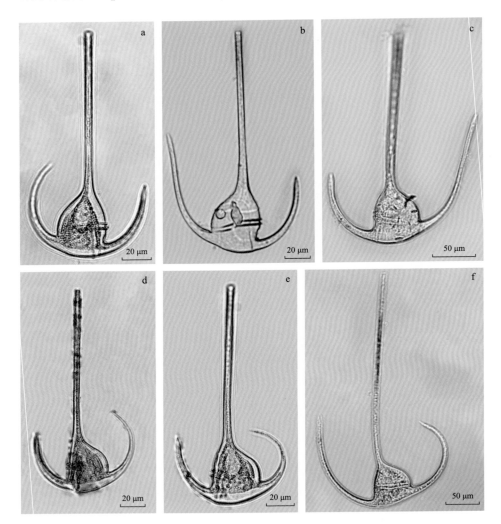

图 198　偏斜角藻 *Tripos declinatus* (Karsten) Gómez, 2013

a 和 b. 腹面观；c ~ f. 背面观

同物异名：*Ceratium declinatum* (Karsten) Jörgensen, 1911; *Neoceratium declinatum* (Karsten) Gómez, Moreira & López-Garcia, 2010

　　细胞体小型，背腹扁平，长大于宽。顶角直，基部粗。横沟斜，位于藻体中下部，因此下壳短于上壳，底缘凸出。上壳右侧边缘外凸，左侧略平直。下壳短，右侧边更短。左底角短而壮，自下壳边缘平滑伸出，弯向前方，末端尖；右底角稍长，但略细。

　　暖温带至热带大洋性种。印度洋、太平洋、大西洋、地中海、阿拉伯海、安达曼海、墨西哥湾、孟加拉湾、澳大利亚东南部海域等有分布。中国南黄海、东海、南海有记录。

199. 弓形角藻 *Tripos euarcuatus* (Jörgensen) Gómez, 2013（图 199）

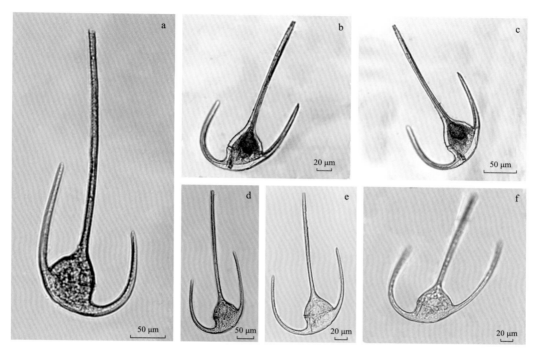

图 199　弓形角藻 *Tripos euarcuatus* (Jörgensen) Gómez, 2013

a. 腹面观；b ~ f. 背面观

同物异名: *Ceratium euarcuatum* Jörgensen, 1920; *Neoceratium euarcuatum* (Jörgensen) Gómez, Moreira & López-Garcia, 2010

　　细胞体小型，背腹扁平，长大于宽。上壳呈三角形，两侧缘略凸。下壳略高于或相近于上壳，左侧边缘长，右侧边缘短，底缘凸出呈弓形。顶角细长，直或稍向右侧弯曲。横沟倾斜度较大。两底角较短，左底角从下壳伸出后先向外侧伸出一段距离后，向上弯曲，弯曲度比右底角大，末端向顶角靠拢；右底角从下壳向前方斜伸出，与顶角近乎平行。

　　暖水大洋性种。印度洋、太平洋、大西洋、地中海、佛罗里达海峡、澳大利亚东部海域等有分布。中国东海、南海，以及吕宋海峡有记录。

200. 瘤状角藻 *Tripos gibberus* (Courrent) Gómez, 2013（图 200）

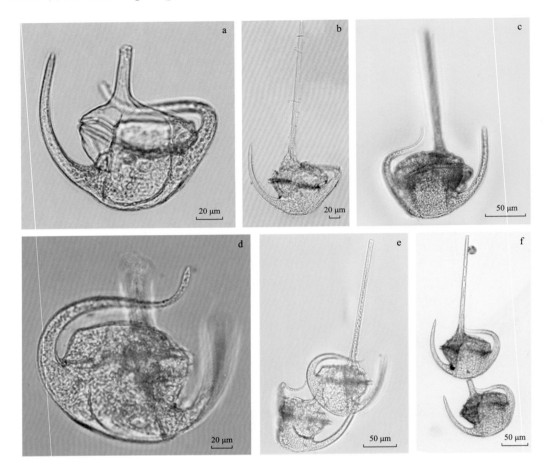

图 200　瘤状角藻 *Tripos gibberus* (Courrent) Gómez, 2013

a 和 b. 背面观；c. 腹面观；d. 底面观；e 和 f. 群体

同物异名：*Ceratium gibberum* var. *dispar* (Pouchet) Sournia, 1966

　　细胞体大型，壁厚粗糙，凸起的纵纹和孔纹明显。因横沟偏向上部，所以上壳短于下壳。上壳左侧边缘直，右侧边缘凸起明显。下壳底部圆，饱满。顶角直且粗，单细胞时顶角长，而如果形成短链，则顶角变短。左底角粗壮，弯向前方；右底角先弯向腹面，再弯向背侧顶角基部位置，末梢弯向前方。

　　热带、亚热带大洋性种。分布广泛，世界各热带、亚热带海域均有分布。中国南黄海、东海、南海，以及吕宋海峡均有记录。

201. 长角角藻 *Tripos longinus* (Karsten) Gómez, 2013（图 201）

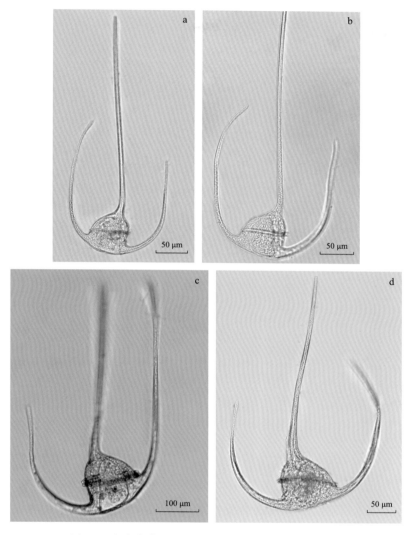

图 201　长角角藻 *Tripos longinus* (Karsten) Gómez, 2013

a 和 b. 腹面观；c 和 d. 背面观

同物异名：*Ceratium longinum* (Karsten) Jörgensen, 1911

　　细胞体大型，长大于宽。横沟斜直，位于细胞体中部，所以上壳与下壳长度相近。上壳左侧边缘斜直，右侧边缘稍圆凸。下壳左侧缘凹陷，右侧缘短。顶角细长。左底角几乎与顶角平行，后端稍弯向左侧；右底角由基部向前 1/2 处与顶角平行，后弯向右前方，末端指向顶角。

　　暖水性种，少见。印度洋、太平洋、大西洋、地中海、佛罗里达海峡有记录。中国东海，以及南海三亚附近海域有分布。

202. 细长角藻 *Tripos longissimus* (Schröder) Gómez, 2013（图 202）

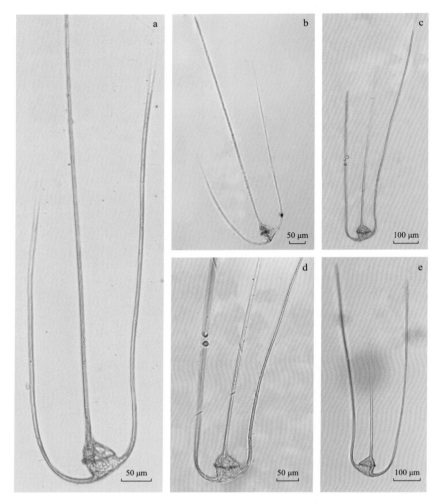

图 202　细长角藻 *Tripos longissimus* (Schröder) Gómez, 2013

a ~ d. 背面观；e. 腹面观

同物异名：*Ceratium longissimum* (Schröder) Kofoid, 1907; *Neoceratium longissimum* (Schröder) Gómez, Moreira & López-Garcia, 2010

　　细胞体中型，长大于宽。上壳向右倾斜，左侧缘凸出，顶角生出后向藻体右侧方倾斜生长，极其细长。下壳底缘凹进，左侧缘略凹。左右底角与顶角近似平行，偶尔会有弯曲，两底角的末端也可能会与顶角歧分，且左、右底角一般长度不等。该种的典型特征是极其细长且几乎平行伸出的顶角和底角，各角之间的距离较近。

　　热带大洋嗜阴性种。太平洋、大西洋、印度洋、地中海、澳大利亚东部海域、巴西东南部海域有记录。中国东海及南海部分海域有分布。

203. 新月角藻 *Tripos lunula* (Schimper ex Karsten) Gómez, 2013（图 203）

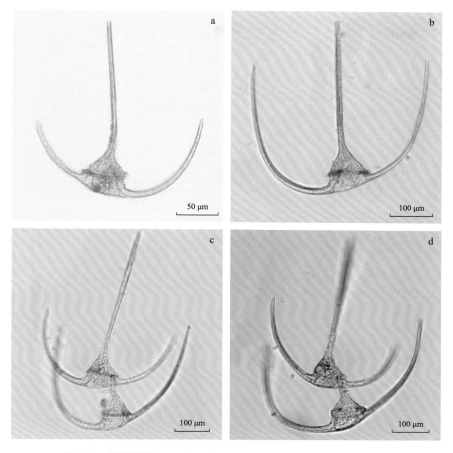

图 203　新月角藻 *Tripos lunula* (Schimper ex Karsten) Gómez, 2013
a. 腹面观；b ~ d. 背面观；c 和 d. 群体

同物异名：*Ceratium lunula* (Schimper ex Karsten) Jörgensen, 1911; *Neoceratium lunula* (Schimper ex Karsten) Gómez, Moreira & López-Garcia, 2010

细胞体大型，常成链出现。上壳轮廓呈三角形，侧缘直或微凸。下壳短于上壳，底缘平滑凸出。顶角直，成链出现时第一个个体的顶角长，后续个体的顶角较短。两底角歧分，常对称分布。该种逐渐弯曲的两底角和下壳底缘连接平滑，使整个外形呈光滑圆弧状，新月形，特征明显。

暖温带至热带大洋性种。印度洋、太平洋、大西洋、地中海、安达曼海、墨西哥湾、孟加拉湾、澳大利亚附近海域、南非东部海域等有分布。中国南黄海、东海及南海部分海域有记录。

204. 圆胖角藻 *Tripos paradoxides* (Cleve) Gómez, 2013（图 204）

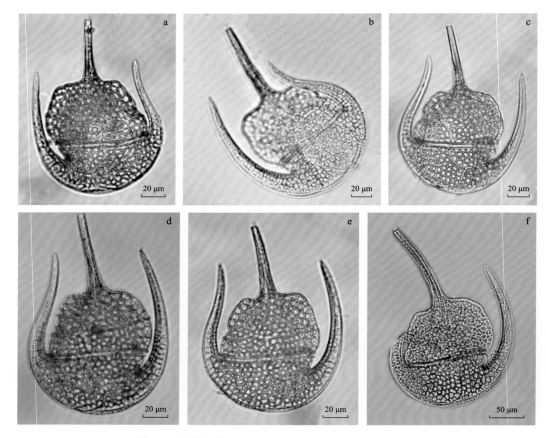

图 204　圆胖角藻 *Tripos paradoxides* (Cleve) Gómez, 2013

a 和 b. 背面观；c ~ f. 腹面观

同物异名：*Ceratium paradoxides* Cleve, 1900; *Neoceratium paradoxides* (Cleve) Gómez, Moreira & López-Garcia, 2010

　　细胞体中型至大型，壳表面网纹结构明显。上壳两侧缘凸出。顶角短、直或稍有弯曲。下壳底缘光滑凸出。两底角紧贴藻体部。该种的显著特点是壳壁表面的网纹状结构，每个网格内有 1 ~ 4 个小孔（杨世民和李瑞香，2014）。

　　热带、亚热带大洋性种。印度洋、太平洋、大西洋、阿拉伯海、加勒比海、孟加拉湾、澳大利亚东南部海域、巴西附近海域等有分布。中国东海及南海部分海域也有分布。

205. 施氏角藻 *Tripos schrankii* (Kofoid) Gómez, 2013（图 205）

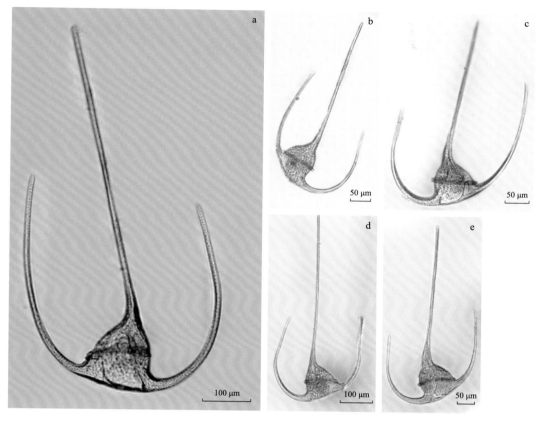

图 205　施氏角藻 *Tripos schrankii* (Kofoid) Gómez, 2013

a 和 b. 腹面观；c ~ e. 背面观

同物异名：*Ceratium schrankii* Kofoid, 1907; *Neoceratium schrankii* (Kofoid) Gómez, Moreira & López-Garcia, 2010

细胞体中型，长大于宽。横沟宽，边翅清晰。顶角基部粗壮，直或稍弯向左侧。上壳两侧缘部皆凸。下壳右侧非常短，左侧斜直或稍凹，底边圆滑近直。两底角几近等长，左底角生出后先外伸，然后再弯向上方，右底角则直接斜向伸展，两底角末端与顶角近平行。

暖水大洋性种。太平洋、大西洋、印度洋、地中海、红海、安达曼海、孟加拉湾、莫桑比克海峡有记录。中国南黄海、东海、南海有分布。

206. 对称角藻 *Tripos symmetricus* (Pavillard) Gómez, 2013（图 206）

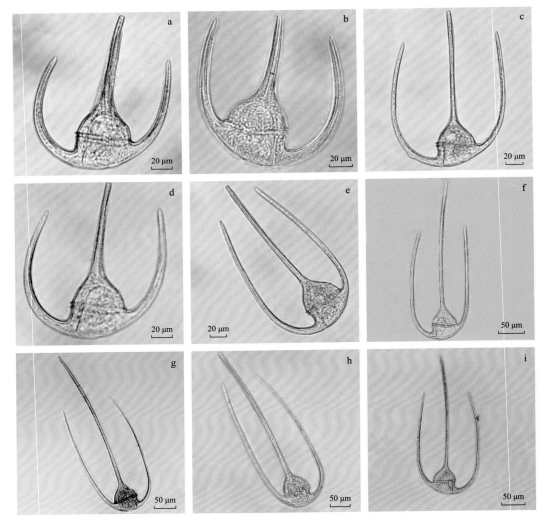

图 206　对称角藻 *Tripos symmetricus* (Pavillard) Gómez, 2013

a 和 c ~ f. 腹面观；b 和 j ~ i. 背面观

同物异名：*Ceratium symmetricum* Pavillard, 1905; *Neoceratium symmetricum* (Pavillard) Gómez, Moreira & López-Garcia, 2010

　　细胞体中型，藻体几乎完美对称。上壳两侧缘凸出。下壳底缘微凸，与两底角连接线光滑，左侧缘稍有凹陷。顶角直或稍微弯曲，一般从上壳中央伸出。两底角长度近相等，与顶角平行或稍聚拢。顶角和底角均长而粗。

　　暖温带至热带大洋性种。印度洋、太平洋、大西洋、地中海、新西兰北部海域、澳大利亚东部海域、巴西东南部海域等有记录。中国东海及南海部分海域有分布。

207. 拟三脚角藻 *Tripos tripodioides* (Jörgensen) Steemann Nielsen, 1934 （图 207）

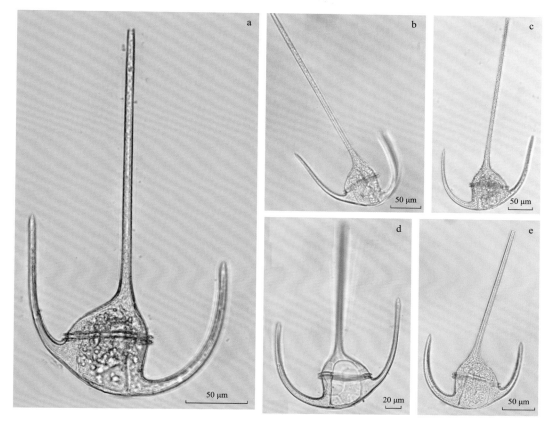

图 207　拟三脚角藻 *Tripos tripodioides* (Jörgensen)Steemann Nielsen, 1934

a 和 b. 腹面观；c ~ e. 背面观

同物异名: *Ceratium tripodioides* (Jörgensen) Steemann Nielsen, 1934

细胞体中型，长大于宽。顶角粗壮、直且长。横沟位于细胞体略上部，因此，上壳比下壳短。上壳左侧边缘外凸，右侧边斜直。下壳左侧长，向内略凹陷，右侧边短，底部边缘凸。两底角相对短，左底角自下部生出后均匀弯向上方，末端与顶角近平行；右底角则斜向上延展，末端与顶角平行或稍向外歧分。

热带大洋性种。印度洋、太平洋热带海域、地中海、加勒比海、澳大利亚东部海域、新西兰附近海域、巴西东南部海域均有分布。中国东海、南海，以及吕宋海峡有记录。

208. 牟氏角藻 *Tripos muelleri* Bory de Saint-Vincet, 1826（图 208）

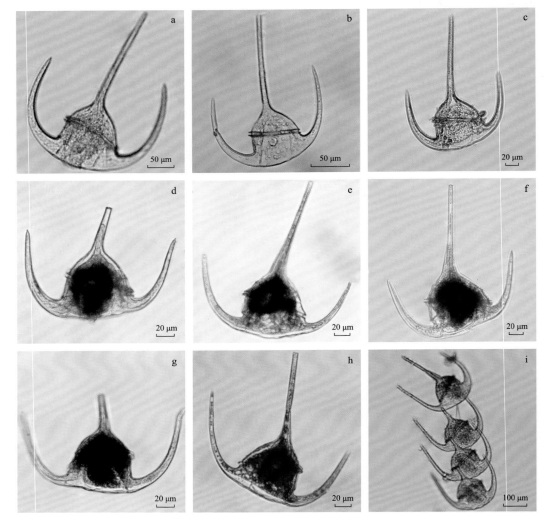

图 208　牟氏角藻 *Tripos muelleri* Bory de Saint-Vincet, 1826

a ~ f. 腹面观；g ~ i 背面观；i. 群体

同物异名：*Ceratium tripos* var. *tripos* (Müller) Nitzsch, 1817; *Neoceratium tripos* (Müller) Gómez, Moreira & López-Garcia, 2010

细胞体中型至大型，长稍大于宽。上壳左边缘稍凸，右边缘明显凸出，下壳与上壳等长或稍长于上壳，其左边缘稍有凹陷。顶角长直，基部通常较宽。底角短，右底角常短于左底角，两底角均逐步地向上弯曲，最终两底角的尖端平行或者向两侧歧分，很少有聚拢。藻体底缘较平或稍凸。

世界广布种。从近岸到大洋、从热带至寒带均有分布。中国渤海、黄海、东海、南海均有记录。

209. 牟氏角藻亚美变种 *Tripos muelleri* var. *semipulchellum* (Schröder) Graham et Bronikovsky（图 209）

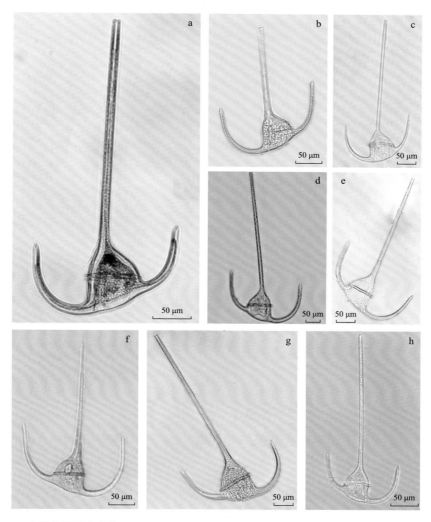

图 209　牟氏角藻亚美变种 *Tripos muelleri* var. *semipulchellum* (Schröder) Graham et Bronikovsky

a ~ c. 背面观；d ~ h. 腹面观

同物异名：*Ceratium tripos* var. *pulchellum* f. *semipulchellum* (Schröder) Jörgensen, 1920; *Ceratium tripos* var. *semipulchellum* (Jörgensen) Graham et Bronikovsky

该变种与原种牟氏角藻的主要区别：①该种细胞体明显小于原种，壳表面细致；②顶角略比原种细长，而两底角短，且两底角的末端与顶角近平行或稍歧分；③该种下壳底部较平。

亚热带至热带大洋性种。印度洋、太平洋、大西洋、地中海、莫桑比克海峡、新西兰附近海域均有记录。中国东海、南海，以及吕宋海峡有分布。

210. 美丽角藻 *Tripos pulchellus* (Schröder) Gómez, 2013（图 210）

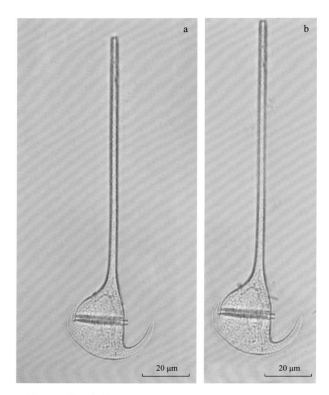

图 210　美丽角藻 *Tripos pulchellus* (Schröder) Gómez, 2013

a ~ b. 腹面观

同物异名：*Ceratium pulchellum* Schröder, 1906; *Ceratium tripos* var. *pulchellum* (Schröder) López, 1955; *Neoceratium pulchellum* (Schröder) Gómez, Moreira & López-Garcia, 2010

细胞体小，长大于宽，左侧边缘斜直或稍凸，与顶角近乎呈直线，右侧凸出。顶角直长，不粗壮。与同属的其他种类相比，该种两底角短，右底角退化，呈短锥状，稍向细胞体靠拢；左底角稍长，自细胞下部生出后左上方弯曲，末端向外有歧分。横沟直，边翅窄。

亚热带至热带大洋性种。印度洋、太平洋、大西洋、地中海、墨西哥湾、澳大利亚东部海域、新西兰附近海域、巴西东部海域有分布。中国东海、南海，以及吕宋海峡有分布。

211. 角藻 *Tripos* spp.（图 211）

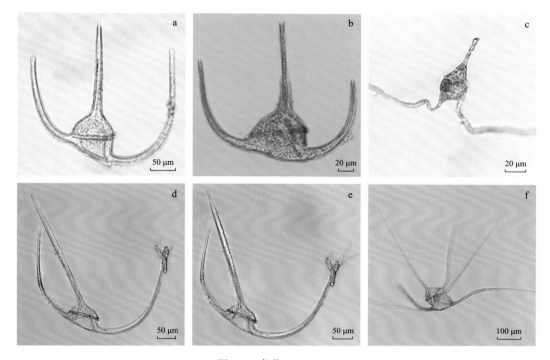

图 211　角藻 *Tripos* spp.

角甲藻科 Ceratocoryaceae Lindemann, 1928

角甲藻属 *Ceratocorys* Stein, 1883

212. 装甲角甲藻 *Ceratocorys armata* (Schütt) Kofoid, 1910（图 212）

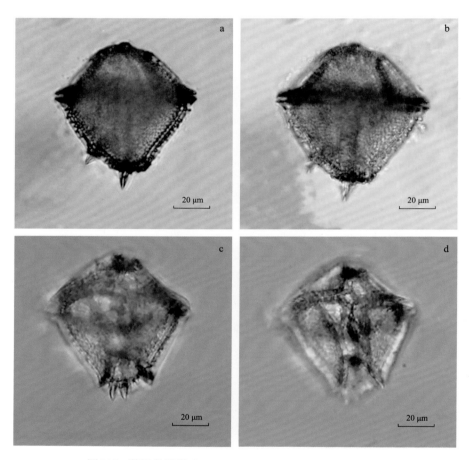

图 212　装甲角甲藻 *Ceratocorys armata* (Schütt) Kofoid, 1910

同物异名：*Goniodoma fimbriatum* Murray & Whitting, 1899

　　细胞体中型，长 74 μm，宽 75 μm，长宽近相等，腹面观呈近五边形。上壳短于下壳。上壳呈扁圆锥形。横沟左旋，边翅窄，具肋刺。下壳呈三角锥形，藻体下体部宽阔，由腹侧向背侧倾斜，底部有 3 ~ 4 个短刺，短刺上具翼。

　　亚热带至热带大洋性种。印度洋、西太平洋、南大西洋、澳大利亚东南部海域有记录。

213. 双足角甲藻 *Ceratocorys bipes* (Cleve) Kofoid, 1910（图 213）

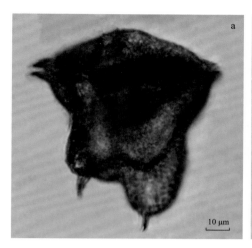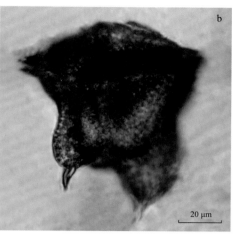

图 213　双足角甲藻 *Ceratocorys bipes* (Cleve) Kofoid, 1910

a 和 b. 左侧面观

同物异名：*Goniodoma bipes* Cleve, 1903; *Ceratocorys asymmetrica* Karsten, 1907

细胞体中型，长 88 ~ 93 μm，宽 84 ~ 85 μm，长略大于宽，细胞呈不规则的多面体形，腹面观呈近楔形。上壳明显短于下壳，上壳呈扁圆锥形，无顶角；横沟略左旋。下壳左、右侧边与细胞纵轴约呈 30° 夹角（陈国蔚，1981）。背、腹面底部各有一个球状底角，两底角末端均生有一个短刺，短刺上具翼（杨世民等，2016）。壳面孔纹清晰，排列规则。

亚热带至热带狭温性种。印度洋、太平洋、红海、阿拉伯海、孟加拉湾、南大西洋、地中海有记录。中国西沙群岛海域，以及吕宋海峡有分布。

214. 戈氏角甲藻 *Ceratocorys gourretii* Paulsen, 1937（图 214）

图 214　戈氏角甲藻 *Ceratocorys gourretii* Paulsen, 1937

右侧面观

同物异名：*Ceratocorys allenii* Osorio-Tafall, 1942; *Ceratocorys jourdanii* (Gourret) Schütt, 1895

细胞体中型，长 69 µm，背腹宽 64 µm。上壳显著短于下壳，无顶角。横沟左旋，边翅发达。下壳长，呈椭圆形。有腹刺、背刺各一个，底刺 3 个，也曾观察到有两个背刺的标本（杨世民等，2016）。壳面孔纹细弱。

暖水近岸至大洋性种。印度洋、西太平洋、地中海、墨西哥湾、澳大利亚东部海域近岸有记录。中国东海、南海，以及吕宋海峡有少量分布。

215. 多刺角甲藻 *Ceratocorys horrida* Stein, 1883 （图 215）

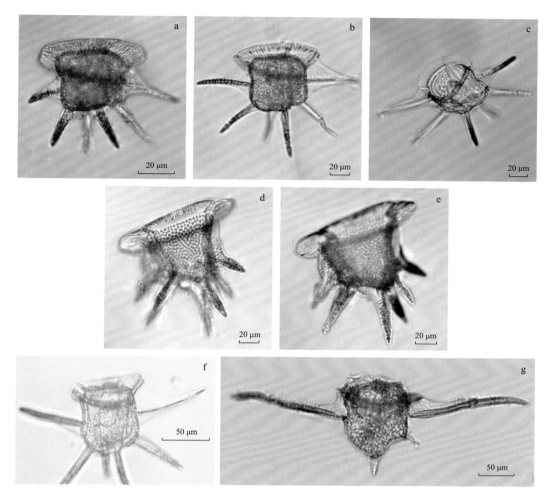

图 215　多刺角甲藻 *Ceratocorys horrida* Stein, 1883

同物异名：*Ceratocorys hirsuta* Matzenauer, 1933; *Dinophysis jourdanii* Gourret, 1883

细胞体中、大型，长 81 ～ 165 µm，背腹宽 61 ～ 114 µm。呈不规则多面体形。上壳短，下壳长。横沟左旋，边翅发达，有肋刺。该种显著的分类特征为在腹刺、背刺和底部有 6 根长刺，其中腹刺、背刺各一个，底刺 4 个。但有学者在观察样本时发现有 7 个、8 个甚至长刺末端分枝的情况（杨世民等，2016）。壳面孔纹粗大、清晰，排列规则。

暖温带至热带、近岸至大洋性种，世界广布，是角甲藻属中最常见的物种。

216. 大角甲藻 *Ceratocorys magna* Kofoid, 1910（图 216）

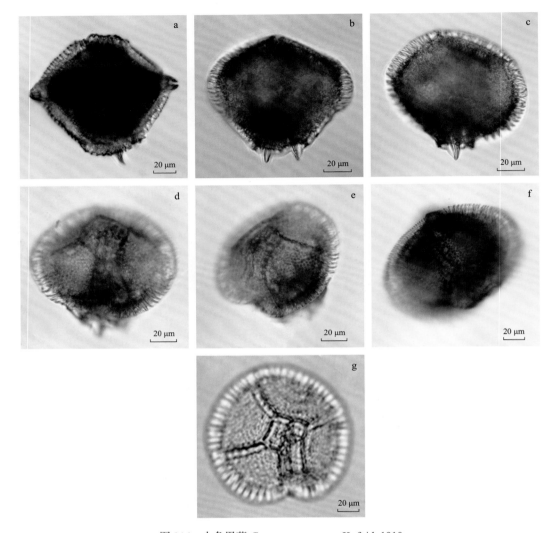

图 216　大角甲藻 *Ceratocorys magna* Kofoid, 1910

　　细胞体大型，长 100 ～ 130 μm，宽 86 ～ 110 μm，腹面观呈近五边形。上壳短，呈近圆锥形。横沟左旋，边翅窄，肋刺明显。下壳长，藻体下部常生有 3 ～ 4 个具翼短刺。壳面孔纹明显粗大，光学显微镜下易能看到。

　　本种与装甲角甲藻易混淆，主要区别为前者个体明显大于后者，且本种壳面的孔纹较后者更粗大、清晰。

　　亚热带至热带种。印度洋、太平洋、北大西洋，以及吕宋海峡、冲绳海槽有记录。

217. 网纹角甲藻 *Ceratocorys reticulata* Graham, 1942（图 217）

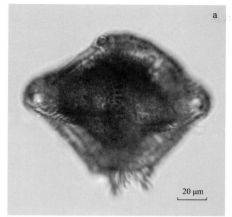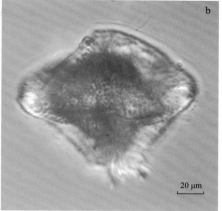

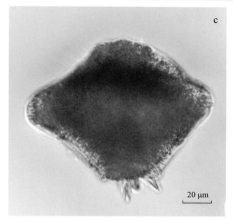

图 217　网纹角甲藻 *Ceratocorys reticulata* Graham, 1942

细胞体大型，长 118 μm，宽 138 μm，宽大于长，腹面观呈近菱形。上壳呈近圆锥形。横沟左旋，下降约一倍横沟宽度（杨世民等，2016）。底面较窄，生有 2 ～ 4 个短刺。壳面甲板相接处生有发达的脊状凸起，壳面外壁为粗大的孔，内壁为向里凸起一个半球形小室，小室中央具小孔（陈国蔚，1981）。

本种与大角甲藻极为相似，最显著的区别是本种细胞体较宽扁，横沟边翅发达，下壳底面呈尖圆锥形，而大角甲藻的底面则较平坦宽阔（Taylor，1976）。

热带性种。印度洋、太平洋和大西洋热带海域、墨西哥湾、孟加拉湾有记录。中国西沙群岛和钓鱼岛附近海域有少量分布。

刺板藻科 Cladopyxidaceae Lindemann, 1928

刺板藻属 *Cladopyxis* Stein, 1883

218. 短柄刺板藻 *Cladopyxis brachiolata* Stein, 1883（图 218）

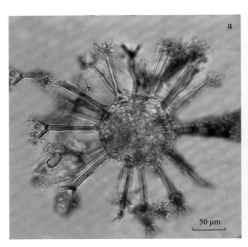
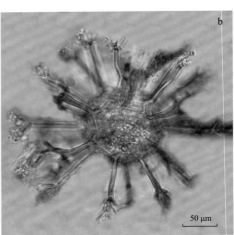

图 218　短柄刺板藻 *Cladopyxis brachiolata* Stein, 1883

　　细胞体大型，细胞体呈椭圆形或卵形，直径约 100 μm。由于测量的样本少，而且其伸出的刺板极易使细胞体倾斜，致使藻细胞形状变化大，所以，个体大小可能存在偏差。横沟略微凹陷，腹区增厚。壳面生有 10 个刺板，粗壮，向外呈放射状伸展，长 60 ~ 70 μm，刺板在尺寸、形状和结构上均都非常相似、坚固和透明。每个刺板末端分叉为 4 个主分枝，每个分枝再分叉成两个尖刺形的次级分枝。

　　本种与半腕刺板藻 *C. hemibrachiata* 的主要区别在于后者个体小，细胞体表面伸出的刺板明显少，本种在 10 个左右，而后者只有 5 个。本种无论从细胞体还是刺板，均比后者坚硬、粗壮。

　　亚热带至热带大洋性种。南太平洋有分布。印度洋新记录种。

219. 半腕刺板藻 *Cladopyxis hemibrachiata* Balech, 1964（图 219）

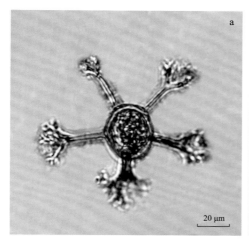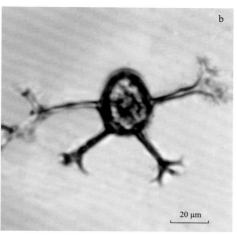

图 219　半腕刺板藻 *Cladopyxis hemibrachiata* Balech, 1964

同物异名：*Cladopyxis steinii* Zacharias, 1906

细胞体小型，直径约 30 μm（未包含伸出的刺板），细胞体呈近圆形。上壳稍短，约为体长的 2/5，横沟稍左旋，下降 0.5 ～ 1 倍横沟宽度，边翅不明显（杨世民等，2016）。壳面生有 5 个刺板，粗壮，向外呈放射状伸出，长 21 ～ 29 μm，其末端有爪状分枝。壳面孔稀疏。

亚热带至热带大洋性种。南太平洋、北大西洋、印度洋、地中海、墨西哥湾有分布。

屋甲藻科 Goniodomataceae Lindemann, 1928

三爿藻属 *Triadinium* Dodge, 1981

220. 多边三爿藻 *Triadinium polyedricum* (Pouchet) Dodge, 1981（图 220）

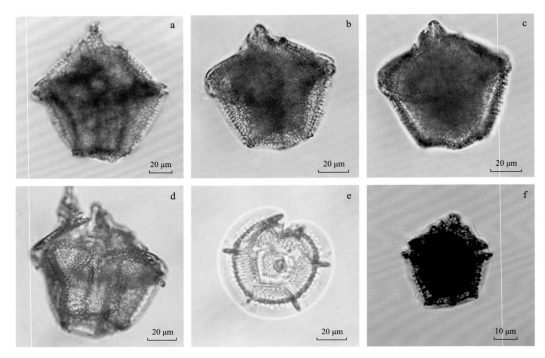

图 220　多边三爿藻 *Triadinium polyedricum* (Pouchet) Dodge, 1981

a ~ d. 正面观；e. 底面观；f. 侧面观

同物异名：*Peridinium polyedricum* Pouchet, 1883; *Goniodoma acuminatum* Stein, 1883; *Goniaulax polyedra* Okamura, 1907; *Heteraulacus polyedricus* (Pouchet) Drugg et Loeblich, 1967; *Goniodoma polyedricum* (Pouchet) Jörgensen, 1899

　　细胞体因壳片连接处生有龙骨状粗脊而呈多面体，长 41 ~ 88 μm，宽 38 ~ 84 μm。水样的标本比网获的标本明显小。横沟较窄，左旋约横沟的一个宽度，横沟边翅发达，沿水平方向伸出，但其上肋刺较短。上壳矮锥形，顶部急缩成一突起状顶角。下壳正面观呈梯形，侧面观背部略长于腹部。壳面孔纹粗大且有序排列。

　　热带大洋性种。太平洋、印度洋有分布。

膝沟藻科 Gonyaulacaceae Lindemann, 1928

膝沟藻属 *Gonyaulax* Diesing, 1866

221. 具指膝沟藻 *Gonyaulax digitale* (Pouchet) Kofoid, 1911（图 221）

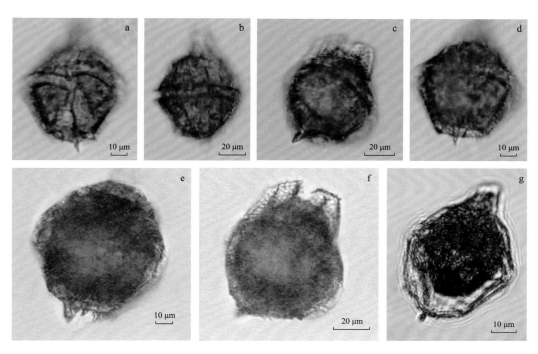

图 221　具指膝沟藻 *Gonyaulax digitale* (Pouchet) Kofoid, 1911

a ~ d. 同一个细胞的不同面观

同物异名：*Protoperidinium digitale* Pouchet, 1883; *Peridinium digitale* Lemmermann, 1899

细胞体中型，长 55 ~ 75 μm（未包含底刺），宽 43 ~ 64 μm。上壳呈圆锥形，顶角粗短，末端平截。横沟宽阔，凹陷，左旋，下降 2 ~ 2.5 倍横沟宽度，交叠 1 ~ 1.5 倍横沟宽度，横沟边翅窄。下壳扁圆，底部有两个底刺，较粗壮。

广温性种。印度洋、太平洋、大西洋、地中海，以及欧洲、澳大利亚和新西兰沿岸海域有分布。

222. 加布里埃莱膝沟藻 *Gonyaulax grabrielae* Schiller, 1935（图 222）

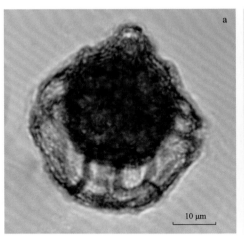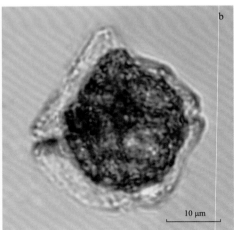

图 222　加布里埃莱膝沟藻 *Gonyaulax grabrielae* Schiller, 1935

细胞体小型，长 34 ~ 45 μm，宽 32 ~ 41 μm。上壳略长于下壳。上壳呈圆锥形，顶角短但粗壮。横沟左旋，下降 2 ~ 3 倍横沟宽度，边翅窄。下壳呈碗状。藻体下部圆钝，无刺。壳面具纵脊。

世界罕见种，仅意大利附近海域、冲绳海槽有记录。印度洋首次记录。

223. 太平洋膝沟藻 *Gonyaulax pacifica* Kofoid, 1907（图 223）

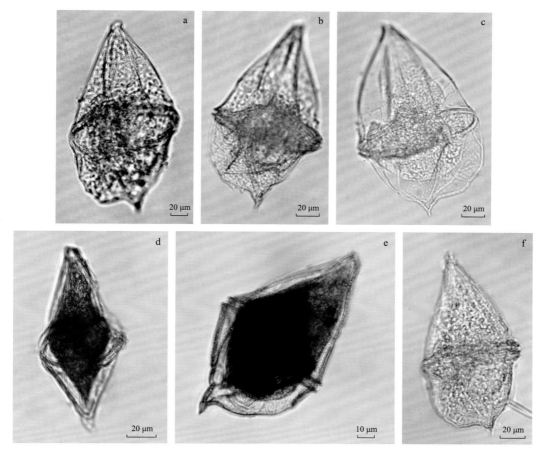

图 223　太平洋膝沟藻 *Gonyaulax pacifica* Kofoid, 1907

同物异名：*Steiniella cornuta* Karsten, 1907; *Murrayella brianii* Rampi, 1943

细胞体大型，长 114 ~ 185 μm（不包括底刺），宽 58 ~ 140 μm。侧面观呈近纺锤形，上壳呈圆锥形，顶角粗短，末端平截。横沟左旋，凹陷，位移明显，下降 1.5 ~ 3 倍横沟宽度，无横沟边翅。藻体最下部圆钝，底部左侧生长一底刺。壳面具多条纵脊，明显可见。

暖温带至热带大洋性种。世界分布广，太平洋、大西洋、印度洋、地中海、加利福尼亚湾、墨西哥湾、孟加拉湾、澳大利亚东部海域均有记录。中国东海、南海、台湾海峡，以及吕宋海峡有分布。

224. 多纹膝沟藻 *Gonyaulax polygramma* Stein, 1883（图 224）

图 224　多纹膝沟藻 *Gonyaulax polygramma* Stein, 1883

同物异名：*Gonyaulax schuettii* Lemmermann, 1899

细胞体中型，长 51 ～ 82 μm（未包含底刺），宽 40 ～ 63 μm。上壳呈锥形，顶角粗短，末端平截。横沟宽，凹陷明显，左旋，下降 1 ～ 1.5 倍横沟宽度。藻体最下部圆钝，具小底刺或无刺。壳面具多条粗壮纵脊，孔粗大明显。

世界广布种，赤潮种。

225. 斯克里普膝沟藻 *Gonyaulax scrippsae* Kofoid, 1911（图 225）

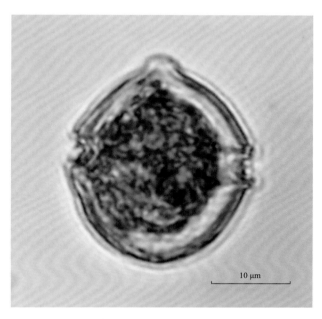

图 225　斯克里普膝沟藻 *Gonyaulax scrippsae* Kofoid, 1911

　　细胞体小型，长 26 μm，宽 22 μm，腹面观呈近球形。上壳比下壳短。上壳两侧边缘饱满外凸，顶角短而粗壮，末端平截。横沟宽阔，中位，左旋，凹陷，边翅窄，下降 2 ~ 3 倍横沟宽度。下壳呈半球形。藻体最下部圆钝，无底刺。壳面有排列规则的小点构成的线纹。

　　世界广布种，近岸至大洋性种。印度洋、太平洋、大西洋、地中海、加勒比海、加利福尼亚湾、巴西北部海域均有记录。

226. 条纹膝沟藻 *Gonyaulax striata* Mangin, 1922（图 226）

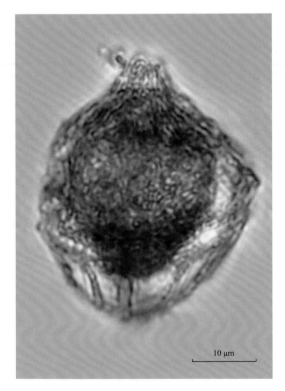

图 226　条纹膝沟藻 *Gonyaulax striata* Mangin, 1922

　　细胞体小型，长 38 μm，宽 34 μm。上壳两侧边缘饱满，凸出。顶角极短，粗壮，末端平截。横沟宽，凹陷，左旋，下降 1 ~ 1.5 倍横沟宽度。藻体最下部圆钝，无底刺。壳面具多条粗壮纵脊。

　　温带至热带性种。南大西洋和中国南海有记录。印度洋首次记录。

227. 陀形膝沟藻 *Gonyaulax turbynei* Murray & Whitting, 1899（图 227）

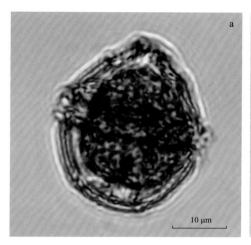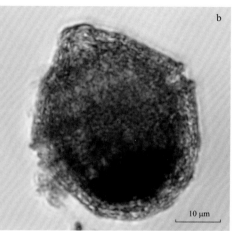

图 227　陀形膝沟藻 *Gonyaulax turbynei* Murray & Whitting, 1899

　　细胞体小型，长 33 ~ 46 μm，宽 28 ~ 38 μm，腹面观呈椭圆形。上、下壳长度相近，且两侧边缘均饱满，稍外凸。顶角不明显。横沟左旋，下降 1 ~ 1.5 倍横沟宽度，边翅窄。下壳呈半球形。藻体最下部圆钝，无底刺。壳面具多条粗壮纵脊。

　　本种与多纹膝沟藻易混淆，两者主要区别是本种个体较小，且顶角不明显，而后者个体大，顶角粗短，但较明显。

　　亚热带至热带大洋性种。印度洋、南大西洋、太平洋、地中海、加勒比海、加利福尼亚湾有记录。

228. 井脊膝沟藻 *Gonyaulax birostris* Stein, 1883（图 228）

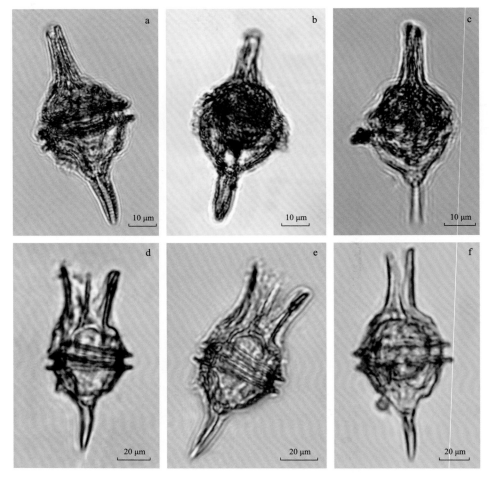

图 228　井脊膝沟藻 *Gonyaulax birostris* Stein, 1883

同物异名：*Gonyaulax glyptorhynchus* Murray & Whitting, 1899; *Gonyaulax highleyi* Murray & Whitting, 1899

细胞体中型，长 71 ～ 108 μm，宽 35 ～ 47 μm，整体呈纺锤形，藻体中部明显膨大。上、下壳长度近相等。顶角细长，其长度有近整个细胞体的 1/4 ～ 1/3，末端平截。横沟中位，左旋，边翅明显。底角细长，与顶角长度近相等。顶角与底角表面纵脊明显。

亚热带至热带大洋性种。印度洋、太平洋、大西洋、地中海、加勒比海、孟加拉湾、澳大利亚东部海域等有记录。中国南海有分布。

229. 脆弱膝沟藻 *Gonyaulax fragilis* (Schütt) Kofoid, 1911（图 229）

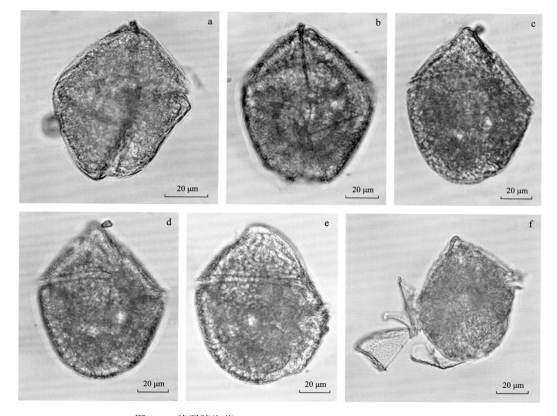

图 229　脆弱膝沟藻 *Gonyaulax fragilis* (Schütt) Kofoid, 1911

同物异名：*Steiniella fragilis* Schütt, 1895

细胞体中型，长 75 ~ 92 μm，宽 63 ~ 80 μm，腹面观呈椭圆形。上壳呈扁圆锥形，下壳圆钝，上壳两侧边缘饱满、稍凸，而下壳近直或略凹。无顶角。横沟稍凹，左旋，位移明显，约有 3 倍横沟宽度，无边翅。藻体最下部无底刺。壳面具细弱条纹。

暖温带至热带大洋性种。印度洋、太平洋、大西洋热带海域、澳大利亚东部海域、加利福尼亚湾有记录。

230. 透明膝沟藻 *Gonyaulax hyalina* Ostenfeld & Schmidt, 1901（图 230）

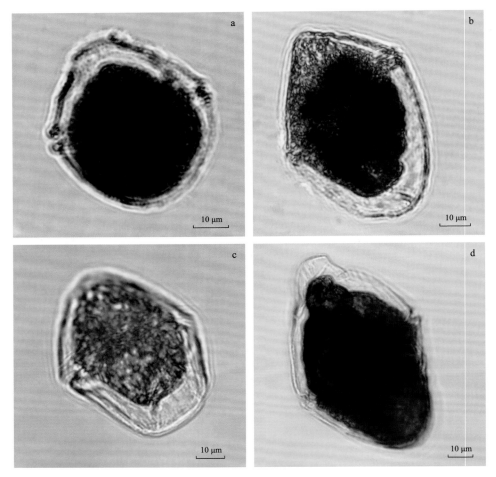

图 230　透明膝沟藻 *Gonyaulax hyalina* Ostenfeld & Schmidt, 1901

同物异名：*Gonyaulax fragilis* (Schütt) Kofoid, 1911

细胞体中型，长 50 ~ 88 μm，宽 46 ~ 58 μm，腹面观呈椭圆形。上壳呈圆锥形，下壳圆钝，上壳两侧边缘饱满、稍凸，下壳两边缘直或略凹。无顶角，底部无底刺。横沟左旋，位移明显，下降 2 ~ 3 倍横沟宽度，边翅窄。壳面具纵条纹。

暖水大洋性种。广泛分布于世界各大洋的热带、亚热带、暖温带海域。中国东海、南海，以及吕宋海峡有分布。

231. 膝沟藻 *Gonyaulax* spp.（图 231）

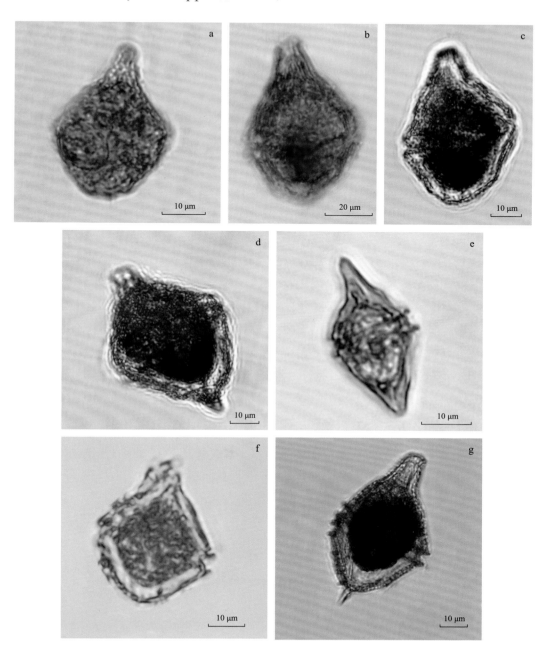

图 231　膝沟藻 *Gonyaulax* spp.

刺膝沟藻属 *Acanthogonyaulax* (Kofoid) Graham, 1942

232. 角突刺膝沟藻 *Acanthogonyaulax spinifera* (Murray & Whitting) Graham, 1942（图 232）

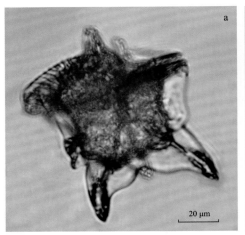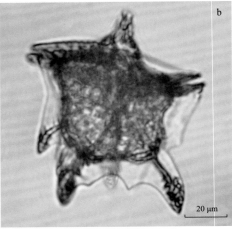

图 232　角突刺膝沟藻 *Acanthogonyaulax spinifera* (Murray & Whitting) Graham, 1942

同物异名：*Ceratocorys spinifera* Murray & Whitting, 1899; *Gonyaulax ceratocoroides* Kofoid, 1910

细胞体中型，长 77 μm（未包含刺），宽 65 μm，由于形状不规则，测量可能存在偏差。腹面观呈近五边形。上壳呈扁圆锥形，下壳长，由于着生长刺，呈不规则的多边形。顶角粗壮，稍短，末端平截。横沟左旋，位移明显，下降 2～3 倍横沟宽度，边翅发达。下壳左、右侧边缘和底部边缘共着生 5 根长刺，均有肋刺支撑。壳面具发达的边翅。

亚热带至热带大洋性种。印度洋、西太平洋、大西洋热带海域、地中海、安达曼海、加利福尼亚湾、墨西哥湾、孟加拉湾均有记录。中国东海有记录，数量少。

异甲藻科 Heterodiniaceae Lindemann, 1928

异甲藻属 *Heterodinium* Kofoid, 1906

233. 勃氏异甲藻 *Heterodinium blackmanii* (Murray & Whitting) Kofoid, 1906（图 233）

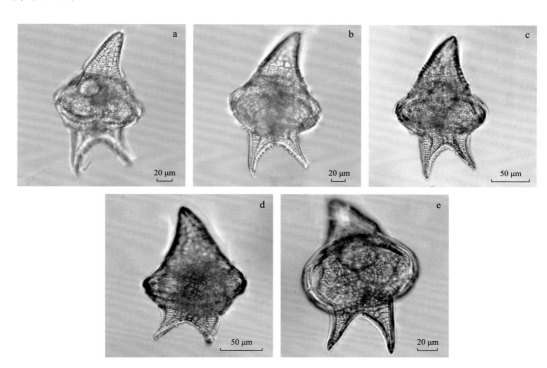

图 233　勃氏异甲藻 *Heterodinium blackmanii* (Murray & Whitting) Kofoid, 1906

a ~ c. 背面观；d 和 e. 腹面观

同物异名：*Peridinium blackmani* Murray & Whitting, 1899

细胞体大型，长 185 ~ 195 μm，宽 115 ~ 120 μm，整体看，上壳粗壮，近横沟处的中部膨大，下壳短小，底部较扁。上壳呈不对称的圆锥形，偏向右侧。左侧边缘弧外凸，右侧内凹。横沟窄，凹陷，左旋，约下降一倍横沟宽度。横沟上、下边缘外凸，但无横沟边翅。下壳着生有两底角，均细长，右底角直，左底角内弯。本种显著特征是藻细胞个体大，上壳呈不对称的圆锥形，两底角不对称。

暖温带至热带性种，世界分布广。太平洋、大西洋、印度洋均有记录。中国东海、南海，以及台湾南部海域、吕宋海峡有分布。

234. 不等异甲藻 *Heterodinium dispar* Kofoid & Adamson, 1933（图 234）

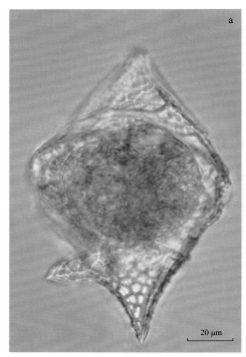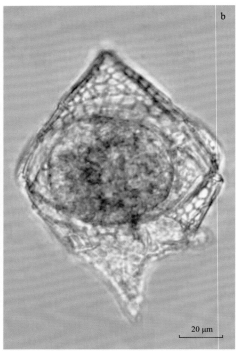

图 234　不等异甲藻 *Heterodinium dispar* Kofoid & Adamson, 1933

a. 腹面观；b. 背面观

同物异名：*Heterodinium gracile* Böhm, 1936

细胞体中型，长 61 μm，宽 40 μm。上壳呈圆锥形，顶部呈三角形，稍向右侧偏斜。横沟宽阔，稍凹陷，左旋，横沟边翅窄。下壳底部着生有底角，左、右两侧各有一个，但两底角长度、粗细及形状完全不一样，左底角长，基部粗壮，尖锥形；右底角短，长度仅为左底角的 1/5 ～ 1/2，呈三角形至尖锥形（杨世民等，2016）。壳面网格结构分布不均匀。该种显著特征是有两个不对等的底角，且上壳稍向右偏斜。

热带大洋深水性种。东太平洋热带海域、巴西东南部海域、中国南海北部海域有记录。印度洋首次记录。

235. 斯克里普异甲藻 *Heterodinium scrippsii* Kofoid, 1906（图 235）

20 μm

图 235　斯克里普异甲藻 *Heterodinium scrippsii* Kofoid, 1906

背面观

细胞体大型，长 140 μm，宽 94 μm。上壳明显长于下壳。上壳粗壮，近五边形，两侧边在距顶端 1/3 处形成略对称的棱角。横沟宽，左旋，向内凹陷不交叠，无横沟边翅。纵沟短而弯曲。下壳短，左侧边斜直，右侧边缘略凹陷。细胞体下部生有两底角，均锥形，末端尖，左底角略长于右底角。壳面具有粗大的网纹结构，在光学显微镜下清晰可见。

热带大洋深水性种，量少。太平洋、大西洋热带海域、地中海、加勒比海，以及美国加利福尼亚附近海域、巴西北部海域有分布。

236. 坚硬异甲藻 *Heterodinium rigdeniae* Kofoid, 1906（图 236）

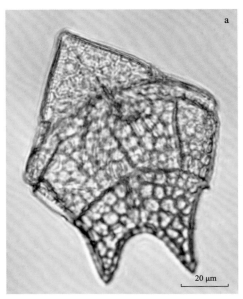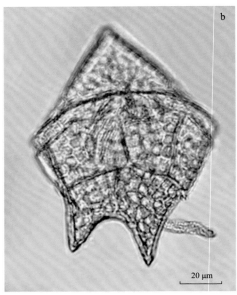

图 236　坚硬异甲藻 *Heterodinium rigdeniae* Kofoid, 1906

a 和 b. 腹面观

细胞体中型，长 111 ～ 135 μm，宽 87 ～ 90 μm，扁平。上壳明显长于下壳。上壳腹面观呈三角形，两侧边直。横沟左旋，凹陷，位移了约一倍横沟宽度。纵沟窄而直。下壳两底角粗壮，圆锥形，长度适中，但长度和伸展方向变化大，有时可见右底角向外弯曲，两底角末端均略尖。壳面网格结构变化大，有的粗大完全，有的仅部分甲板具细弱的网格结构，而在不成熟的细胞壳面，甚至很难找到网格结构（Taylor，1976；杨世民和李瑞香，2014）。

暖温带至热带性种。太平洋、印度洋、地中海有记录。中国东海、南海有分布。

237. 阿格异甲藻 *Heterodinium agassizii* Kofoid, 1907（图 237）

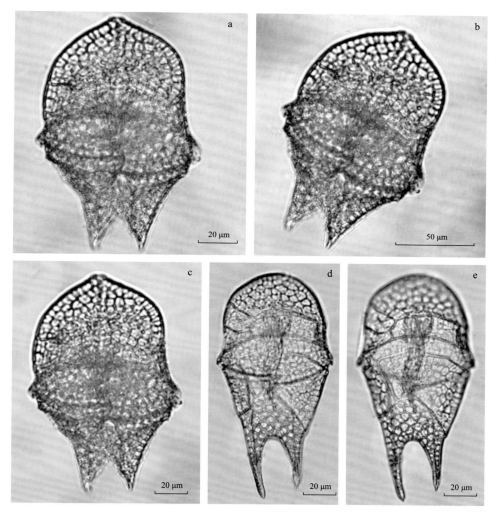

图 237　阿格异甲藻 *Heterodinium agassizii* Kofoid, 1907

a ～ c. 腹面观；d 和 e. 背面观

　　细胞体大型，长 115 ～ 151 μm，宽 76 ～ 97 μm，侧面观中部膨大，两端较扁。上壳呈半椭圆形。无顶角。横沟略凹，狭窄，左旋，约下降一倍横沟宽度。下壳两底角粗壮，圆锥形，长度近相等，两底角近乎直。壳表面均具有网格结构。本种显著特征是藻细胞看起来长，两底角长而粗壮，且近乎相等。

　　热带大洋深水性种。印度洋、太平洋热带海域、大西洋、地中海、加勒比海、孟加拉湾有记录。

238. 巴氏异甲藻 *Heterodinium pavillardii* Kofoid & Adamson, 1933（图 238）

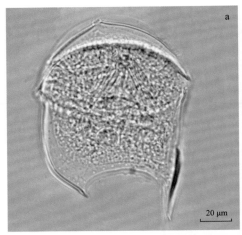
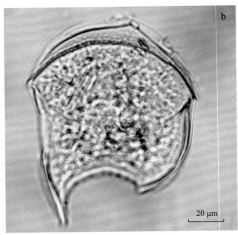
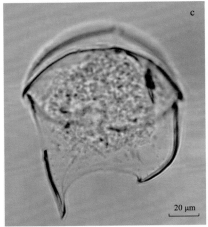

图 238　巴氏异甲藻 *Heterodinium pavillardii* Kofoid & Adamson, 1933

a. 腹面观；b 和 c. 背面观

同物异名：*Heterodinium kofoidii* Pavillard, 1915

　　细胞体中型，较细长，长 117 ~ 124 μm，宽 86 ~ 109 μm。上壳呈半圆形，无顶角，由于顶空偏斜，致使上壳不对称。横沟左旋，未凹陷，略位移，横沟边翅窄。纵沟窄短，且直。下壳两底角明显不等，但均向内弯曲，左底角长，呈尖锥形；右底角短，长度仅约为左底角的 1/4。壳面较平滑，无网格结构。

　　热带大洋深水性种。世界罕见，仅太平洋热带海域、地中海、中国南海有记录。印度洋首次记录。

239. 灰白异甲藻 *Heterodinium whittingiae* Kofoid, 1906（图 239）

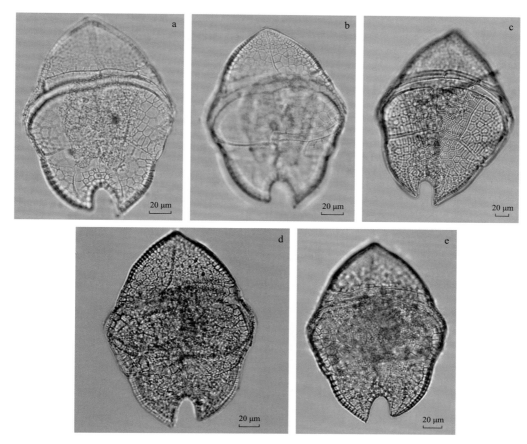

图 239　灰白异甲藻 *Heterodinium whittingiae* Kofoid, 1906.

a ~ c. 腹面观；d 和 e. 背面观

细胞体大型，长 197 ~ 211 μm，宽 147 ~ 188 μm。上壳呈半椭圆形或近三角形，两侧边缘呈浅弧形，向外凸出。具顶孔。横沟窄，左旋，未凹陷，略位移，横沟边翅呈窄翼状。下壳底部内凹，形成两底角，粗短，呈近尖锥形，均向内弯曲，左底角比右底角略长。壳面具网格结构（纵沟部分甲板未有）。

暖温带至热带大洋性种。印度洋、太平洋热带海域、大西洋有记录。中国东海、南海也有记录。

240. 最外异甲藻 *Heterodinium extremum* (Kofoid) Kofoid & Adamson, 1933 （图 240）

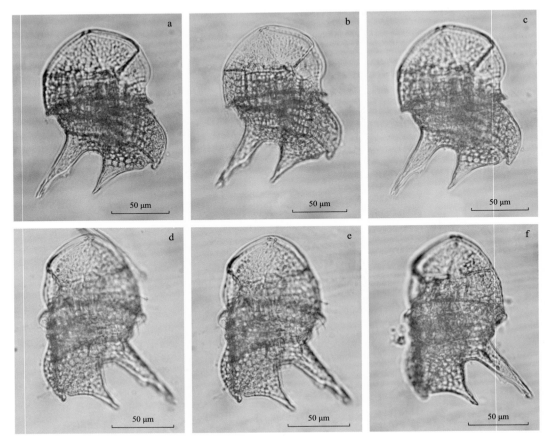

图 240　最外异甲藻 *Heterodinium extremum* (Kofoid) Kofoid & Adamson, 1933

a ~ c. 腹面观；d ~ f. 背面观

同物异名：*Heterodinium gesticulatum* f. *extrema* Kofoid, 1907

　　细胞体大型，长 140 ~ 152 μm，宽 111 ~ 115 μm。上壳呈近半圆形，顶孔略偏右侧。横沟宽阔，稍内凹，左旋，略下降。纵沟短窄。下壳易辨认，左侧向外凸出并下坠呈耳垂状，"耳垂"内侧生有一个粗壮的、尖锥形的左底角，左底角稍斜向右伸展，长度约为体长的 1/4（杨世民等，2016）；右底角粗壮，亦呈尖锥形，长度约为体长的 1/3。壳面网格结构粗大但不完全，顶板和前间插板部分常无网格分布。

　　热带大洋深水性种。太平洋热带海域、中国东海有分布。印度洋首次记录。

241. 光滑异甲藻 *Heterodinium laeve* Kofoid & Michener, 1911（图 241）

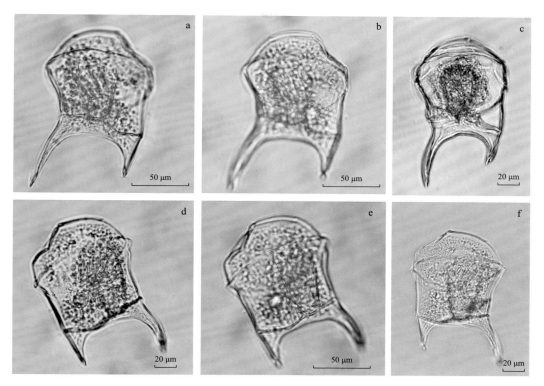

图 241　光滑异甲藻 *Heterodinium laeve* Kofoid & Michener, 1911

a ~ c. 腹面观；d ~ f. 背面观

　　细胞体中型，长 80 ~ 138 μm，宽 49 ~ 113 μm。上壳呈近半圆形，无顶角。横沟左旋，略位移，横沟边翅窄。下壳两底角明显不等，右底角长，呈尖锥形，向外略有歧分，但末端又稍向内；左底角明显短于右底角，约为其长度的 1/3。壳面网格结构不发达。

　　暖温带至热带大洋深水性种。热带大西洋、太平洋有记录。印度洋首次记录。

舌甲藻科 Lingulodiniaceae Sarjeant & Downie, 1974

舌甲藻属 *Lingulodinium* Wall, 1967

242. 米尔纳舌甲藻 *Lingulodinium milneri* (Murray & Whitting) Dodge, 1989（图 242）

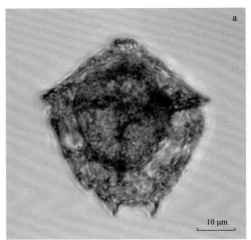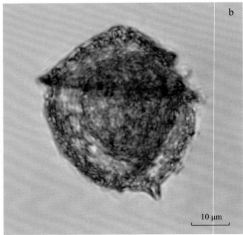

图 242 米尔纳舌甲藻 *Lingulodinium milneri* (Murray & Whitting) Dodge, 1989

a. 腹面观；b. 侧面观

同物异名：*Peridinium milneri* Murray & Whitting, 1899; *Heterodinium milneri* (Murray & Whitting) Kofoid, 1906

细胞体小，粗壮，呈近球形，长 47 μm，宽 43 μm。上壳明显短于下壳。上壳呈扁圆锥形，两侧边直。顶角粗短。横沟较宽，略有凹陷，左旋，下降两倍横沟宽度。下壳呈近半球形。藻体下部有 4 个底刺，其中 3 个较明显，具翼（Taylor，1976）。壳表面有网格结构，坚实粗大。

暖温带至热带大洋性种，世界分布广。印度洋、太平洋热带海域、大西洋、地中海、墨西哥湾等有记录。

苏尼藻属 *Sourniaea* Gu, Mertens, Li & Shin, 2020

243. 双刺苏尼藻 *Sourniaea diacantha* (Meunier) Gu, Mertens, Li & Shin, 2020（图 243）

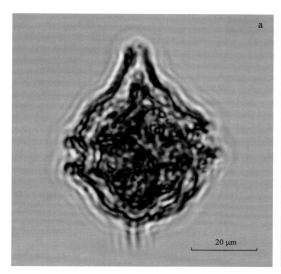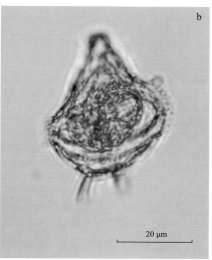

图 243　双刺苏尼藻 *Sourniaea diacantha* (Meunier)Gu, Mertens, Li&Shin, 2020

a 和 b. 背面观

同物异名：*Amylax diacantha* Meunier, 1919; *Gonyaulax longispina* Lebour, 1925; *Gonyaulax diacantha* (Meunier) Schiller, 1935; *Gonyaulax verior* Sournia, 1973

细胞体小型，长 28 ～ 38 μm（包含底刺），宽 23 ～ 32 μm。上壳呈三角形。顶角粗短。横沟左旋，凹陷，下降一倍横沟宽度，边翅窄。下壳呈近梯形。藻体最下部稍凹，有两个长锥形底刺，具翼。壳面具网纹结构。

温带至热带性种。太平洋、大西洋，以及欧洲、不列颠群岛、日本附近海域有记录。印度洋首次记录。

砺甲藻科 Ostreopsidaceae Lindemann, 1928

库里亚藻属 *Coolia* Meunier, 1919

244. 库里亚藻 *Coolia* sp.（图 244）

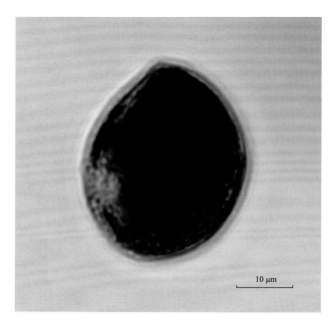

图 244　库里亚藻 *Coolia* sp.

蛎甲藻属 *Ostreopsis* Schmidt, 1901

245. 伯利兹蛎甲藻 *Ostreopsis belizeana* Faust, 1999（图 245）

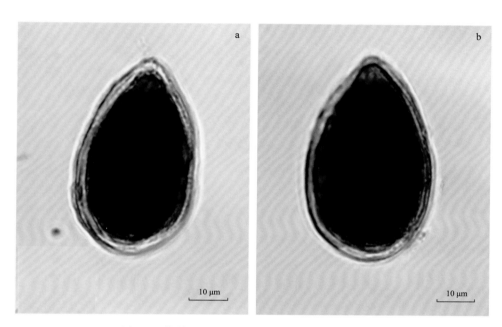

图 245　伯利兹蛎甲藻 *Ostreopsis belizeana* Faust, 1999

细胞体中等大小，呈尖卵形或椭圆形，前后面观较扁，细胞长 57 ~ 61 μm，宽 33 ~ 36 μm，长宽比为 1.69 ~ 1.73。

底栖或附生性种类，也可营浮游性生活，暖水性种。在马达加斯加海域水体中采到。

246. 卵形蛎甲藻 *Ostreopsis ovata* Fukuyo, 1981（图 246）

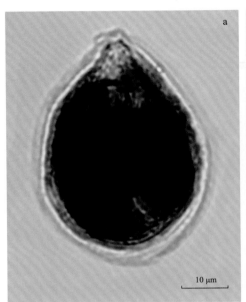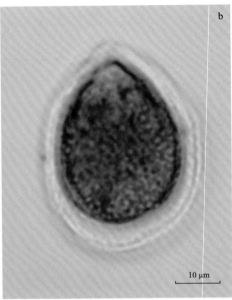

图 246　卵形蛎甲藻 *Ostreopsis ovata* Fukuyo, 1981

侧面观

　　该种是属内最小的一个种，绝大多数细胞呈泪珠状、卵形或稍微椭圆，壳较薄。细胞长 50～53 μm，宽 33～37 μm，长宽比为 1.4～1.5。据文献描述，细胞大小和形状有较大变化，有的可达 70 μm 以上。本种与暹罗蛎甲藻 *O. siamensis* 的不同是，后者个体大，前者长宽比较后者略大。

　　通常浮游性、底栖性或附生性。热带浅水域或珊瑚礁分布，在马达加斯加水体中采到。

247. 暹罗蛎甲藻 *Ostreopsis siamensis* Schmidt, 1901 （图 247）

图 247　暹罗蛎甲藻 *Ostreopsis siamensis* Schmidt, 1901

细胞体较大，呈宽卵形，细胞长 122 μm，背腹径（宽）89 μm，长宽比为 1.37。本次只采到一个标本。

通常浮游性、底栖性或附生性，热带浅水域或珊瑚礁分布。在马达加斯加水体中采到。

248. 蛎甲藻 *Ostreopsis* spp.（图 248）

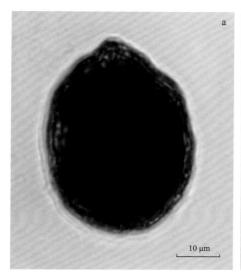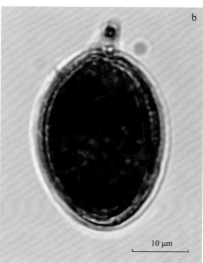

图 248　蛎甲藻 *Ostreopsis* spp.

梨甲藻科 Pyrocystaceae (Schütt, 1896) Lemmermann, 1899

冈比亚藻属 *Gambierdiscus* Adachi & Fukuyo, 1979

249. 冈比亚藻 *Gambierdiscus* sp.（图 249）

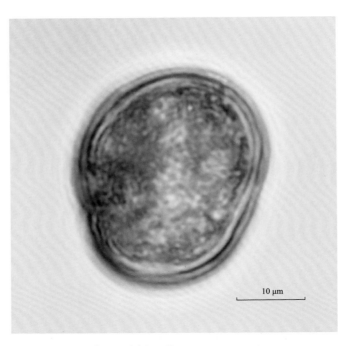

图 249　冈比亚藻 *Gambierdiscus* sp.

亚历山大藻属 *Alexandrium* **Halim, 1960**

250. 凹形亚历山大藻 *Alexandrium concavum* (Gaarder) Balech, 1985（图 250）

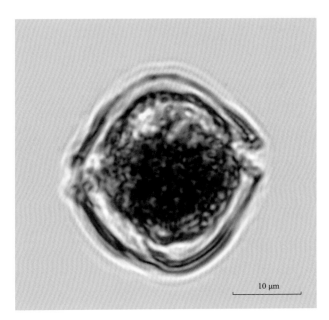

10 μm

图 250　凹形亚历山大藻 *Alexandrium concavum* (Gaarder) Balech, 1985

同物异名：*Goniodoma concavum* Gaarder, 1954; *Gonyaulax concava* (Gaarder) Balech, 1967

细胞体小型，长 29 μm，宽 28 μm，长宽近相等。上壳稍短于下壳。上壳呈近圆锥形，顶端圆钝，两侧边直或稍凹。横沟略偏上壳，凹陷，左旋。下壳两侧边直，底部圆钝。壳面平滑。

暖温带至热带大洋性种。北大西洋欧洲近岸及新西兰中部和北部海域有记录。中国南海有分布。印度洋首次记录。

251. 亚历山大藻 *Alexandrium* spp.（图 251）

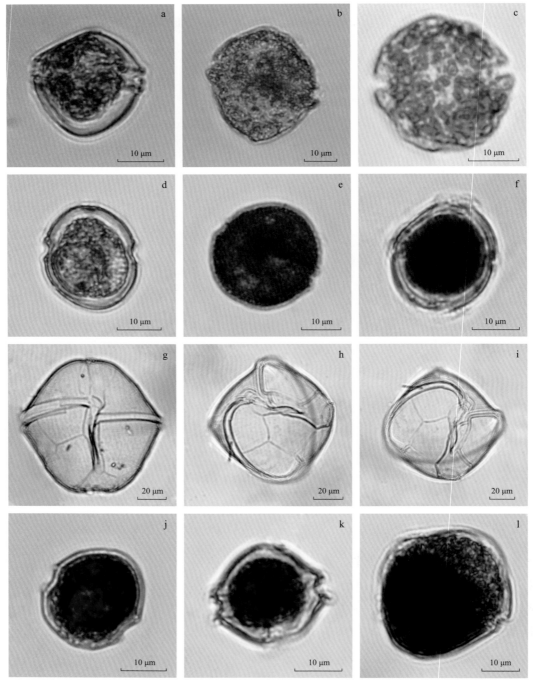

图 251　亚历山大藻 *Alexandrium* spp.

g ~ i. 同一个细胞的不同面观

梨甲藻属 *Pyrocystis* Haeckel

252. 优美梨甲藻 *Pyrocystis elegans* Pavillard, 1931（图 252）

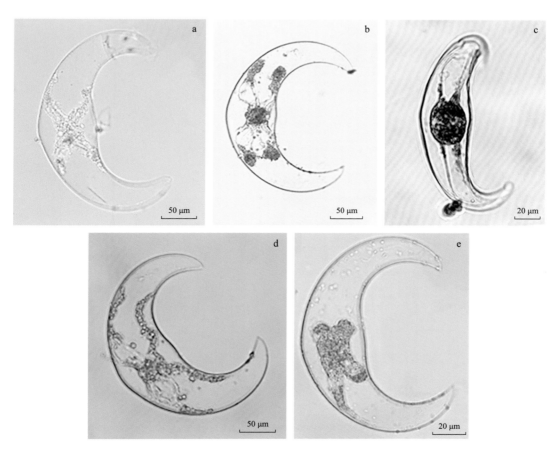

图 252　优美梨甲藻 *Pyrocystis elegans* Pavillard, 1931

同物异名：*Dissodinium elegans* Matzenauer, 1933

新月形孢囊中间部分明显膨大，两末端尖，弯曲弧度较大，外侧的弧壁呈缺失约 1/3 长度的圆弧形。该种与拟新月球甲藻 *D. pseudolunula* 以及浅弧梨甲藻 *P. gerbautii* 较相似，但拟新月球甲藻个体小，外弧的长度通常在 180 μm 以下，两末端更尖锐，藻体中部的膨胀没有优美梨甲藻明显。与浅弧梨甲藻的区别为后者弯曲程度很小，似直弓形，而该种外壁围成的弧线超过了半个圆形，另外，浅弧梨甲藻外侧弧壁中间部分平滑或者略微凸出，而优美梨甲藻中间部分则凸出非常明显。

最大直线距离 260 μm；外弧长度 550 μm；内弧长度 360 μm。

暖温带至热带大洋性种。

253. 浅弧梨甲藻 *Pyrocystis gerbaultii* Pavillard, 1935（图 253）

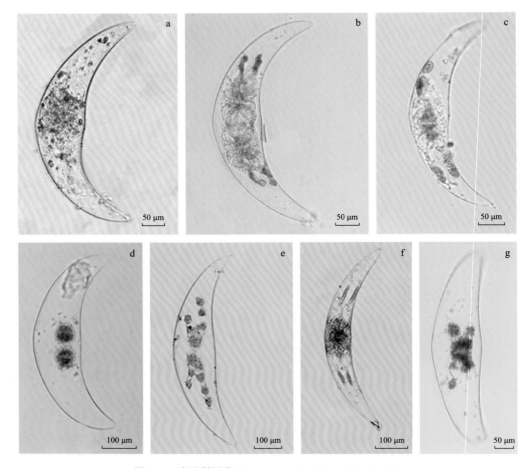

图 253　浅弧梨甲藻 *Pyrocystis gerbaultii* Pavillard, 1935

同物异名：*Dissodinium gerbaultii* (Pavillard) Taylor, 1976

新月形孢囊个体大，中间部分略微膨大，两末端尖。弯曲弧度小，外侧的弧壁形状如长弓的弓杆。该物种为所有记录的新月形类梨甲藻中个体最长的一种，最大直线距离为 400 ~ 540 μm，该种的孢囊是新月形梨甲藻中最容易区分的一种。

暖温带至热带大洋性种。

254. 梭梨甲藻 *Pyrocystis fusiformis* Thomson, 1876（图 254）

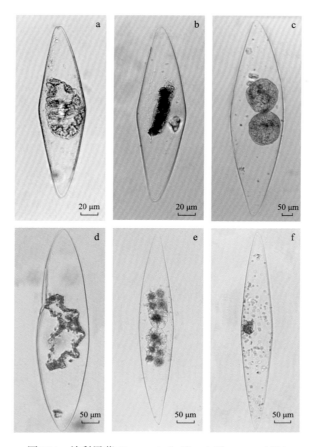

图 254　梭梨甲藻 *Pyrocystis fusiformis* Thomson, 1876

同物异名：*Dissodinium fusiforme* (Wyville-Thomson ex Murray) Matzenauer; *Dissodinium fusiformis* (Murray) Matzenauer, 1933; *Murracystis fusiformis* (Thomson) Haeckel, 1890; *Pyrocystis fusiformis* f. *fusiformis* (Thomson) Murray, 1902

孢囊呈扁平的长纺锤形，个体大，中间部分宽，两端尖或者某一端稍钝，两侧细胞壁向两端平滑弯曲，丝带状的原生质分布于细胞中央。该种大小差异大，Taylor（1976）指出最大长度为 600 ~ 1600 μm。郭玉洁等（1978）发现，中国东海区有长 1307 μm、宽 319 μm 的大型个体，而中国中沙群岛和西沙群岛海域的细胞体长度为 640 ~ 883 μm；东印度洋细胞体长度为 200 ~ 960 μm，宽度为 55 ~ 260 μm。

本变种与菱形梨甲藻 *P. rhomboides* 相似，区别为后者两侧细胞壁较直，整体呈菱形。

暖温带至热带大洋性种。

255. 梭梨甲藻双锥变型 *Pyrocystis fusiformis* f. *biconica* Kofoid, 1907（图 255）

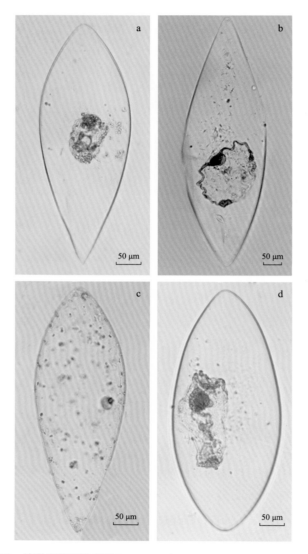

图 255　梭梨甲藻双锥变型 *Pyrocystis fusiformis* f. *biconica* Kofoid, 1907

孢囊呈宽梭形，个体长度中等，中间部分宽，两端圆钝，两侧细胞壁向两端弯曲程度较大，丝带状的原生质分布于细胞中央。长 438 ~ 650 μm，最大宽 207 μm。Kofoid 在 20 世纪早期就观察到了该变型的具甲游孢子形态。郭玉洁等（1979）曾在中国西沙群岛和中沙群岛附近海域报道过该变型，并指出其生态分布与梭形变型相似，但本变型数量较少。

热带大洋性种。

256. 钩梨甲藻 *Pyrocystis hamulus* Cleve, 1900（图 256）

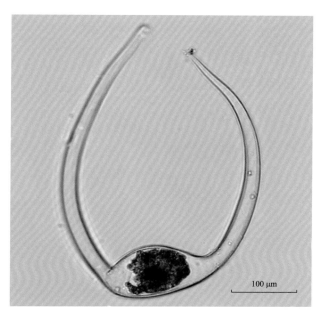

100 μm

图 256　钩梨甲藻 *Pyrocystis hamulus* Cleve, 1900

　　细胞体大型，细胞窄而长，可分为中间膨大部分和两个侧肢，中部膨大呈椭圆形，长 147 μm，最大宽 85 μm。两肢分别从中部两侧生出后向外伸展短暂距离后，向前弯折约 100°，向体外继续伸展。两肢不等长，较短侧肢长度约为较长侧肢的 4/5，两侧肢末端均往中间聚集。色素体及原生质集中在椭圆形膨大部分。

　　暖温带至热带大洋性种。

257. 钩梨甲藻异肢变种 *Pyrocystis hamulus* var. *inaeaqualis* Schröder, 1900（图 257）

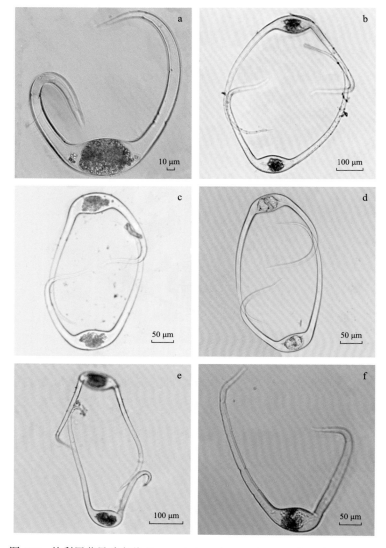

图 257 钩梨甲藻异肢变种 *Pyrocystis hamulus* var. *inaeaqualis* Schröder, 1900

本变种与原种的主要区别为两肢分别从中部两侧生出后向前剧烈弯折近 90°，其中一肢较长，在末端弯曲，而另一肢长度约减半，并在中间弯曲，两肢上均可观察到缢痕。中部膨大部分长 80 ~ 160 μm，宽 45 ~ 87 μm。本变种常成对出现。郭玉洁（1978）在中国西沙群岛附近海域发现的标本中观察到了细胞壁具甲板的游孢子。

暖温带至热带大洋性种。中国南海西沙群岛海域有分布。

258. 钩梨甲藻半圆变种 *Pyrocystis hamulus* var. *semicircularis* Schröder, 1900（图 258）

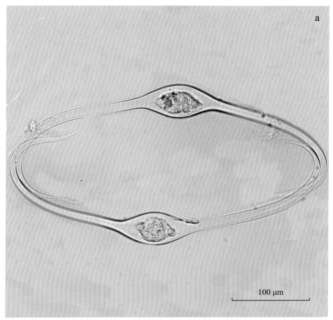

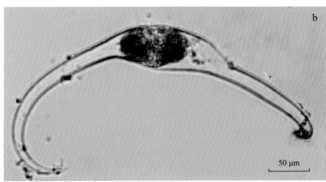

图 258　钩梨甲藻半圆变种 *Pyrocystis hamulus* var. *semicircularis* Schröder, 1900

同物异名：*Dissodinium semicircularis* (Schröder) Matzenauer, 1933

本变种孢囊与钩梨甲藻异肢变种较像，区别为两肢从中间膨大部分生出后呈弧形平滑向前弯曲，两肢的形态比较相似。中部膨大部分长 96 μm，最大宽 44 μm。

暖温带至热带大洋性种，分布与原种一致。

259. 矛形梨甲藻 *Pyrocystis lanceolata* Schröder, 1900（图 259）

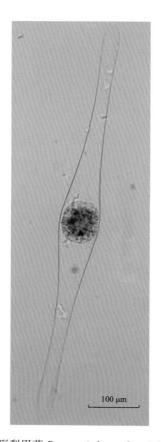

100 μm

图 259　矛形梨甲藻 *Pyrocystis lanceolata* Schröder, 1900

同物异名：*Pyrocystis fusiformis* f. *lanceolata* Taylor, 1976; *Dissodinium lanceolata* (Schröder) Matzenauer, 1933

　　孢囊呈长杆状，中间部分凸起较多，两末端略微凸起，形成两个矛尾形末端，原生质多数集中在藻体中部凸起部分。细胞体长 850 μm，最大宽 83 μm。Elbrichter 和 Drebes（1978）的研究表明，该种的生活史分为两个阶段，游孢子为无甲板的裸甲藻相似体；Taylor（1976）曾将本种定为梭梨甲藻的另一种变型。本研究采用目前 Algaebase 的建议，将其单独成一种。李瑞香（1985）在中国东海首次记录该种，并作了详细的形态描述。

　　暖温带至热带大洋性种。

260. 夜光梨甲藻 *Pyrocystis noctiluca* Murray ex Haeckel, 1890（图 260）

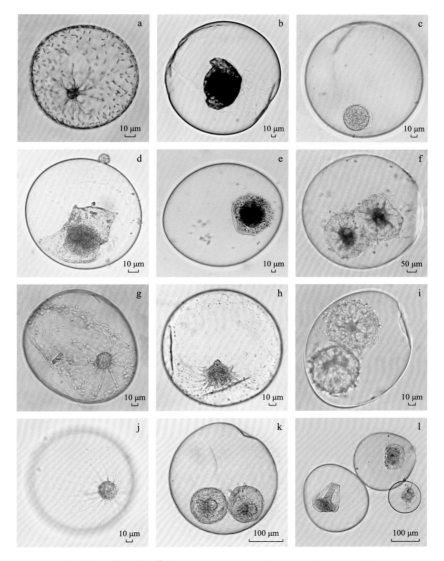

图 260　夜光梨甲藻 *Pyrocystis noctiluca* Murray ex Haeckel, 1890

同物异名：*Pyrocystis pseudonoctiluca* Wyville-Thompson, 1876; *Dissodinium lanceolata* (Schröder) Matzenauer, 1933

该种细胞体小、中型。细胞直径 136 ~ 240 μm。呈球形，有时呈鸡蛋形，细胞壁薄且透明，细胞质有时分散充满整个细胞，有时在细胞核外围聚集。具有发光特性。孢囊与拟新月球甲藻的球形孢囊较相似，但后者的细胞直径（80 ~ 155 μm）要小得多。

暖温带至热带大洋性种。

261. 菱形梨甲藻 *Pyrocystis rhomboides* (Matzenauer) Schiller, 1937（图 261）

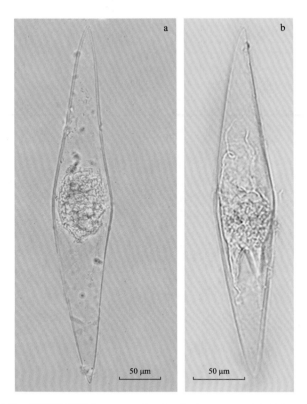

图 261　菱形梨甲藻 *Pyrocystis rhomboides* (Matzenauer) Schiller, 1937

　　孢囊总体上呈规则的菱形，两侧细胞壁较直，而不是平滑地向两端弯曲，藻体最宽的部分形成了菱形的两个钝角。"H"形或颗粒形内含物分布在细胞中央。Taylor（1976）与 Schiller（1937）报道的标本个体较小（均小于 300 μm），潘玉龙（2014）发现的南海样品长为 413 ~ 456 μm。标本个体长为 349 ~ 406 μm，宽为 60 ~ 70 μm。

　　该种的相似种为梭梨甲藻梭形变型，两者的主要区别为，前者两侧细胞壁较直，最宽部分呈菱形状，而后者两侧细胞壁向两端平滑地弯曲，中间最宽部分稍呈椭圆形。

　　热带大洋性种，罕见种。

262. 粗梨甲藻 *Pyrocystis robusta* Kofoid, 1907（图 262）

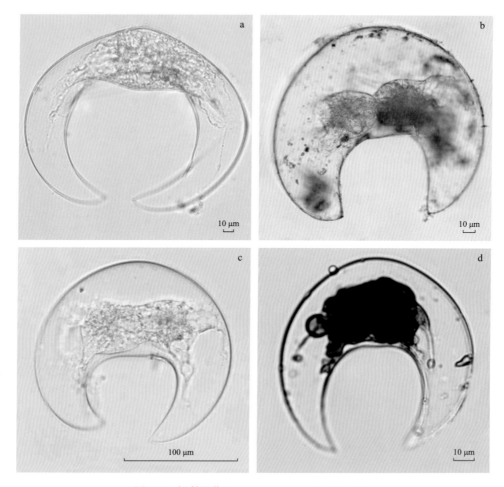

图 262　粗梨甲藻 *Pyrocystis robusta* Kofoid, 1907

同物异名：*Dissodinium robusta* (Kofoid) Matzenauer, 1933; *Pyrocystis lunula* var. *robusta* (Kofoid) Apstein

细胞体中型，呈粗弯月状，由中间部分向两端生出，中间部分较粗滑，两末端尖锐，弯曲程度大，外侧的弧壁呈缺失约 1/6 长度的圆弧形。细胞内含物大多呈"H"形或散落状。

暖温带至热带大洋性种。

263. 短尖梨甲藻 *Pyrocystis apiculatus* Taylor（图 263）

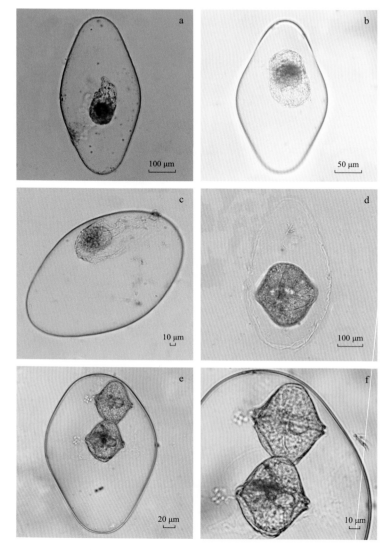

图 263　短尖梨甲藻 *Pyrocystis apiculatus* Taylor

　　细胞体中型，整体呈长椭圆形，中间部分稍宽，两头钝圆，整个细胞由中间往两端缓慢平滑地变窄。原生质分布于细胞中央或者两端、侧面，无明显规律，推测可能跟细胞生长繁殖的不同阶段有关。即使均为印度洋种类，但该种个体差异大，长 280 ~ 630 μm，宽 170 ~ 330 μm。

　　该种与梭梨甲藻双锥变型相近，但该种明显饱满，两头圆钝，后者两端明显尖。再有，该种由中间往两端缓慢平滑地变窄，后者快速地变窄、变尖。

　　暖温带至热带大洋性种。

262. 粗梨甲藻 *Pyrocystis robusta* Kofoid, 1907（图 262）

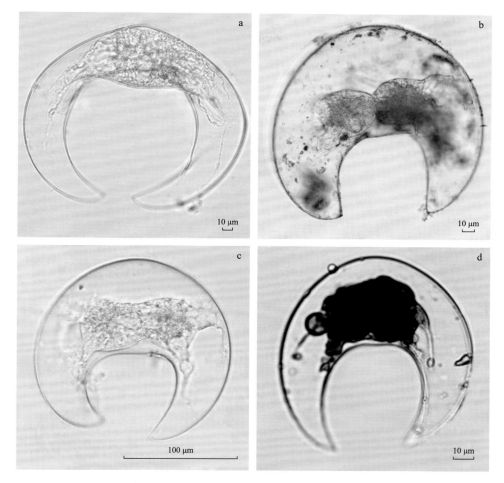

图 262　粗梨甲藻 *Pyrocystis robusta* Kofoid, 1907

同物异名: *Dissodinium robusta* (Kofoid) Matzenauer, 1933; *Pyrocystis lunula* var. *robusta* (Kofoid) Apstein

　　细胞体中型, 呈粗弯月状, 由中间部分向两端生出, 中间部分较粗滑, 两末端尖锐, 弯曲程度大, 外侧的弧壁呈缺失约 1/6 长度的圆弧形。细胞内含物大多呈 "H" 形或散落状。

　　暖温带至热带大洋性种。

263. 短尖梨甲藻 *Pyrocystis apiculatus* Taylor（图 263）

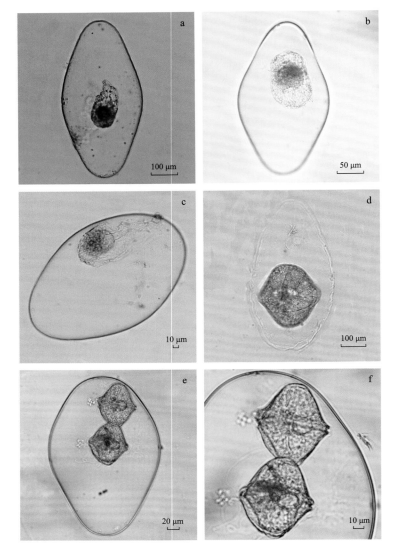

图 263　短尖梨甲藻 *Pyrocystis apiculatus* Taylor

　　细胞体中型，整体呈长椭圆形，中间部分稍宽，两头钝圆，整个细胞由中间往两端缓慢平滑地变窄。原生质分布于细胞中央或者两端、侧面，无明显规律，推测可能跟细胞生长繁殖的不同阶段有关。即使均为印度洋种类，但该种个体差异大，长 280 ~ 630 μm，宽 170 ~ 330 μm。

　　该种与梭梨甲藻双锥变型相近，但该种明显饱满，两头圆钝，后者两端明显尖。再有，该种由中间往两端缓慢平滑地变窄，后者快速地变窄、变尖。

　　暖温带至热带大洋性种。

扁甲藻科 Pyrophacaceae Lindemann, 1928

扁甲藻属 *Pyrophacus* Stein, 1883

264. 钟扁甲藻 *Pyrophacus horologium* Stein, 1883（图 264）

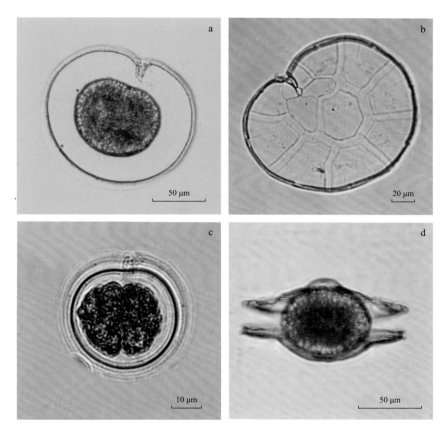

图 264　钟扁甲藻 *Pyrophacus horologium* Stein, 1883

a 和 b. 底面观；c. 顶面观；d. 背面观

　　细胞体中、大型，侧面观呈透镜形，背腹宽 72 ~ 124 μm，左右宽 70 ~ 147 μm，该种大小变化范围大［长 26 ~ 48 μm，左右宽 38 ~ 143 μm（Steidinger and Davis，1967）；左右宽 35 ~ 136 μm（Wall and Dale，1971）；左右宽 53 ~ 98 μm（Balech，1979）］。横沟窄，呈环状，轻微左旋；纵沟很短。本属 3 个种类的主要区别是下壳底板和后间插板数量的多少，本种数目最少（图 264 b）。

　　世界广布种。全球分布广泛，从河口至大洋、冷水海域到热带海域均能找到。

265. 斯氏扁甲藻 *Pyrophacus steinii* (Schiller) Wall & Dale, 1971（图 265）

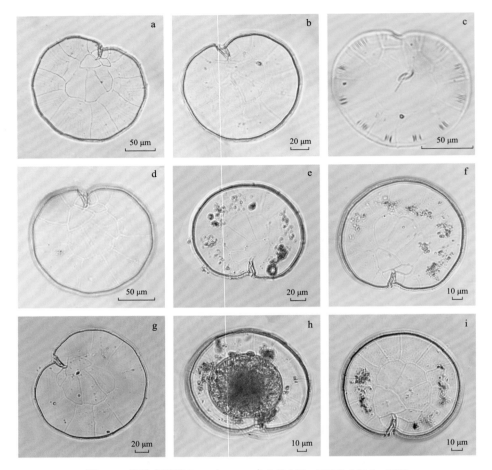

图 265　斯氏扁甲藻 *Pyrophacus steinii* (Schiller) Wall & Dale, 1971

a. 腹面观；b ～ i. 底面观

同物异名：*Pyrophacus horologicum* var. *steinii* Schiller, 1935

细胞体大型，上、下壳均呈扁圆盘状，背腹宽 105 ～ 150 μm，左右宽 123 ～ 167 μm，大小变化范围大［左右宽 113 ～ 211 μm，背腹宽 106 ～ 192 μm（杨世民和李瑞香，2014）］。壳面观常见，较难看到侧面观。本种下壳底板和后间插板数量在本属 3 个种中居中。

研究发现（杨世民等，2016），样本采上来后，细胞质会在很短时间内（通常不超过 30 min）收缩成球状，从而将上、下壳顶开，有时甚至会顶变形，因此，在固定保存的样品中很难找到完整的细胞个体，通常只能找到其上壳或下壳。

世界广布种。广泛分布于热带、亚热带、暖温带海域。中国各海域均有分布，常见，但数量不多。

266. 范氏扁甲藻 *Pyrophacus vancampoae* (Rossignol) Wall & Dale, 1971（图 266）

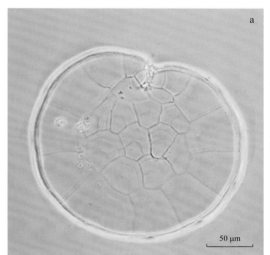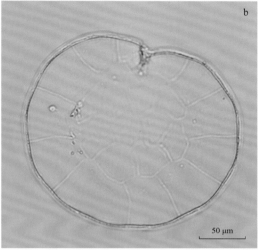

图 266　范氏扁甲藻 *Pyrophacus vancampoae* (Rossignol) Wall & Dale, 1971

a 和 b. 底面观

同物异名：*Pterospermopsis vancampoae* Rossingnol, 1962; *Pyrophacus steinii* subsp. *vancampoae* (Rossignol) Balech, 1979

细胞体大型，背腹宽 218 ～ 231 μm，左右宽 195 ～ 199 μm。上壳呈近扁圆锥形，下壳底端呈近圆形，横沟区稍凹。横沟窄，轻微左旋。本种下壳底板和后间插板数量在本属 3 个种中最多。

从河口至大洋均有分布。印度洋、大西洋、加勒比海、墨西哥湾、孟加拉湾，以及中国东海、南海有记录。

第五目
多甲藻目
Order Peridiniales Haeckel, 1894

 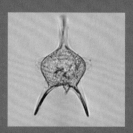  

钙甲藻亚科 Calciodinelloideae Fensome

斯氏藻属 *Scrippsiella* Balech ex Loeblich Ⅲ, 1965

267. 尖顶斯氏藻 *Scrippsiella acuminata* (Ehrenberg) Kretschmann, Elbrächter, Zinssmeister, Soehner, Kirsch, Kusber & Gottschling, 2015（图 267）

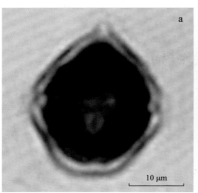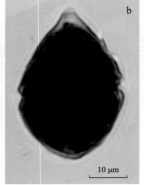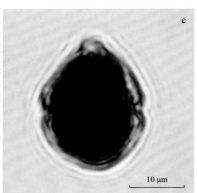

图 267　尖顶斯氏藻 *Scrippsiella acuminata* (Ehrenberg) Kretschmann, Elbrächter, Zinssmeister, Soehner, Kirsch, Kusber & Gottschling, 2015

同物异名: *Scrippsiella faeroense* (Paulsen) Balech & Soares, 1967; *Scrippsiella faeronese* Dickensheets & Cox, 1971; *Scrippsiella trochoidea* (Stein) Loeblich Ⅲ, 1976

细胞体小型，长 24 ~ 27 μm，宽 18 ~ 22 μm，上壳呈锥形，下壳呈半球形，整体呈梨形，上壳和下壳高度接近。上壳两侧边缘微凸，顶角短粗，末端平截。横沟宽，左旋，边翅窄。纵沟短。下壳无底刺和底角。壳面平滑。

世界广布种，易在近岸海域形成赤潮。世界各大洋均有分布。中国各海域均有记录。

268. 斯氏藻 *Scrippsiella* spp.（图 268）

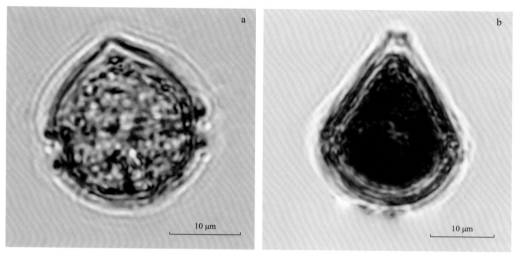

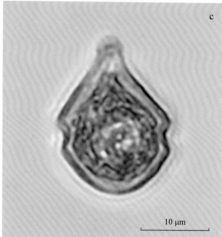

图 268　斯氏藻 *Scrippsiella* spp.

异帽藻科 Heterocapsaceae Fensome, Taylor, Norris, Sarjeant, Wharton & Williams

异帽藻属 *Heterocapsa* Stein, 1883

269. 环状异帽藻 *Heterocapsa circularisquama* Horiguchi, 1995（图 269）

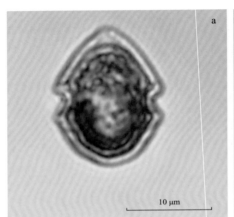
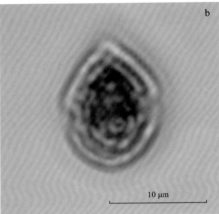
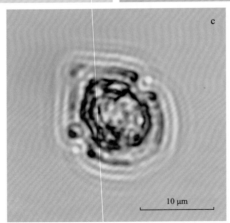

图 269　环状异帽藻 *Heterocapsa circularisquama* Horiguchi, 1995

　　细胞体小型，长 12 ~ 24 μm，宽 9 ~ 19 μm，不同细胞体间差异大。细胞整体呈梨形，上壳呈圆锥形，下壳呈半球形。横沟深宽，凹陷，纵沟浅。顶角钝尖，藻体下半部分圆钝。壳面平滑。

　　世界广布种。近岸种，易在近岸海域形成赤潮。中国各海域均有记录。

270. 东方异帽藻 *Heterocapsa orientalis* Iwataki, Botes & Fukuyo, 2003
（图 270）

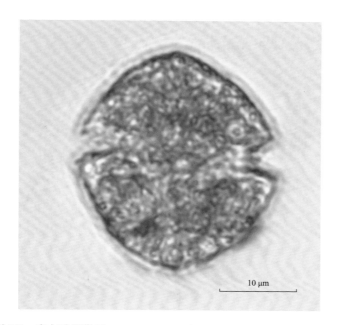

图 270　东方异帽藻 *Heterocapsa orientalis* Iwataki, Botes & Fukuyo, 2003

　　细胞体小型，长 29 μm，宽 26 μm［长 18.4 ～ 34.4 μm，宽 16.0 ～ 24.0 μm（Iwataki et al., 2003）］。藻体呈卵圆形，上壳和下壳呈近半球形，上壳略短于下壳。横沟宽，凹陷，有移位，约为其宽度的 1.6 倍（Iwataki et al., 2003）。无顶角和顶刺，藻体下半部分亦无底刺。

　　模式种分布在日本岩手县宫古湾。印度洋首次记录。

271. 异帽藻 *Heterocapsa* spp.（图 271）

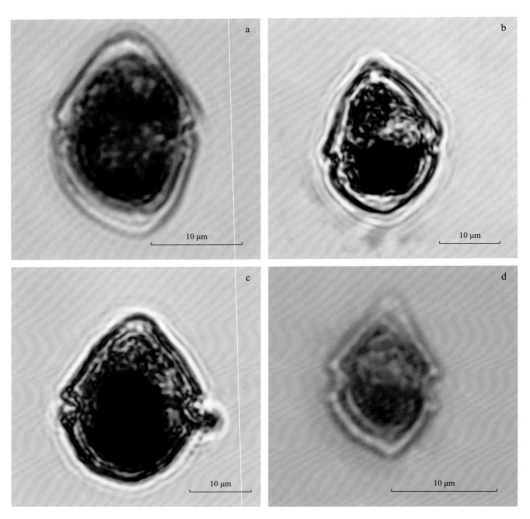

图 271　异帽藻 *Heterocapsa* spp.

原多甲藻科 Protoperidiniaceae Balech, 1988

原多甲藻属 *Protoperidinium* Bergh, emend. Balech, 1974

本属第一顶板 1' 的形状有四边形、五边形和六边形，是该属重要的分类特征。在描述本属物种时，主要依据上述 3 种类型展开。

272. 方格原多甲藻 *Protoperidinium thorianum* (Paulsen) Balech, 1973（图 272）

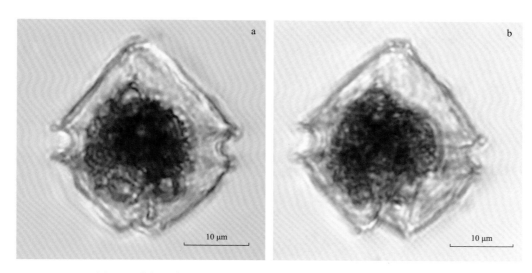

图 272　方格原多甲藻 *Protoperidinium thorianum* (Paulsen) Balech, 1973

同物异名：*Peridinium thorianum* Paulsen, 1905

细胞体小型，长 32 μm，宽 30 μm，长宽约相等。腹面观呈宽双锥形。上壳两侧边稍凸，无顶角。第一顶板 1' 为狭长四边形。第二前间插板 2a 为六边形。横沟宽阔且凹陷左旋，下降一倍横沟宽度，横沟边翅窄。纵沟前端较窄，后端稍稍变宽，无底刺。壳面网纹结构粗大清晰，其上具孔。

冷水至暖水性种，世界分布广泛。太平洋、大西洋、印度洋、巴伦支海、墨西哥湾，以及科威特、冰岛、英国、挪威、加拿大、美国附近海域均有记录。

273. 窄角原多甲藻 *Protoperidinium claudicans* (Paulsen) Balech, 1974（图 273）

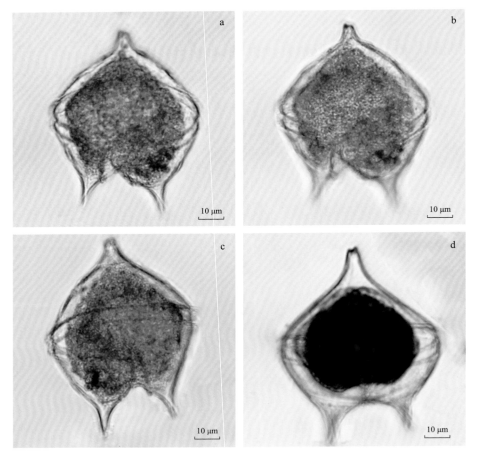

图 273　窄角原多甲藻 *Protoperidinium claudicans* (Paulsen) Balech, 1974

同物异名：*Peridinium claudicans* Paulsen, 1907

细胞体中型，背腹扁平，长 75 ~ 78 μm 宽约 61 μm。上壳侧面膨胀凸起，侧面观中背部有突起。顶角和底角较长。横沟左旋，两末端移位一倍自身宽度的距离，被具肋的边翅围绕，横沟切面与水平面约呈 30° 角。纵沟稍侵入上壳。第一顶板 1' 为四边形，第二前间插板 2a 一般为四边形。

本种形态与海洋原多甲藻 *P. oceanicum*、墨氏原多甲藻 *P. murry* 较为相似，不同处为该种藻体更小，底角与顶角更短，且背部突起没有前两者明显。

温带至热带、浅海至大洋性种。印度洋、太平洋、大西洋，以及澳大利亚、美国、英国、阿根廷附近海域有记录。中国东海、南海有分布。

274. 扁形原多甲藻 *Protoperidinium depressum* (Bailey) Balech, 1974（图 274）

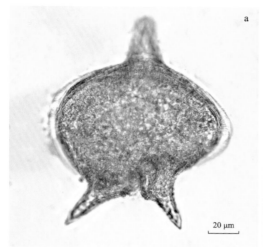 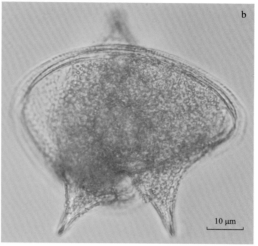

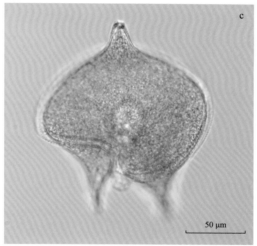

图 274　扁形原多甲藻 *Protoperidinium depressum* (Bailey) Balech, 1974

同物异名: *Peridinium depressum* Bailey, 1854

细胞体大型，长 160 μm，宽 115 μm。藻体背腹面倾斜扁平，顶角凸出，两个中空底角较长，两底角未在一平面上。壳面在顶角和底角处凹陷，在近横沟处凸出，横沟左旋，两末端移位超过两个横沟宽度的距离，有边翅，纵沟较深，壳表面具有网纹。第一顶板 1' 为四边形，第二前间插板 2a 为四边形。

广盐性种，世界广布种。从冷水至温带再到热带、近岸至大洋皆能找到。

275. 墨氏原多甲藻 *Protoperidinium murray* (Kofoid) Hernández-Becerril, 1991（图 275）

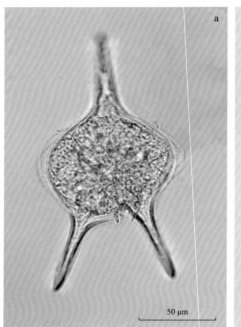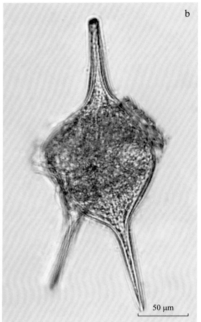

图 275　墨氏原多甲藻 *Protoperidinium murray* (Kofoid) Hernández-Becerril, 1991

同物异名：*Peridinium murray* Kofoid, 1907

细胞体大型，细胞体总长 172 ～ 295 μm，宽 86 ～ 113 μm。侧面观呈长梭形，顶角与底角修长，两底角歧分约 30°，横沟切面与水平面约呈 30° 角，横沟背部位置高，腹部位置低，左旋，两端位移约 1.5 倍自身宽度的距离。第一顶板 1' 为四边形，第二前间插板 2a 为四边形。

暖水大洋性种。印度洋、太平洋、大西洋、地中海、安达曼海、阿拉伯海、澳大利亚附近海域、阿根廷东部海域等有记录。中国东海、南海有分布。

276. 海洋原多甲藻 *Protoperidinium oceanicum* (VanHöffen) Balech, 1974 （图 276）

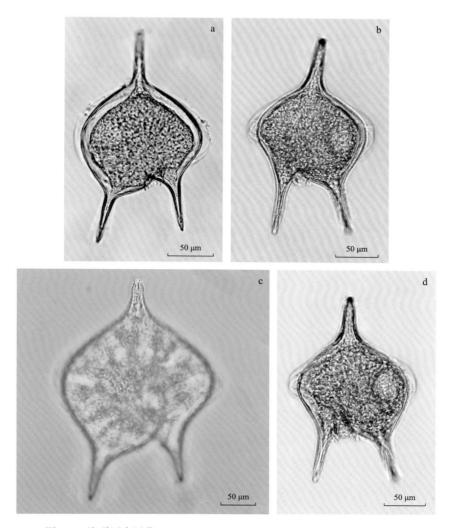

图 276　海洋原多甲藻 *Protoperidinium oceanicum* (VanHöffen) Balech, 1974

同物异名：*Peridinium oceanicum* VanHöffen, 1897

　　细胞体中、大型，长 75 ～ 218 μm，宽 58 ～ 138 μm，背腹扁平。上壳两侧边凸。顶角修长。横沟左旋，两端位移距离约 1.5 倍自身宽度。下壳两侧边缘同样凸出，两底角较长，向外歧分伸出。第一顶板 1' 为四边形，第二前间插板 2a 为四边形。

　　本种与墨氏原多甲藻颇为相似，不同之处为后者顶角与底角更修长，两底角歧分更大。

　　近岸至大洋性种，世界广布种。各大洋均有记录。

277. 灵巧原多甲藻 *Protoperidinium venustum* (Matzenauer) Balech, 1974（图 277）

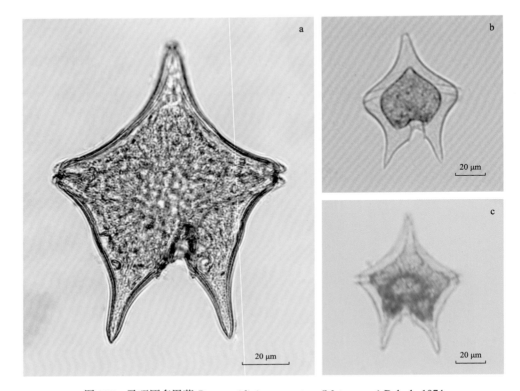

图 277　灵巧原多甲藻 *Protoperidinium venustum* (Matzenauer) Balech, 1974

同物异名：*Peridinium venustum* Matzenauer, 1933

细胞体中型，长 133 μm，宽 101 μm，背腹扁平。顶角较长，上壳侧面向内凹陷，第一顶板 1′ 为四边形，第二前间插板 2a 为四边形。横沟左旋，两末端移位一个自身宽度的距离。纵沟嵌入下壳底部。下壳有两个尖锐的底角，稍往外歧分。

温带至热带性种。印度洋、太平洋、阿拉伯海、墨西哥湾及其南部海域、阿根廷东部海域有记录。中国东海有记录。

278. 锥形原多甲藻 *Protoperidinium conicum* (Gran) Balech, 1974（图 278）

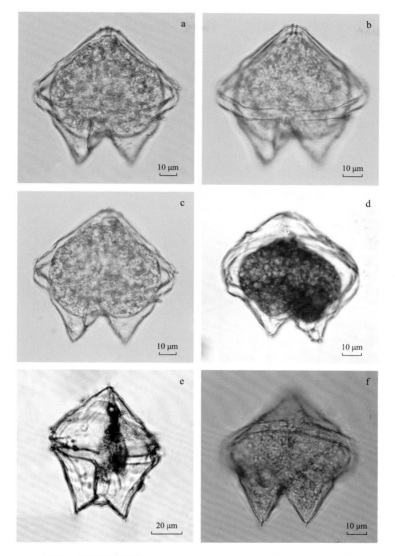

图 278　锥形原多甲藻 *Protoperidinium conicum* (Gran) Balech, 1974
a ~ c. 同一个细胞的不同面观；a ~ e. 腹面观；f. 背面观

同物异名：*Peridinium conicum* (Gran) Ostenfeled & Schmidt, 1900

　　细胞体中型，细胞短、宽，长 62 ~ 83 μm，宽 65 ~ 67 μm，背腹扁平，腹面观呈近五角形。上壳呈宽圆锥形，侧面直或者略微凹陷。第一顶板 1' 为四边形，第二前间插板 2a 为六边形。横沟环状，两端不移位，横切面呈肾形。底角由腹区下方向深深地凹陷而形成。底角呈独特的锥形，末端各有一短小底刺。

　　温带至热带、近岸至大洋性种。世界广布种。

279. 里昂原多甲藻 *Protoperidinium leonis* (Pavillard) Balech, 1974（图 279）

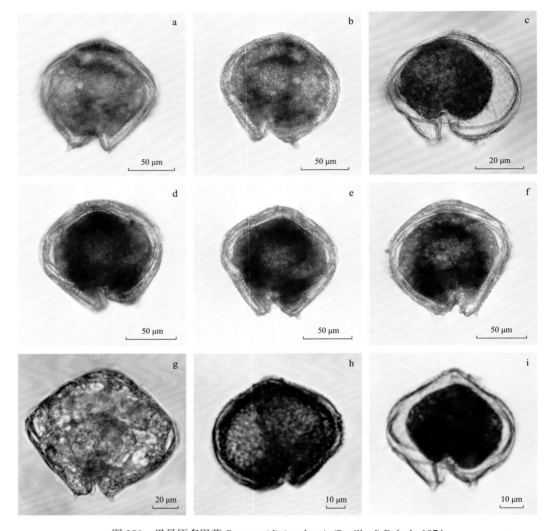

图 279　里昂原多甲藻 *Protoperidinium leonis* (Pavillard) Balech, 1974

同物异名：*Peridinium leonis* Pavillard, 1916

细胞体中型，长 48 ～ 116 μm，宽 59 ～ 98 μm，腹面观呈下方凹陷的五边形，长近似等于宽，上壳呈锥状，顶角钝，不明显，侧面观中上壳的背部较短而圆，腹部较长，与横沟的倾斜有关。第一顶板 1' 为四边形，第二前间插板 2a 为六边形。横沟近似环状或者微左旋，两末端移位较小，有边翅，下壳两锥状底角上各生有一个底刺，壳纹网状。

温带至热带、近岸至大洋性种。印度洋、太平洋、大西洋、北海、地中海、阿拉伯海、安达曼海、孟加拉湾，以及日本、澳大利亚附近海域有记录。中国各海域均有分布。

280. 五角原多甲藻 *Protoperidinium pentagonum* (Gran) Balech, 1974（图 280）

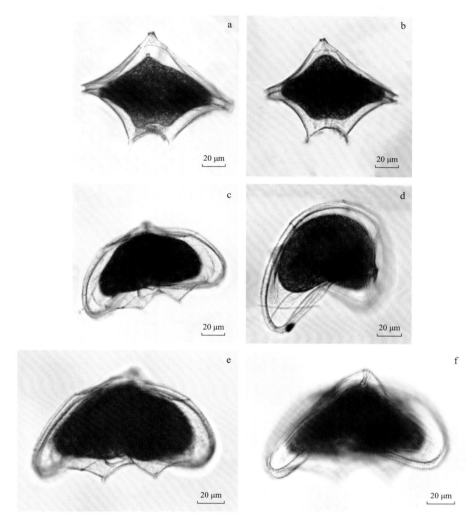

图 280　五角原多甲藻 *Protoperidinium pentagonum* (Gran) Balech, 1974

同物异名：*Peridinium pentagonum* Gran, 1902

细胞体中型至大型，形态多变，长 62 ～ 100 μm，宽 62 ～ 106 μm。腹面观呈五边形。上壳呈宽锥形，两侧边稍凹，无顶角。横沟左旋，凹陷，边翅窄。下壳两侧边内凹。两底角短，其上各生有一个短刺。第一顶板 1' 为四边形，第二前间插板 2a 为六边形。壳面网纹结构清晰。

温带至热带性种。印度洋、太平洋、大西洋、阿拉伯海、墨西哥湾、孟加拉湾、澳大利亚附近海域等有记录。中国各海域均有分布。

281. 点刺原多甲藻 *Protoperidinium punctulatum* (Paulsen) Balech, 1974（图 281）

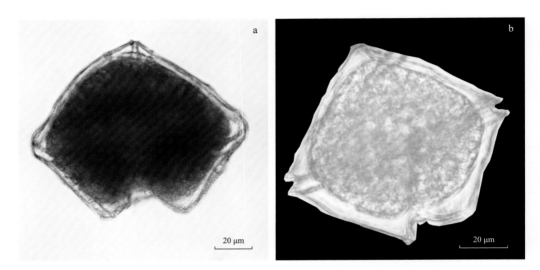

图 281　点刺原多甲藻 *Protoperidinium punctulatum* (Paulsen) Balech, 1974

同物异名: *Peridinium punctulatum* Paulsen, 1907; *Peridinium subinerme* var. *punctulatum* (Paulsen) Schiller, 1937

细胞体宽大于长，表面有刺状物，上壳侧面直或者略微凸出，顶角不明显，下壳直或者略微凹陷。底角扁平，无底刺。横沟环状，两末端无移位，由边翅包围，纵沟向下均匀加宽。第一顶板 1' 为四边形，第二前间插板 2a 为五边形或六边形。

冷水至暖水、浅海至大洋性种。印度洋、太平洋、北海南部、澳大利亚附近海域、墨西哥东南部海域、阿根廷东部海域、科威特附近海域有记录。

282. 不对称原多甲藻 *Protoperidinium asymmetricum* (Abé) Balech, 1974 （图 282 ）

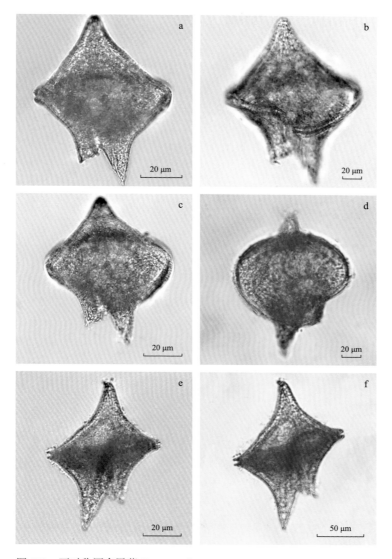

图 282　不对称原多甲藻 *Protoperidinium asymmetricum* (Abé) Balech, 1974

同物异名：*Peridinium asymmetricum* Abé, 1936

细胞体中、大型，长 84 ～ 150 μm，宽 67 ～ 125 μm。特征明显，两底角不对称，右底角比左底角长，上壳也表现出不对称性，即左侧横沟表现出明显上移，两末端移位约两个横沟宽度的距离，腹区凹陷。第一顶板 1′ 为五边形，第二前间插板 2a 为四边形。

温带至热带性种。印度洋、安达曼海、孟加拉湾、日本附近海域有记录。

283. 网刺原多甲藻 *Protoperidinium brochii* (Kofoid & Swezy) Balech, 1974
（图 283）

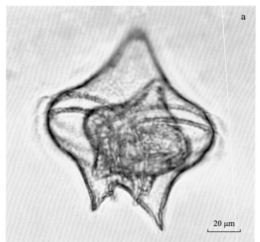
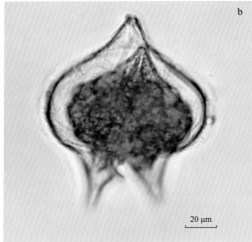
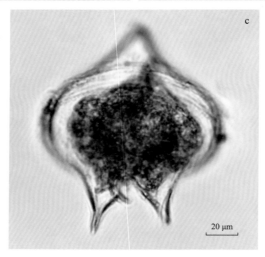

图 283　网刺原多甲藻 *Protoperidinium brochii* (Kofoid & Swezy) Balech, 1974

同物异名：*Peridinium brochii* Kofoid & Swezy, 1921

细胞体大型，长 126 μm，宽 108 μm。形态特征明显，上壳两侧边凸，顶角粗短，中间部分较圆。横沟近似环状，横沟边翅明显。下壳有两个歧分的尖锐底角，纵沟较深，在下壳末端两底角间形成一个大的缺口。第一顶板 1' 为五边形，第二前间插板 2a 为四边形。

暖温带至热带性种。印度洋、太平洋、大西洋、加勒比海、阿拉伯海、安达曼海、孟加拉湾、澳大利亚附近海域等有记录。中国东海、南海，以及吕宋海峡有分布。

284. 厚甲原多甲藻 *Protoperidinium crassipes* (Kofoid) Balech, 1974（图 284）

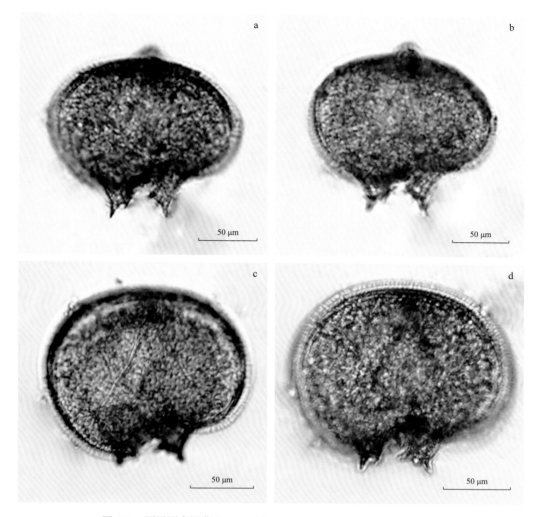

图 284　厚甲原多甲藻 *Protoperidinium crassipes* (Kofoid) Balech, 1974

同物异名：*Peridinium crassipes* Kofoid, 1907

细胞体中型，长 136 ~ 153 μm，宽 152 ~ 167 μm。腹部稍扁，细胞宽圆。下壳自横沟生出后迅速变窄，两底角短钝粗壮。横沟无移位，横沟处的横切面呈宽肾形。背面观，两底角歧分较明显，底角末端有刺。沟后板覆盖长度少于下壳的 1/2，腹区后半部分明显向右延伸，第一顶板 1' 为五边形，第二前间插板 2a 为四边形。

在显微镜下，本种与扁形原多甲藻较相似，区别之处在于本种藻体更加宽圆，而后者藻体相对瘦长。

热带浅海性种。印度洋、太平洋、大西洋、安达曼海、墨西哥湾、孟加拉湾、澳大利亚附近海域、墨西哥西南部海域等有记录。中国南海有分布。

285. 短脚原多甲藻 *Protoperidinium curtipes* (Jörgensen) Balech, 1974（图 285）

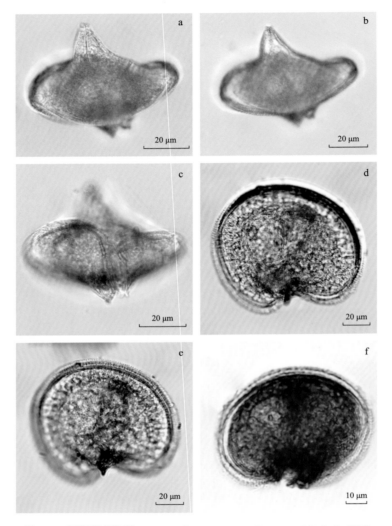

图 285　短脚原多甲藻 *Protoperidinium curtipes* (Jörgensen) Balech, 1974

a ~ c，d 和 e. 分别为同一个细胞的不同面观

同物异名：*Peridinium curtipes* Jörgensen, 1912

细胞体中、大型，长 64 ~ 85 μm，宽 48 ~ 107 μm，宽大于长。上壳明显大于下壳。上壳两侧边深凹陷，顶角粗壮，短小。第一顶板 1' 为五边形，第二前间插板 2a 为四边形。横沟凹陷，左旋，边翅窄。纵沟边翅清晰。下壳有两个中空底角，短小，稍向外歧分。

海水性种。印度洋、大西洋、地中海、安达曼海、孟加拉湾、英吉利海峡，以及英国、挪威、瑞典、科威特附近海域有记录。中国南海有分布。

286. 岐分原多甲藻 *Protoperidinium divergens* (Ehrenberg) Balech, 1974 （图 286 ）

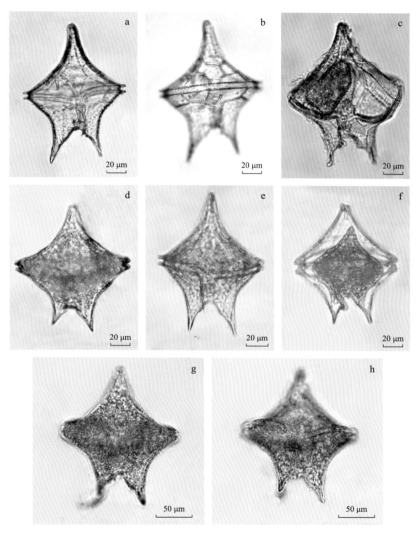

图 286 岐分原多甲藻 *Protoperidinium divergens* (Ehrenberg) Balech, 1974

a 和 b，d 和 e，g 和 h. 分别为同一个细胞的不同面观

同物异名：*Peridinium divergens* Ehrenberg, 1840

细胞体大型，长 124 ～ 180 μm，宽 89 ～ 150 μm，长大于宽。上壳呈锥形，腹区凹陷，顶角粗壮。横沟近似环状或略下旋，有横沟边翅。纵沟由上到向下逐渐加宽，有纵沟边翅。两底角歧分、粗壮，生有短刺。第一顶板 1′ 为五边形，第二前间插板 2a 为四边形。该种与扁形原多甲藻较相似，但藻体更小，且第一顶板 1′ 特征不同。

温带至热带性种。各大洋温带至热带海域皆能找到。

287. 优美原多甲藻 *Protoperidinium elegans* (Cleve) Balech, 1974（图 287）

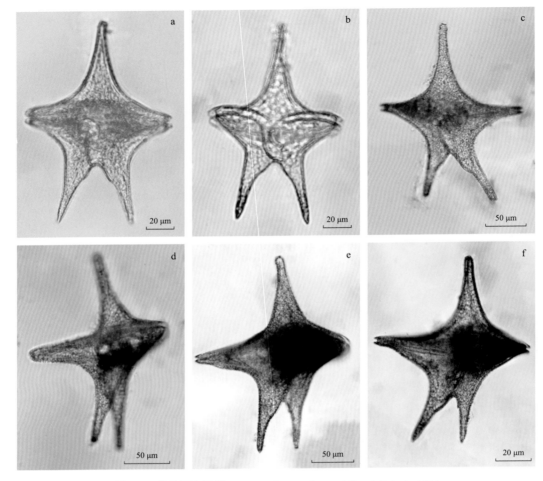

图 287　优美原多甲藻 *Protoperidinium elegans* (Cleve) Balech, 1974

c 和 d. 同一个细胞的不同面观

同物异名：*Peridinium elegans* Cleve, 1900

细胞体大型，长 133 ~ 214 μm，宽 93 ~ 161 μm，藻体腹面观呈星形，顶角和两底角长。顶角指状，两底角近乎等长，约呈 45° 角。横沟特点显著，其环面在纵轴方向上被剧烈压缩，形成 30° ~ 40° 的两个环边缘。腹区凹陷，形成三角形缺口，在横沟区尤为明显。横沟近环状，纵沟不明显。第一顶板 1' 为五边形，第二前间插板 2a 为四边形。

热带性种。世界广泛分布，从近岸至大洋皆能找到。

288. 优美原多甲藻颗粒变种 *Protoperidinium elegans* var. *granulate* (Karsten) Balech, 1974（图 288）

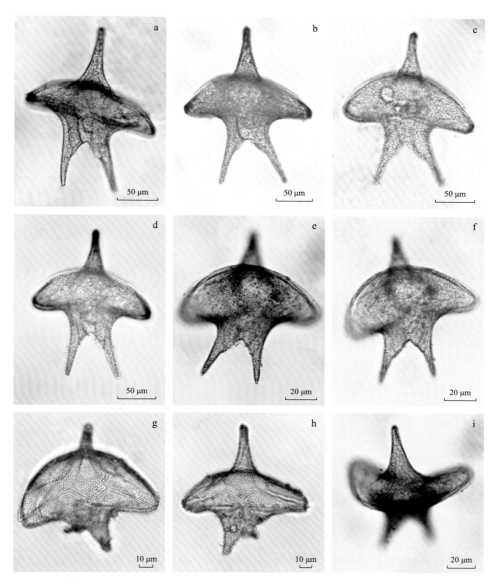

图 288　优美原多甲藻颗粒变种 *Protoperidinium elegans* var. *granulate* (Karsten) Balech, 1974

e 和 f，g 和 h. 分别为同一个细胞的不同面观

同物异名：*Peridinium elegans* f. *granulatum* (Karsten) Matzenauer, 1933

细胞体大型，长 90 ～ 214 μm，宽 80 ～ 175 μm。本变种与原种的区别在于藻体更加巨大，顶角和两底角也较原种更长。

热带性种。太平洋、印度洋、墨西哥湾有分布。

289. 脚膜原多甲藻 *Protoperidinium fatulipes* (Kofoid) Balech, 1974 （图 289）

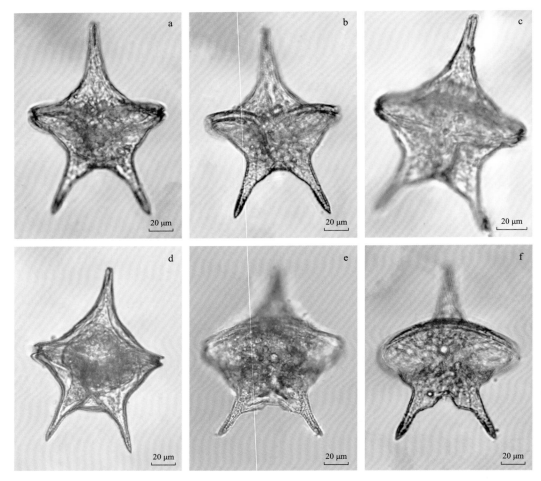

图 289　脚膜原多甲藻 *Protoperidinium fatulipes* (Kofoid) Balech, 1974

a 和 b，e 和 f. 分别为同一个细胞的不同面观

同物异名：*Peridinium fatulipes* Kofoid, 1907

细胞体大型，长 142 ~ 155 μm，宽 110 ~ 115 μm，腹面观呈长五角形，顶角向背部延伸，而底角则向腹部伸长。横沟特征明显，近似环状，两端均向腹部凹陷，使得环切面呈宽肾形。下壳两侧面凹陷，两底角较长，且歧分角度大，近似垂直，前 1/3 较厚，而后面 2/3 呈指状，该种最明显的特征是横跨两底角基部的一条横桥（bar）。第一顶板 1' 为五边形，第二前间插板 2a 为四边形。

热带性种。东太平洋热带海域、印度洋、加勒比海、佛罗里达海峡有记录。

290. 巨形原多甲藻 *Protoperidinium grande* (Kofoid) Balech, 1974（图 290）

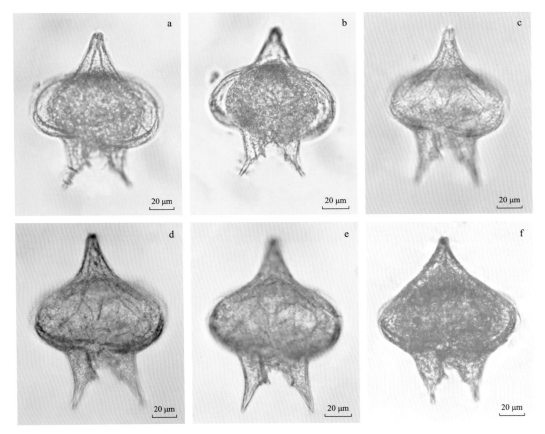

图 290　巨形原多甲藻 *Protoperidinium grande* (Kofoid) Balech, 1974

a 和 b，d 和 e. 分别为同一个细胞的不同面观

同物异名：*Peridinium grande* Kofoid, 1907

细胞体大型，长 131 ～ 138 μm，宽 104 ～ 109 μm。腹区凹陷，腹面观呈星形，顶角和两底角均粗壮，两底角长度近相等或左边稍大，两底角之间约呈 40° 角。横沟明显，中位，近似环状，具刺，横沟处横切面呈宽肾形，在腹侧向内凹陷。上壳呈凸起的锥形，下壳明显凹陷。第一顶板 1' 为五边形，第二前间插板 2a 为四边形。

温带至热带大洋性种。世界广布种。

291. 膨大原多甲藻 *Protoperidinium inflatum* (Okamura) Balech, 1974（图 291）

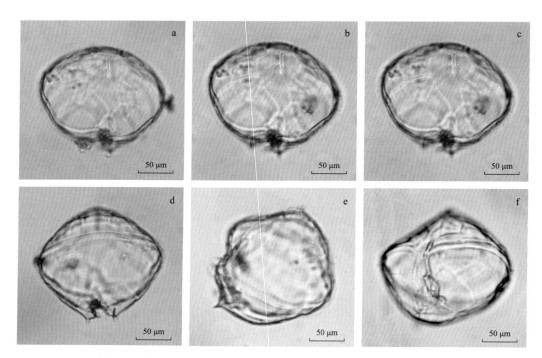

图 291 膨大原多甲藻 *Protoperidinium inflatum* (Okamura) Balech, 1974

a ~ f. 同一个细胞的不同面观

同物异名：*Peridinium inflatum* Okamura, 1912

细胞体大型，长 185 μm，宽 157 μm，由于细胞圆鼓，较难摆正其腹面和背面观。上壳两侧边缘直、凸。顶角短，无顶刺。横沟右旋，边翅窄，纵沟深陷。两底角短锥形，上面各生一个小刺。第一顶板 1' 为五边形，第二前间插板 2a 为四边形。

暖水性种。印度洋、太平洋、大西洋、阿拉伯海、安达曼海、孟加拉湾、澳大利亚附近海域有记录。中国南海有分布。

292. 分散原多甲藻 *Protoperidinium remotum* (Karsten) Balech, 1974 （图 292 ）

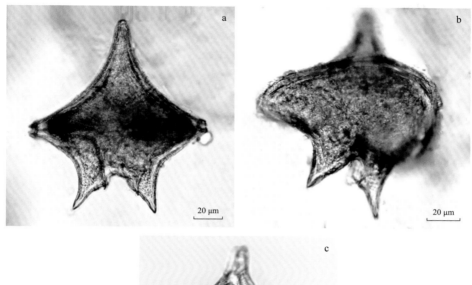

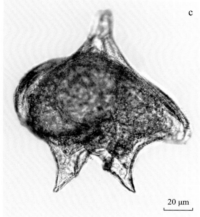

图 292　分散原多甲藻 *Protoperidinium remotum* (Karsten) Balech, 1974

a ～ c.同一个细胞的不同面观

同物异名：*Peridinium remotum* Karsten, 1907

细胞体大型，长 111 ～ 133 μm，宽 105 ～ 120 μm。腹区凹陷，腹面观呈五角形。上壳呈锥形，两侧边缘明显凹陷。顶角短，粗壮。横沟环状或稍左旋，具肋，边翅窄。纵沟深深陷入下壳上中部。下壳两侧边缘部分亦凹陷深。底角粗短，具短刺。第一顶板 1' 为五边形，第二前间插板 2a 为四边形。

本种与歧分原多甲藻易混淆，主要区别是后者两底角更长，上壳下部凹陷程度比本种轻，接近横沟处显得饱满些。

热带性种。印度洋、阿拉伯海、澳大利亚附近海域有记录。中国南海有分布。

293. 角状原多甲藻 *Protoperidinium corniculum* (Kofoid & Michener) Taylor & Balech, 1979（图 293）

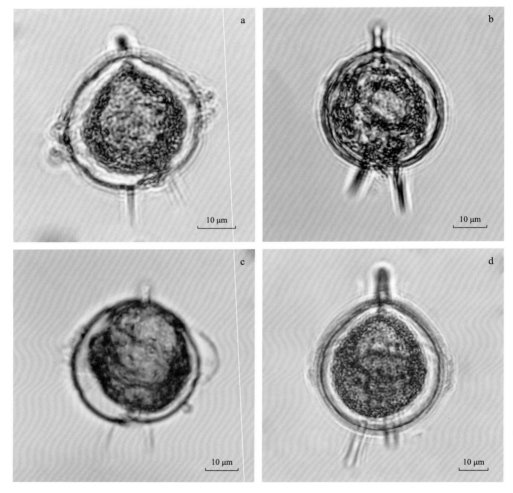

图 293　角状原多甲藻 *Protoperidinium corniculum* (Kofoid & Michener) Taylor & Balech, 1979

同物异名：*Peridinium corniculum* Kofoid & Michener, 1911

细胞体中型，长 41 ~ 66 μm，宽 36 ~ 51 μm（未包括底刺），腹面观呈圆形。上、下壳均呈半球形。顶角短，细棍状，无刺。横沟右旋，边翅清晰，无肋刺。纵沟左右边翅宽度不一，左宽右窄。两底刺细尖，近平行或稍向外歧分。第一顶板 1' 为五边形，第二前间插板 2a 为五边形。

热带大洋性种。印度洋、东太平洋、孟加拉湾、巴西东南部海域有记录。

294. 公平原多甲藻 *Protoperidinium decens* (Balech) Balech, 1974 （图 294）

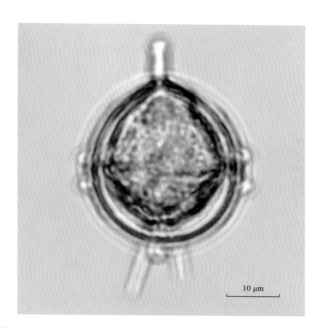

图 294　公平原多甲藻 *Protoperidinium decens* (Balech) Balech, 1974

同物异名：*Peridinium decens* Balech, 1971

细胞体小型，长 38 μm（未包括底刺长），宽 27 μm。腹面观呈梨形。上、下壳均呈半球形。顶角短，细棍状，无刺。横沟右旋，下降 0.3 ～ 0.5 倍横沟宽度（杨世民等，2019）。纵沟前窄后宽。两底刺较长，具翼，稍向外歧分伸出。第一顶板 1' 为五边形，第二前间插板 2a 为五边形。

暖水性种。墨西哥湾、阿根廷东部海域有记录。印度洋首次记录。

295. 难解原多甲藻 *Protoperidinium incognitum* (Balech) Balech, 1974（图 295）

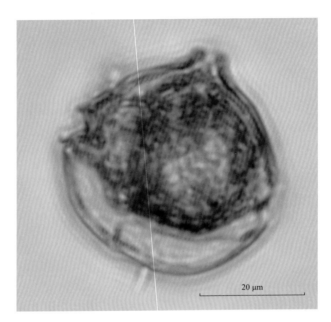

图 295　难解原多甲藻 *Protoperidinium incognitum* (Balech) Balech, 1974

同物异名：*Peridinium incognium* Balech, 1959

细胞体小型，长 43 μm，宽 42 μm（未包含底刺），长宽近相等，腹面观呈近球形。上壳呈锥形，下壳呈半球形。顶角粗短，末端平截。横沟宽，右旋但不明显。两底刺呈细锥状，具窄翼。壳面具有细弱的网纹结构。第一顶板 1' 为五边形，第二前间插板 2a 为五边形。

冷水至暖水性种。阿根廷东部海域、中国东海有分布。印度洋首次记录。

296. 约根森原多甲藻 *Protoperidinium joergensenii* (Balech) Balech, 1974 （图 296）

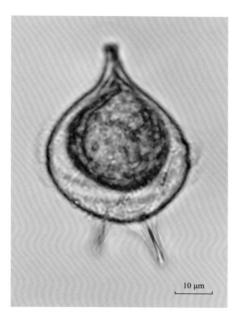

图 296　约根森原多甲藻 *Protoperidinium joergensenii* (Balech) Balech, 1974

细胞体小型，长 50 μm（未包含底刺），宽 38 μm，腹面观呈梨形。顶角中等长度，末端平截。横沟宽阔，右旋，下降不明显，边翅具肋。下壳钝圆，两底刺细长，伸出时向外歧分，底刺具发达的翼。壳面网纹结构明显。第一顶板 1' 为五边形，第二前间插板 2a 为五边形。

世界稀有种。阿根廷东部海域、中国南海有记录。印度洋首次记录。

297. 宽刺原多甲藻 *Protoperidinium latispinum* (Mangin) Balech, 1974 （图 297）

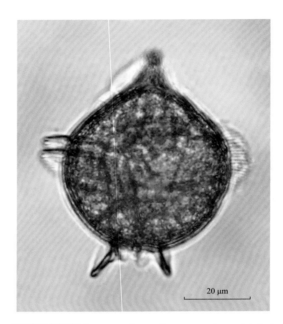

图 297　宽刺原多甲藻 *Protoperidinium latispinum* (Mangin) Balech, 1974

同物异名: *Peridinium latispinum* Mangin, 1926

细胞体中型，长 64 μm（未包含底刺），宽 48 μm。上壳呈近圆锥形，顶角中等长度，末端平截。横沟宽阔，右旋，边翅发达。下壳钝圆，底刺发达，且具宽大的翼。壳面网纹结构清晰。第一顶板 1' 为五边形，第二前间插板 2a 为五边形。

暖温带至热带性种。印度洋、西太平洋、北大西洋、安达曼海、孟加拉湾、墨西哥附近海域有记录。中国东海、南海、台湾海峡，以及吕宋海峡有分布。

298. 梨状原多甲藻 *Protoperidinium pyrum* (Balech) Balech, 1974（图 298）

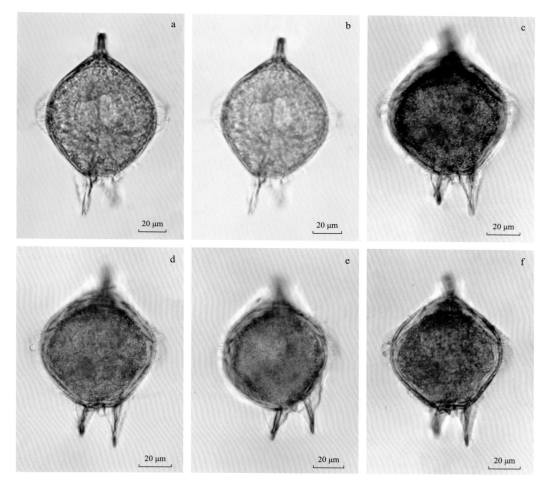

图 298　梨状原多甲藻 *Protoperidinium pyrum* (Balech) Balech, 1974

a 和 b，c ~ e. 分别为同一个细胞的不同面观

同物异名：*Peridinium pyrum* Balech, 1959

细胞体大型，长 117 ~ 128 μm，宽 73 ~ 76 μm，腹面观呈近梨形。上壳呈近椭圆形，下壳呈半球形。上壳两侧边缘微凸。顶角粗细和长度均中等。横沟宽阔，右旋，边翅清晰。纵沟左右边翅宽度不一，左宽有窄。下壳两底刺具翼，约略等长，但由于左底刺更靠近腹部而右底刺更靠近背侧，使得从不同角度观察两底刺时会产生长短不一的错觉（杨世民等，2019）。第一顶板 1' 为五边形，第二前间插板 2a 为五边形。

热带性种。印度洋、南大西洋、孟加拉湾有记录。中国南海有分布。

299. 西奈原多甲藻 *Protoperidinium sinaicum* (Matzenauer) Balech, 1974（图 299）

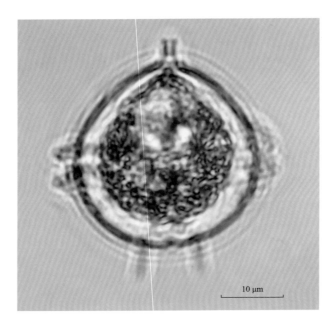

10 μm

图 299　西奈原多甲藻 *Protoperidinium sinaicum* (Matzenauer) Balech, 1974

同物异名: *Peridinium sinaicum* Matzenauer, 1933

细胞体小型，长 34 μm（不包括底刺），宽 31 μm，长与宽略相近，因此腹面观呈宽梨形。上壳呈近椭圆形，圆钝，下壳呈近半球形。顶角粗细和长度均中等，但从上壳生出部分稍宽。横沟右旋，略下降。藻体下体部的两底刺细锥状，具窄翼，近平行伸出或稍歧分。第一顶板 1' 为五边形，第二前间插板 2a 为五边形。

暖温带至热带性种。印度洋、阿拉伯海、红海有记录。

300. 斯氏原多甲藻 *Protoperidinium steinii* (Jörgensen) Balech, 1974 （图 300）

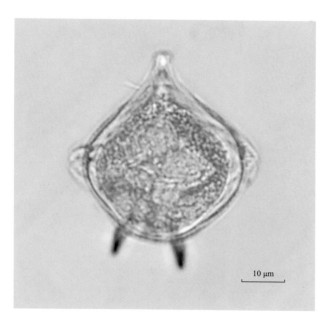

图 300　斯氏原多甲藻 *Protoperidinium steinii* (Jörgensen) Balech, 1974

同物异名：*Peridinium steinii* Jörgensen, 1899

细胞体小型，长 45 μm，宽 38 μm（未包含底刺）。腹面观呈梨形。上壳呈宽形，顶角短。横沟右旋，幅度不明显，未凹陷，边翅宽。两底刺长度中等，伸出时稍向外歧分，其上具翼。第一顶板 1' 为五边形，第二前间插板 2a 为五边形。

温带至热带、浅海至大洋性种。印度洋、太平洋、大西洋、北海、波罗的海、阿拉伯海、红海、孟加拉湾、澳大利亚附近海域、英国附近海域有记录。中国各海域均有分布。

301. 华丽原多甲藻 *Protoperidinium paradoxum* (Taylor) Balech, 1994
（图 301）

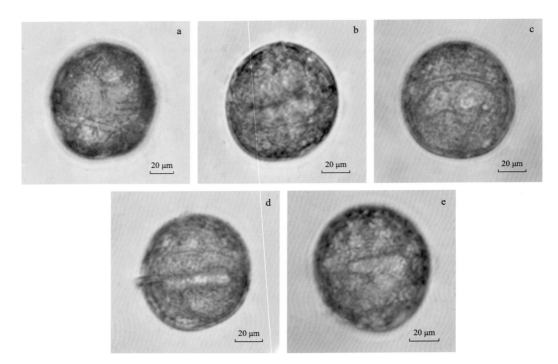

图 301　华丽原多甲藻 *Protoperidinium paradoxum* (Taylor) Balech, 1994

a ~ e. 同一个细胞的不同面观

同物异名：*Peridinium paradoxum* Taylor, 1976

细胞体大型，长 97 μm，宽 88 μm。呈不规则椭球状，细胞体较圆钝。上壳呈半球形，其上顶角极短。横沟中位，较宽，右旋，下降 2 ~ 3 倍横沟宽度，边翅窄。纵沟短，无边翅。下壳底部中央略向上凹陷。第一顶板 1' 为五边形，第二前间插板 2a 为六边形。

热带性种。仅安达曼海、中国南海有记录。

302. 二角原多甲藻 *Protoperidinium bipes* (Paulsen) Balech, 1974（图 302）

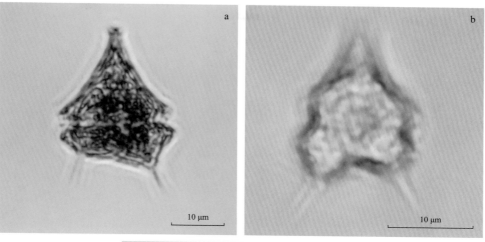

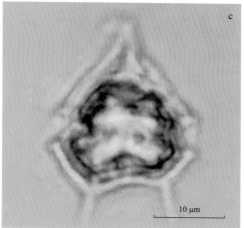

图 302　二角原多甲藻 *Protoperidinium bipes* (Paulsen) Balech, 1974

同物异名：*Peridinium minisculum* Pavillard, 1905；*Glenodinium bipes* Paulsen. 1904；*Minuscula bipes* Lebour, 1925

细胞体小型，长 20 ～ 35 μm，宽 17 ～ 19 μm。背腹扁平，上壳呈三角锥形，顶角细长，下壳宽短，两底角各生有一个细长的底刺。侧面观时，上壳的两侧平直或略凹陷，下壳两侧直，底部平直，不凹陷。横沟微右旋，有边翅，纵沟向后逐渐拓宽。第一顶板 1' 为五边形，第二前间插板 2a 为细长的五边形。

近岸广温性种。印度洋、太平洋、大西洋、北欧附近海域、地中海、阿根廷东部海域等有分布。

303. 刺柄原多甲藻 *Protoperidinium acanthophorum* (Balech) Balech, 1974 （图 303）

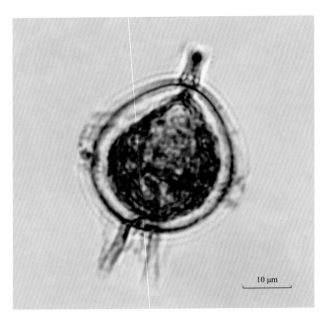

图 303　刺柄原多甲藻 *Protoperidinium acanthophorum* (Balech) Balech, 1974

同物异名：*Peridinium acanthophorum* Balech, 1962

细胞体小型，长 41 μm（不包括底刺），宽 31 μm，腹面观呈梨形。上壳呈宝瓶形，下壳呈半球形，底部圆钝。上壳平滑收缩形成顶角。横沟右旋，边翅清晰。两底刺长且粗壮，具发达的翼，三棱状，向外歧分伸出。第一顶板 1' 为六边形，第二前间插板 2a 为六边形。

冷水至暖水大洋性种。阿根廷东部至南极海域有分布。印度洋首次记录。

304. 基刺原多甲藻 *Protoperidinium diabolus* (Cleve) Balech, 1974（图 304）

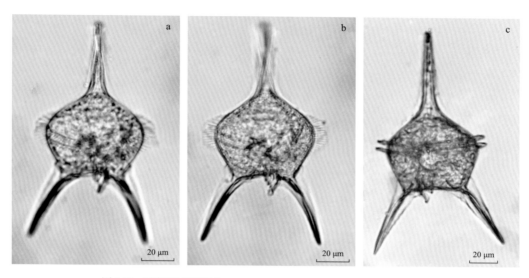

图 304　基刺原多甲藻 *Protoperidinium diabolus* (Cleve) Balech, 1974

a 和 b. 腹面观；c. 背面观；a ~ c. 同一个细胞的不同面观

同物异名：*Peridinium diabolus* Cleve, 1900; *Protoperidinium longipes* Balech, 1974

细胞体大型，长 97 ~ 114 μm（不包括底刺），宽 58 ~ 69 μm，主体部分呈五边形，背腹略扁平。具有长的顶角和两个歧分的长底刺，并且底刺上有翼，左侧底刺上生有一个附属小刺。横沟右旋，两端移位一倍自身宽度的距离。第一顶板 1' 为六边形，第二前间插板 2a 为六边形。本种的显著特征是顶角和两底刺均很长，易于识别。

热带性种。印度洋、太平洋、大西洋、地中海、加勒比海、阿拉伯海、安达曼海、孟加拉湾莫桑比克海峡、澳大利亚东部海域等有记录。中国东海、南海有分布。

305. 灰甲原多甲藻 *Protoperidinium pellucidum* Bergh, 1881（图 305）

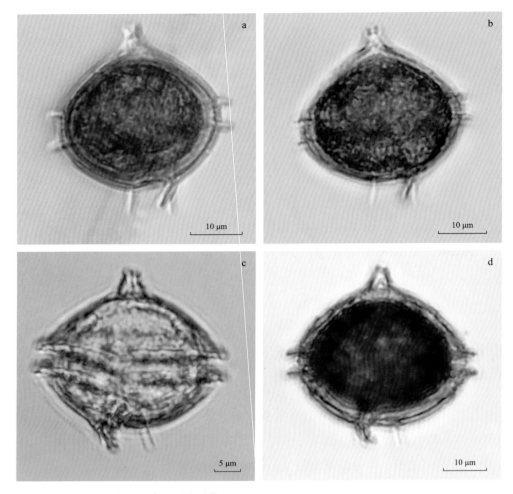

图 305　灰甲原多甲藻 *Protoperidinium pellucidum* Bergh, 1881

同物异名：*Peridinium pellucidum* (Bergh) Schütt, 1895

细胞体小型，长 32 ~ 40 μm（不包括底刺），宽 31 ~ 38 μm，长和宽相似，呈近球形。背腹略微扁平，上壳呈锥状，下壳两侧面较圆，顶角短粗，横沟微右旋，纵沟边翅明显，两个底刺具有不发达的翼。第一顶板 1' 为六边形，第二前间插板 2a 为六边形。

本种与光甲原多甲藻（*P. pallidum*）较难区分，但本种个体更小，下壳更圆，底刺的翼没有光甲原多甲藻发达。

近岸性种。世界广泛分布，温带至热带海域均有分布。

306. 席勒原多甲藻 *Protoperidinium schilleri* (Paulsen) Balech, 1974（图 306）

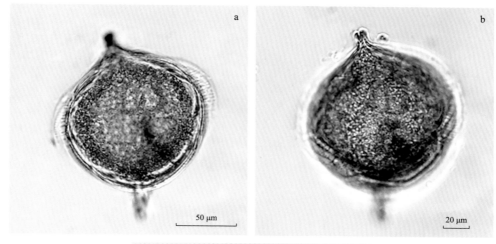

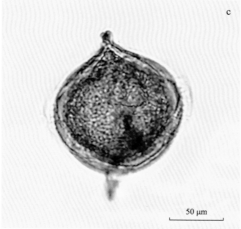

图 306　席勒原多甲藻 *Protoperidinium schilleri* (Paulsen) Balech, 1974

a 和 b. 同一个细胞的不同面观

同物异名：*Peridinium schilleri* Paulsen, 1931

细胞体大型，长约 120 μm，宽 112 μm（不包括底刺），腹面观呈梨形。杨世民等（2019）记载，长 67 ～ 84 μm，宽 57 ～ 66 μm。上壳呈扁圆锥形，饱满。顶角短粗。横沟右旋，纵沟左边翅较发达。下壳圆，具两个短小的底刺，稍向外歧分。壳面网纹结构紧密粗大。第一顶板 1' 为六边形，第二前间插板 2a 为六边形。

暖水性种。西太平洋、北大西洋、南大西洋、地中海、孟加拉湾、毛里求斯附近海域有记录。

307. 光甲原多甲藻 *Protoperidinium pallidum* (Ostenfeld) Balech, 1973（图 307）

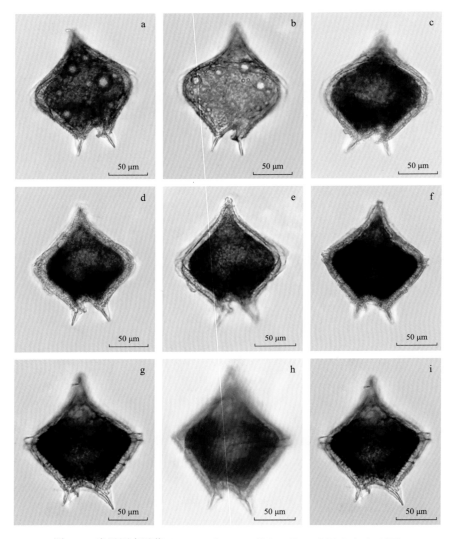

图 307　光甲原多甲藻 *Protoperidinium pallidum* (Ostenfeld) Balech, 1973

c ~ f, g 和 h. 分别为同一个细胞的不同面观

同物异名：*Peridinium pallidum* Ostenfeld, 1900

细胞体大型，长 126 ~ 141 μm，宽 118 ~ 125 μm，腹面观呈大的五边形，长大于宽，背腹扁平。横沟中位，略左旋，两末端移位约一倍自身宽度的距离［Abé（1981）的标本横沟为环状或者微右旋］，右边的纵沟边翅较发达，两底刺歧分角度较大，且都带有翼，通常右侧底刺较粗壮。第一顶板 1' 为六边形，第二前间插板 2a 为六边形。

世界广布种，从寒带至热带、近岸至大洋皆有分布。中国各海域均有记录。

308. 实角原多甲藻 *Protoperidinium solidicorne* (Mangin) Balech, 1974（图 308）

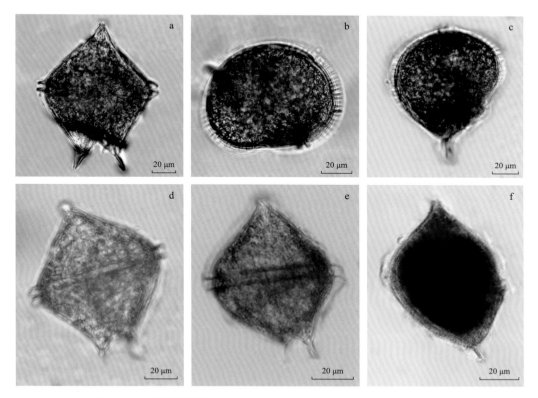

图 308　实角原多甲藻 *Protoperidinium solidicorne* (Mangin) Balech, 1974

a ~ c. 同一个细胞的不同面观

同物异名：*Peridinium solidicorne* Mangin, 1926

细胞体中型，长 74 ~ 101 μm（未包含底刺），宽 63 ~ 95 μm。上壳呈锥形，两侧边缘略凸，顶角粗短。横沟右旋，不明显，边翅宽，具肋刺。纵沟深。两底角呈短锥形，末端各生有一个底刺，底刺有翼，两底刺向外歧分。壳面较平滑。第一顶板 1' 为六边形，第二前间插板 2a 为四边形。

世界广布种。印度洋、大西洋、南极地区海域、安达曼海、孟加拉湾、莫桑比克海峡、澳大利亚附近海域、阿根廷东部海域等有记录。中国各海域均有分布。

309. 原多甲藻 *Protoperidinium* spp.（图 309）

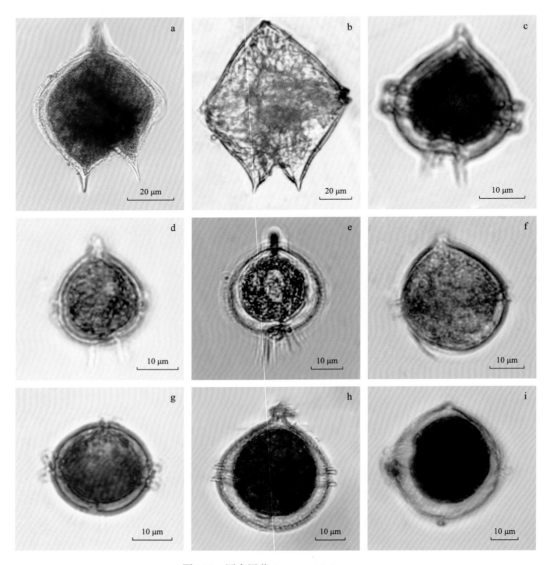

图 309　原多甲藻 *Protoperidinium* spp.

足甲藻科 Podolampadaceae Lindemann, 1928

足甲藻属 *Podolampas* Stein, 1883

310. 二足甲藻 *Podolampas bipes* Stein, 1883（图 310）

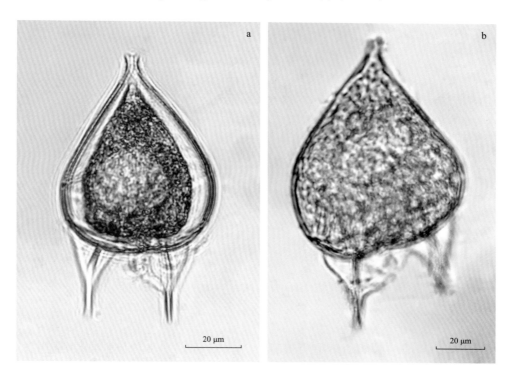

图 310　二足甲藻 *Podolampas bipes* Stein, 1883

a. 腹面观；b. 背面观

细胞体大型，长 85 ～ 106 μm（未包括底刺），宽 56 ～ 69 μm，腹面观呈梨形。顶角粗短。横沟宽大、无边翅。底部有两个发达的底刺。两底刺末端均尖锐，有网状结构。壳面较平滑。

暖温带至热带大洋性种。印度洋、太平洋、大西洋、地中海、加勒比海、墨西哥湾、佛罗里达海峡等海域有记录。中国黄海、东海、南海有分布。

311. 二足甲藻网状变种 *Podolampas bipes* var. *reticulata* (Kofoid) Taylor, 1976（图 311）

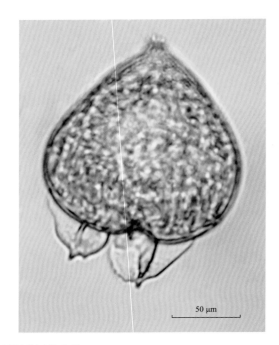

图 311　二足甲藻网状变种 *Podolampas bipes* var. *reticulata* (Kofoid) Taylor, 1976

腹面观

　　细胞体大型，长 142 μm（不包括底刺），宽 139 μm。本变种与原种的区别主要在于两底刺的形态和细胞长宽比。本变种两底刺相对原种短，底刺翼圆钝，翼后端的网状结构清晰，底缘有小刺。原种底刺翼呈锥形，末端较前者尖锐，网状结构不发达。从细胞体的长宽比来看，变种长宽接近，圆钝，而原种细胞体较修长。

　　热带大洋性种。太平洋、安达曼海、孟加拉湾、巴西北部海域有记录。中国南海有分布。

312. 瘦长足甲藻 *Podolampas elegans* Schütt, 1895（图 312）

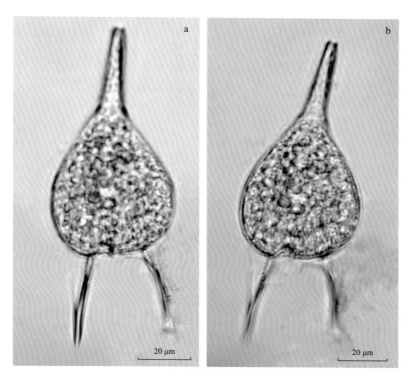

图 312　瘦长足甲藻 *Podolampas elegans* Schütt, 1895

a 和 b. 背面观

细胞体中型，长 91 μm（不包括底刺），宽 49 μm。顶角粗壮。两底刺发达，具翼，呈长锥形，基部宽大，末端尖锐，稍向外歧分。两底刺长度不等，左侧稍长。壳面平滑。

热带、亚热带大洋性种。印度洋、太平洋、大西洋、地中海、墨西哥湾、孟加拉湾等海域有记录。中国东海、南海，以及吕宋海峡有分布。

313. 掌状足甲藻 *Podolampas palmipes* Stein, 1883（图 313）

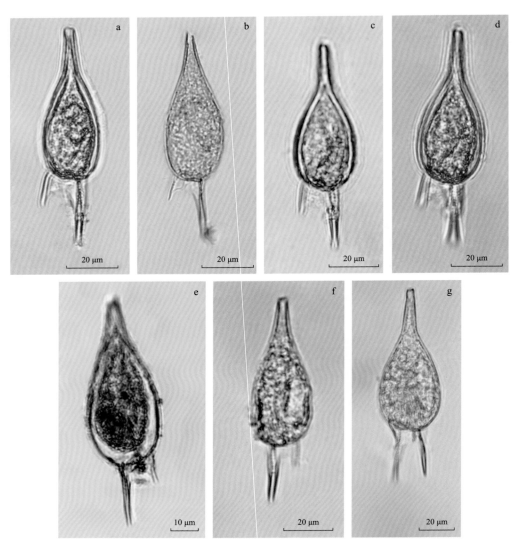

图 313　掌状足甲藻 *Podolampas palmipes* Stein, 1883

a ~ d. 腹面观；e ~ g. 背面观

　　细胞体中型，长 60 ～ 85 μm（不包括底刺），宽 25 ～ 35 μm，呈长梨形。顶角长度中等，粗壮。两底刺长度明显不等，左底刺发达，约为右底刺的两倍。两底刺皆具翼，呈尖锥形，基部宽，末端尖锐，稍向外歧分或近平行。壳面平滑。

　　暖温带至热带大洋性种。印度洋、太平洋、大西洋、加勒比海、墨西哥湾、孟加拉湾、莫桑比克海峡、澳大利亚东部海域有记录。中国东海、南海，以及吕宋海峡有分布。

314. 单刺足甲藻 *Podolampas spinifera* Okamura, 1912（图 314）

细胞体小型，细长，长 62 μm，宽 12 μm。顶角细、短，上有小尖锥形顶刺一个。底部有长锥形底刺一个，其上具翼。壳面平滑。

暖温带至热带大洋性种。印度洋、太平洋、大西洋、地中海、墨西哥湾、孟加拉湾、马达加斯加附近海域有记录。中国东海、南海，以及吕宋海峡有分布。

315. 足甲藻 *Podolampas* sp.（图 315）

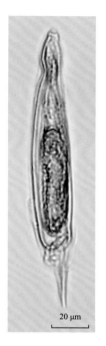

图 314　单刺足甲藻 *Podolampas spinifera*
Okamura, 1912

图 315　足甲藻 *Podolampas* sp.

囊甲藻属 *Blepharocysta* Ehrenberg, 1873

316. 美丽囊甲藻 *Blepharocysta splendor-maris* (Ehrenberg) Stein, 1883 （图 316）

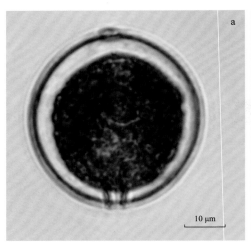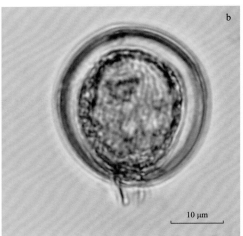

图 316　美丽囊甲藻 *Blepharocysta splendor-maris* (Ehrenberg) Stein, 1883

　　细胞体小型，长约 30 μm，宽 21 ～ 28 μm，腹面观呈圆形或椭圆形。有清晰顶孔，无顶角。横沟无边翅，纵沟边翅发达，壳面平滑。

　　暖水性种。太平洋、大西洋、北海、地中海、亚得里亚海、阿拉伯海、加勒比海、墨西哥湾、佛罗里达海峡、科威特附近海域有记录。中国东海、南海、台湾海峡，以及吕宋海峡有分布。

317. 囊甲藻 *Blepharocysta* spp.（图 317）

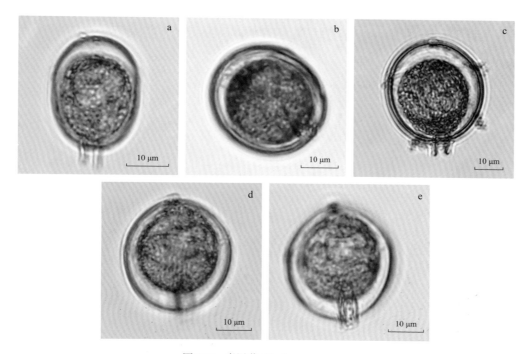

图 317　囊甲藻 *Blepharocysta* spp.

瘦甲藻属 *Lissodinium* Matzenauer, 1933

318. 瘦甲藻 *Lissodinium* spp.（图 318）

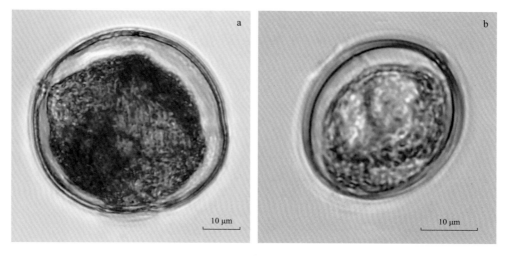

图 318　瘦甲藻 *Lissodinium* spp.

尖甲藻科 Oxytoxaceae Lindemann, 1928

尖甲藻属 *Oxytoxum* Stein, 1883

319. 双锥尖甲藻 *Oxytoxum biconicum* (Kofoid) Dodge & Saunders, 1985（图 319）

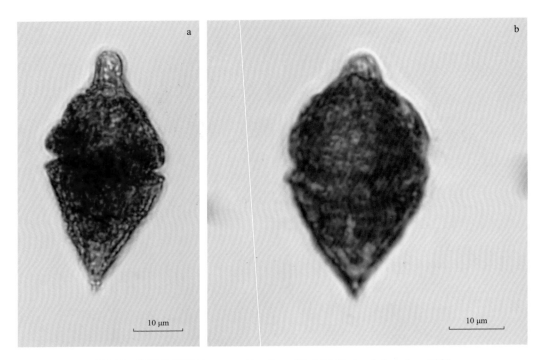

图 319　双锥尖甲藻 *Oxytoxum biconicum* (Kofoid) Dodge & Saunders, 1985

同物异名：*Amphidoma biconica* Kofoid, 1907; *Corythodinium biconicum* (Kofoid) Taylor, 1976

细胞体中型，长 50 ~ 53 μm，宽 22 ~ 25 μm。细胞体呈显著的双锥形。上壳稍短于下壳。上壳向上逐渐收缩，形成顶角，中等长度，粗壮。下壳往底部均匀收缩变细，至底部呈尖锥形，末端尖锐。下壳形状犹如圆锥体。

海生种。爱尔兰戈尔韦湾有记录。

320. 厚尖甲藻 *Oxytoxum crassum* Schiller, 1937（图 320）

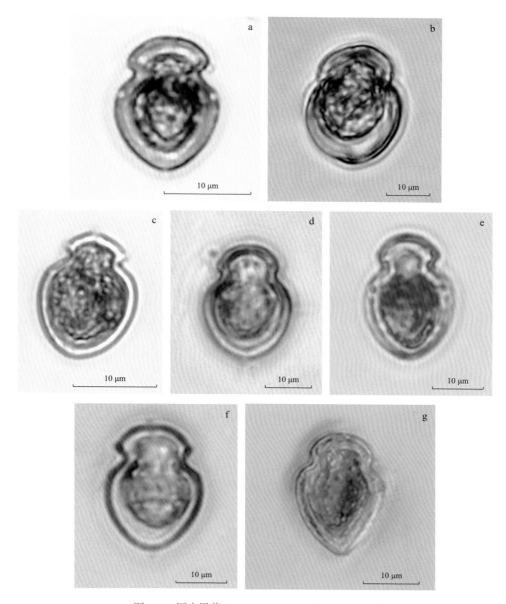

图 320　厚尖甲藻 *Oxytoxum crassum* Schiller, 1937

　　细胞体小型，长 15 ~ 28 μm，宽 12 ~ 24 μm，不同细胞大小差异大。上壳短，呈圆顶状，宽度小于下壳。横沟宽、凹陷，平直或稍左旋。下壳呈椭球形，底部略尖，底刺极小。

　　暖温带至热带性种。印度洋、太平洋、大西洋、亚得里亚海、佛罗里达海峡有记录。中国东海、南海有分布。

321. 弯曲尖甲藻 *Oxytoxum curvatum* (Kofoid) Kofoid & Michener, 1911（图 321）

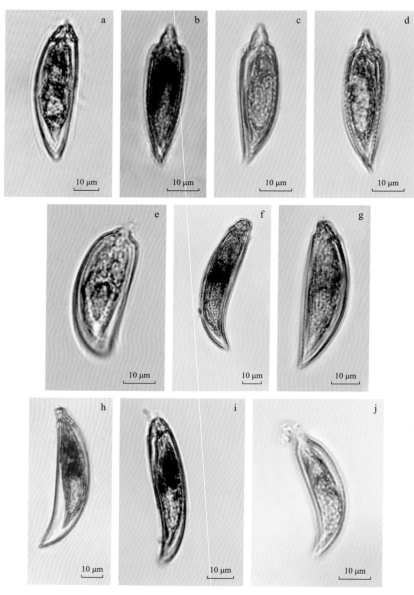

图 321 弯曲尖甲藻 *Oxytoxum curvatum* (Kofoid) Kofoid & Michener, 1911

a ~ c. 腹面观；d ~ f. 右侧面观；g ~ j. 左侧面观

细胞体中型，长 42 ~ 71 μm，宽 10 ~ 14 μm。从侧面看，细胞向腹面弧形弯曲。上壳极短小，其长度为细胞长度的 1/9 ~ 1/8，呈按钮状。横沟平直，纵沟短。下壳呈长锥形，侧边凸，底部呈钝角状，无底刺。壳面平滑，有细弱纵脊。

热带性种。印度洋、太平洋、大西洋、加勒比海、巴西北部海域有记录。

322. 延长尖甲藻 *Oxytoxum elongatum* Wood, 1963（图 322）

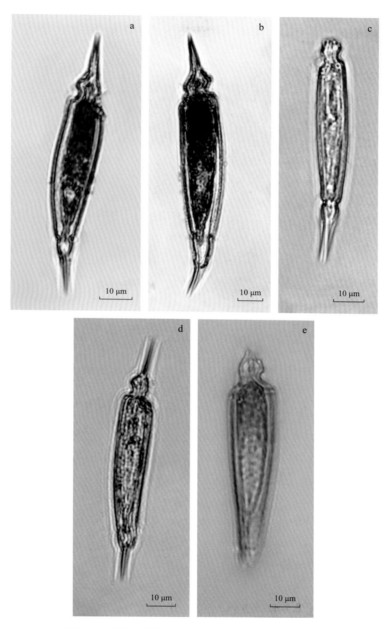

图 322　延长尖甲藻 *Oxytoxum elongatum* Wood, 1963

a 和 b. 腹面观；c ～ e. 侧面观

　　细胞体中型，长 77 ～ 105 μm，宽 14 ～ 17 μm。上壳短，顶刺细长，具翼。横沟宽阔，稍左旋。下壳呈长锥形，其长度为细胞长度的 4/5 ～ 5/6，底刺呈三角锥状，稍向腹面弯曲。壳面有短纵脊。

　　热带性种。印度洋、大西洋、澳大利亚北部海域有记录。

323. 小球形尖甲藻 *Oxytoxum globosum* Schiller（图 323 ）

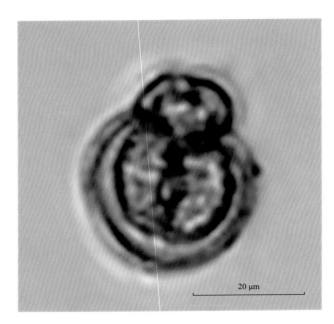

图 323　小球形尖甲藻 *Oxytoxum globosum* Schiller

腹面观

同物异名：*Amphidinium globosum* Schröder, 1911

细胞体小型，长 18 μm，宽 20 μm。上壳短，呈压扁的球形状，无顶角和顶刺。横沟宽阔，凹陷，平直，无移位。纵沟短，约为下壳的 1/2。下壳呈椭球形，底部圆钝，其长度为细胞长度的 3/5 ~ 3/4。

本种与球体尖甲藻 *O. sphaeroideum* 易混淆，两者显著区别是后者底部略尖，而本种圆钝，其次是两者下壳长度占总细胞长度的比例略有不同，前者（3/5 ~ 3/4）小于后者（3/4 ~ 4/5）。

北大西洋、地中海，以及澳大利亚、马达加斯加沿岸的印度洋海域有分布。

324. 纤细尖甲藻 *Oxytoxum gracile* Schiller, 1937（图 324）

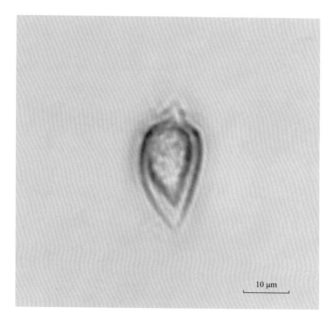

10 μm

图 324　纤细尖甲藻 *Oxytoxum gracile* Schiller, 1937

侧面观

细胞体小型，长 33 ~ 39 μm，宽 12 ~ 13 μm。上壳短，呈按钮状，其上生有顶刺，亦很短。横沟平直。下壳呈倒三角锥形，其长度约为细胞长度的 4/5，底刺稍向腹面弯曲。

暖温带至热带性种。印度洋首次记录。

325. 宽角尖甲藻 *Oxytoxum laticeps* Schiller, 1937（图 325）

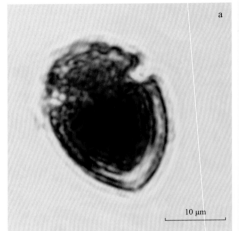
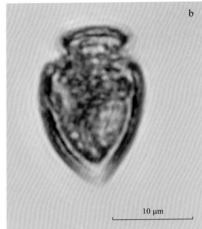
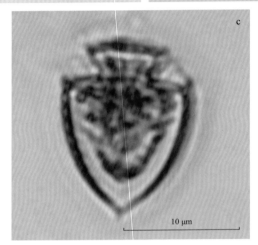

图 325　宽角尖甲藻 *Oxytoxum laticeps* Schiller, 1937

a ～ c. 侧面观

　　细胞体小型，长 15 ～ 25 μm，宽 11 ～ 19 μm。上壳短，呈圆顶状。横沟宽阔、凹陷、平直或左旋。下壳椭圆，底部尖，底刺短小。下壳长度为细胞长度的 3/5 ～ 3/4，不同细胞个体差异大。壳面有网纹结构。

　　暖温带至热带性种。印度洋、太平洋、大西洋、加勒比海、英吉利海峡、佛罗里达海峡等有记录。

326. 长角尖甲藻 *Oxytoxum longiceps* Schiller, 1937（图 326）

10 μm

图 326　长角尖甲藻 *Oxytoxum longiceps* Schiller, 1937
腹面观

　　细胞体中型，长 64 μm，宽 13 μm。上壳呈锥形，相对短，顶角粗壮，上壳长度明显大于宽度。横沟凹陷、宽阔，稍左旋。下壳呈细圆锥形，底刺短尖。壳面长纵脊清晰。
　　热带性种。印度洋、太平洋、大西洋、亚得里亚海、加勒比海、佛罗里达海峡有记录。印度洋首次记录。

327. 地中海尖甲藻 *Oxytoxum mediterraneum* Schiller, 1937（图 327）

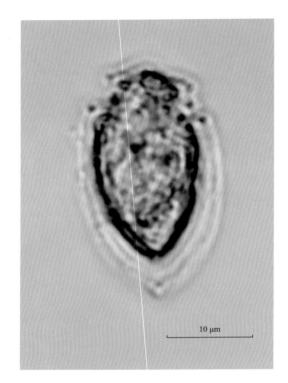

图 327　地中海尖甲藻 *Oxytoxum mediterraneum* Schiller, 1937

侧面观

　　细胞体小型，长 27 μm，宽 14 μm。上壳短，呈薄圆顶状，无顶角，无顶刺。横沟平直、宽阔、深陷。下壳呈椭球形，其长度约为细胞长度的 3/4。底部圆钝，无底角或底刺。

　　热带性种。大西洋、亚得里亚海、佛罗里达海峡有记录。印度洋首次记录。

328. 米尔纳尖甲藻 *Oxytoxum milneri* Murray & Whitting, 1899（图 328）

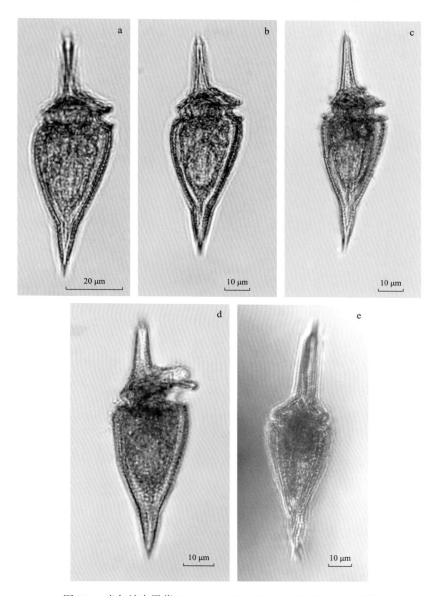

图 328　米尔纳尖甲藻 *Oxytoxum milneri* Murray & Whitting, 1899

同物异名：*Corythodinium milneri* (Murray & Whitting) Gómez, 2017

　　细胞体中型至大型，长 75 ～ 93 μm，宽 24 ～ 28 μm。上壳生出后快速收缩形成锥形顶角，为细胞长度的 1/3 ～ 2/5。横沟宽阔、凹陷，微左旋。纵沟短。下壳呈长圆锥形，近横沟处饱满。底刺粗壮。壳面有多条纵脊分布，网纹结构清晰。

　　热带、亚热带性种。印度洋、太平洋、大西洋、地中海、加勒比海、墨西哥湾等分布。

329. 帽状尖甲藻 *Oxytoxum mitra* (Stein) Schröder, 1906（图 329）

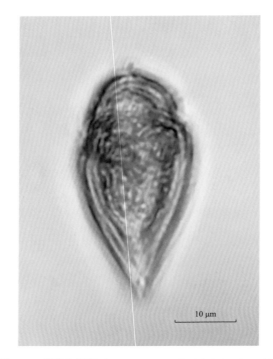

图 329　帽状尖甲藻 *Oxytoxum mitra* (Stein) Schröder, 1906

　　细胞体小型，长 38 μm，宽 19 μm。上壳呈微扁的圆帽状，顶角短，两侧有翼。横沟凹陷、宽阔，左旋。下壳从中部生出后，先是逐步收窄，至底部后快速收缩，变窄，总体呈锥形，其长度约为细胞长度的 3/4，底刺尖。

　　热带、亚热带性种。印度洋、大西洋、珊瑚海、地中海、佛罗里达海峡有记录。

330. 小型尖甲藻 *Oxytoxum parvum* Schiller, 1937（图 330）

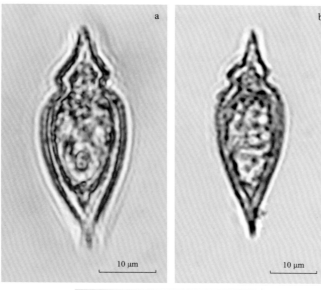

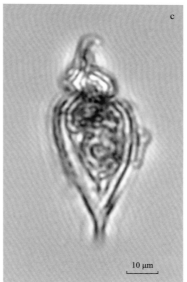

图 330　小型尖甲藻 *Oxytoxum parvum* Schiller, 1937

a ~ c. 腹面观

　　细胞体小型，长 39 ~ 65 μm，宽 14 ~ 23 μm。上壳相对下壳明显短，靠近横沟处侧边稍凸，顶角呈短锥形，其长度约为细胞长度的 1/4。横沟凹陷、宽阔，微左旋。下壳呈长圆锥形，侧边凸。底刺短，呈尖锥形。壳面有纵脊分布。

　　热带性种。印度洋、太平洋、大西洋、地中海、亚得里亚海、加勒比海有记录。

331. 辐射尖甲藻 *Oxytoxum radiosum* Rampi, 1941（图 331）

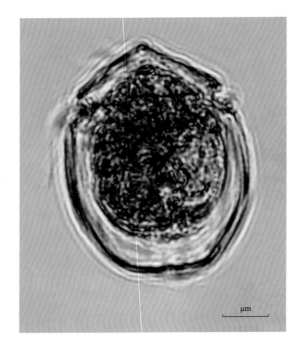

图 331　辐射尖甲藻 *Oxytoxum radiosum* Rampi, 1941

同物异名：*Corythodinium radiosum* (Rampi) Gómez, 2017

细胞体中型，长 50 μm，宽 39 μm。上壳呈扁锥形，侧边直，其显著小于下壳，约为细胞长度的 1/5。无顶角，无顶刺。横沟凹陷、稍宽，微左旋。下壳呈椭球形。底部圆钝，底刺短小，稍向腹面弯曲。壳面有网纹结构。

暖温带至热带性种。地中海、大西洋有记录。印度洋首次记录。

332. 刺尖甲藻 *Oxytoxum scolopax* Stein, 1883（图 332）

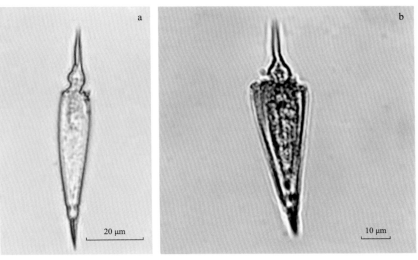

图 332　刺尖甲藻 *Oxytoxum scolopax* Stein, 1883

a. 腹面观；b 和 c. 背面观

　　细胞体中型，长 75 ～ 82 μm，宽 11 ～ 17 μm，藻体细长。顶角呈短锥形，其长度为细胞长度的 1/5 ～ 1/4。顶刺具翼、细长，呈锥状。横沟平直，凹陷、宽阔。纵沟极短。下壳呈长锥形，侧边凸，底部有底刺一个，呈锥形。

　　本种与延长尖甲藻易混淆，后者藻体更修长，下壳所占细胞长度的比例也更大。

　　暖温带至热带性种。印度洋、太平洋、大西洋、地中海、加勒比海、安达曼海、墨西哥湾、加利福尼亚附近海域有记录。

333. 球体尖甲藻 *Oxytoxum sphaeroideum* Stein, 1883（图 333）

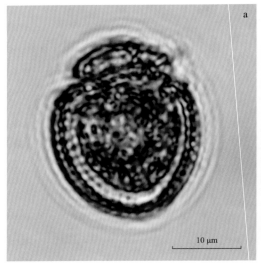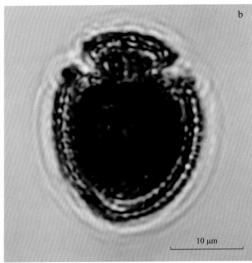

图 333　球体尖甲藻 *Oxytoxum sphaeroideum* Stein, 1883

　　细胞体小型，长 26 μm，宽 20 μm。上壳短，呈扁半球形状。顶部圆钝，无顶角和刺。横沟宽深，平直或微左旋。纵沟短。下壳呈椭球形，其长度为细胞长度的 3/4 ~ 4/5。底部略尖，无底角或底刺。壳面具网纹结构。

　　暖温带至热带性种。大西洋、加勒比海、佛罗里达海峡、英国西部海域、阿根廷东部海域有记录。印度洋首次记录。

334. 钻形尖甲藻 *Oxytoxum subulatum* Kofoid, 1907（图 334）

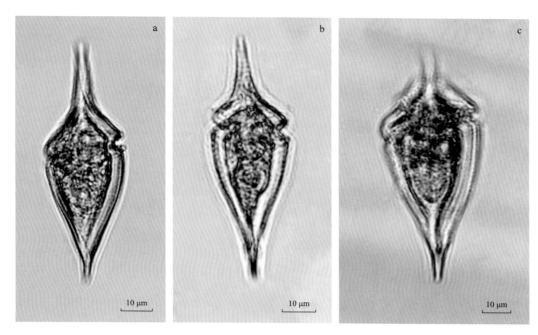

图 334　钻形尖甲藻 *Oxytoxum subulatum* Kofoid, 1907

a ~ c. 腹面观

　　细胞体中型，长 71 ~ 86 μm，宽 24 ~ 33 μm。顶角末端尖细。横沟凹陷、宽阔、左旋。纵沟短。下壳呈长锥形，底刺纤细，末端尖锐。壳面有纵脊分布和网纹结构。

　　本种与米尔纳尖甲藻易混淆，尽管两者藻体长度和宽度相差不大，但前者顶角和底刺均比后者粗壮，且前者壳面纵脊清晰明显，而后者相对纤弱。

　　热带性种。印度洋、太平洋、大西洋、孟加拉湾、佛罗里达海峡有记录。

335. 旋风尖甲藻 *Oxytoxum turbo* Kofoid, 1907（图 335）

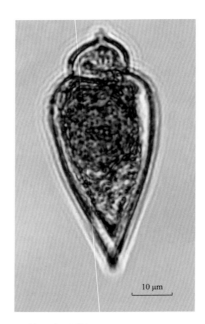

图 335　旋风尖甲藻 *Oxytoxum turbo* Kofoid, 1907

细胞体中型，长 59 μm，宽 27 μm。上壳短，呈扁球状，顶角非常短小。横沟凹陷、宽阔，左旋。纵沟短。下壳呈圆锥形，粗壮，其长度约为细胞长度的 4/5，侧边缘饱满凸起，底刺尖锐、短小。

本种与帽状尖甲藻易混淆，区别在于一是本种个体相对大；二是本种上壳宽度明显小于下壳，而帽状尖甲藻上、下壳宽度接近；三是本种细胞下体部逐步收缩变窄，而帽状尖甲藻快速收缩直至底部。

热带、亚热带性种。印度洋、太平洋、加勒比海、加利福尼亚附近海域、澳大利亚东部海域、巴西北部海域等有记录。中国东海、南海有分布。

336. 易变尖甲藻 *Oxytoxum variabile* Schiller, 1937 （图 336）

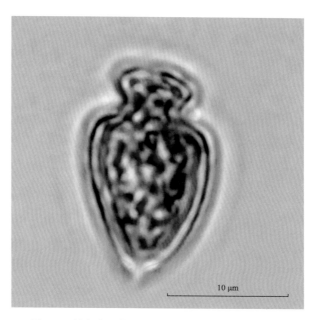

图 336　易变尖甲藻 *Oxytoxum variabile* Schiller, 1937

　　细胞体极小，长 18 μm，宽 10 μm。上壳特短，呈近扁锥形。横沟凹陷、宽阔、平直。下壳呈长锥形，其从横沟生出后两侧基本保持竖直，仅在中下部快速收窄，长度约为细胞长度的 4/5，底刺短呈尖锥状。下壳具短而弯曲的纵脊。

　　暖温带至热带性种。印度洋、太平洋、大西洋、佛罗里达海峡、爱尔兰附近海域有记录。

337. 尖甲藻 *Oxytoxum* spp.（图 337）

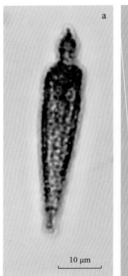
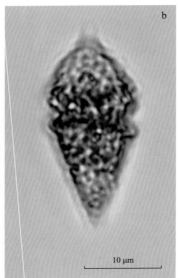
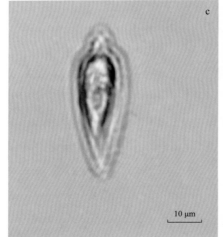
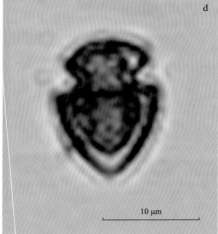

图 337　尖甲藻 *Oxytoxum* spp.

伞甲藻属 *Corythodinium* Loeblich & Loeblich, 1966

338. 龙骨伞甲藻 *Corythodinium carinatum* (Gaarder) Taylor, 1976（图 338）

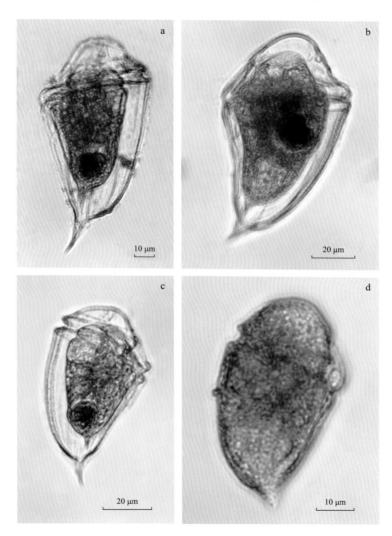

图 338 龙骨伞甲藻 *Corythodinium carinatum* (Gaarder) Taylor, 1976

同物异名：*Oxytoxum carinatum* Gaarder, 1954

细胞体大型，长 53 ~ 110 μm，宽 31 ~ 58 μm，左右稍扁，腹面观呈扁锥形。上壳明显短于下壳。上壳呈帽状，顶端圆钝或略尖。横沟左旋，纵沟短。下壳呈长锥形，自横沟向下缓慢收缩变细，两侧边直或稍凸，具纵向肋纹。底刺粗短，呈三角锥形。

热带性种。墨西哥湾、北大西洋马尾藻海、中国南海有记录。印度洋首次记录。

339. 鸡冠伞甲藻 *Corythodinium cristatum* (Kofoid) Taylor, 1976（图 339）

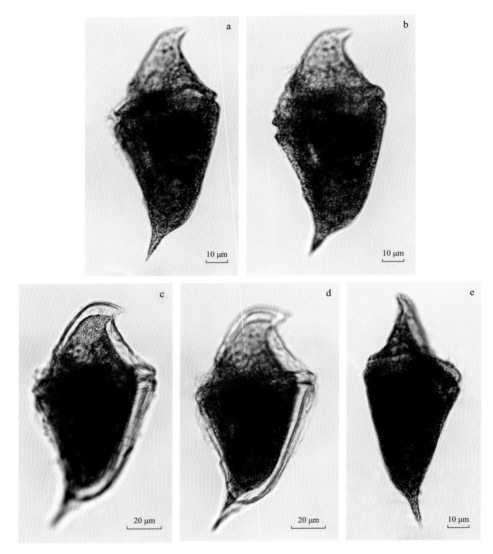

图 339　鸡冠伞甲藻 *Corythodinium cristatum* (Kofoid) Taylor, 1976

a ~ e. 同一个细胞的不同面观

同物异名：*Oxytoxum cristatum* Kofoid 1907

细胞体大型，长 119 μm，宽 56 μm，左右稍扁平，腹面观呈不对称锥形。上壳呈鸡冠状，右侧凸出，左侧凹入。顶角粗短，呈尖锥状，顶端歧分。横沟左旋。下壳呈长锥形，自横沟向下缓慢收缩，两侧边凸凹状况与上壳相反。壳面有纵向肋纹分布。底刺呈三角锥形，末端尖锐。

热带大洋性种。墨西哥湾、地中海以及东南太平洋有记录。印度洋首次记录。

340. 缢缩伞甲藻 *Corythodinium constrictum* (Stein) Taylor, 1976（图 340）

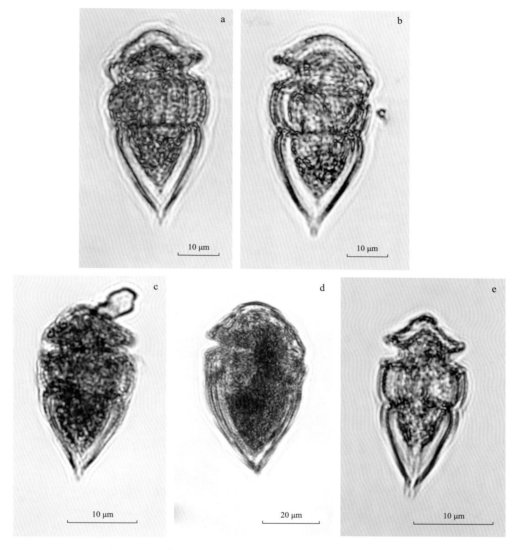

图 340　缢缩伞甲藻 *Corythodinium constrictum* (Stein)Taylor, 1976

同物异名：*Oxytoxum constrictum* (Stein) Bütschli, 1885

细胞体小型至中型，长 23 ~ 63 μm，宽 11 ~ 35 μm，不同个体大小差异大。该种显著分类特征是在下壳中部有环状向内缢缩。上壳短，呈扁锥形，侧边缘直或稍凸，顶端圆钝或略尖。横沟左旋。纵沟短。下壳呈长锥形。壳面分布有 7 ~ 8 条纵向肋纹，在光学显微镜下能看到。底刺短。

暖温带至热带性种。印度洋、大西洋、地中海、加勒比海、佛罗里达海峡、澳大利亚附近海域、加利福尼亚附近海域有记录。

341. 优美伞甲藻 *Corythodinium elegans* (Pavillard) Taylor, 1976（图 341）

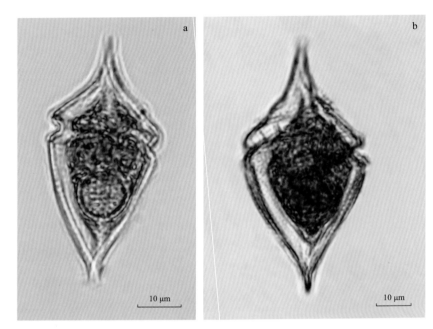

图 341　优美伞甲藻 *Corythodinium elegans* (Pavillard) Taylor, 1976

　　细胞体中型，长 50 ～ 69 μm，宽 25 ～ 35 μm。腹面观呈不对称锥形。上壳自横沟生出后，快速收缩形成粗短顶角。横沟左旋。纵沟短。下壳呈长锥形，两侧边凸。底刺粗壮而短小。壳面有纵脊。

　　本种与钻形尖甲藻易混淆，腹面观均为不对称锥形，但前者顶角粗短，而后者顶角细长尖锐，后者下壳也更修长些。

　　暖温带至热带性种。印度洋、太平洋、大西洋、地中海、加勒比海、墨西哥湾、加利福尼亚附近海域有记录。中国南海，以及吕宋海峡有分布。

342. 伞甲藻 *Corythodinium* spp.（图 342）

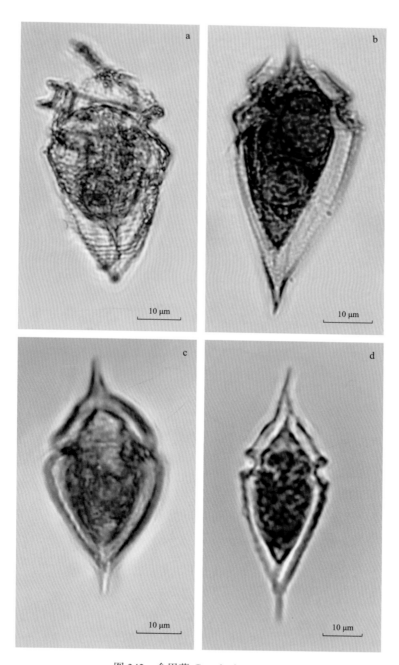

图 342　伞甲藻 *Corythodinium* spp.

苏提藻属 *Schuettiella* Balech, 1988

343. 帽状苏提藻 *Schuettiella mitra* (Schütt) Balech, 1988（图 343）

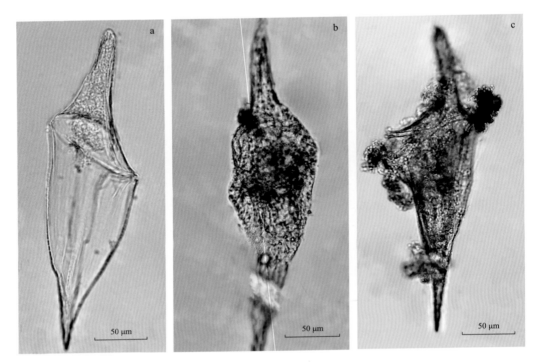

图 343　帽状苏提藻 *Schuettiella mitra* (Schütt) Balech, 1988

a ～ c. 侧面观

同物异名：*Steiniella mitra* Schütt, 1895; *Oxytaxum gigas* Kofoid, 1907; *Gonyaulax mitra* (Schütt) Kofoid, 1911

细胞体大型，长 279 ～ 313 μm，宽 89 ～ 92 μm，腹面观呈不对称的长双锥形。上壳短，下壳长。顶角较长，粗壮，末端圆钝或略尖，稍弯向背面。横沟左旋，凹陷，下降 6 ～ 7 倍横沟宽度（杨世民等，2019）。底角呈尖锥形。壳面分布有多条细长纵脊。

热带性种。印度洋、太平洋、大西洋、地中海、墨西哥湾、澳大利亚附近海域、阿根廷东部海域有记录。中国南海有分布。

围甲藻属 *Amphidiniopsis* Woloszynska, 1928

344. 围甲藻 *Amphidiniopsis* spp.（图 344）

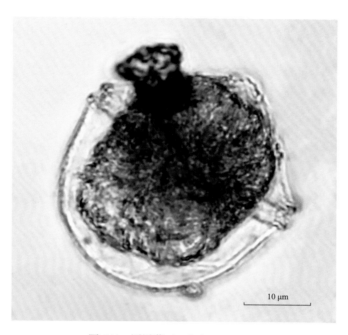

图 344　围甲藻 *Amphidiniopsis* spp.

Peridiniida incertae sedis

螺沟藻属 *Spiraulax* Kofoid, 1911

345. 乔利夫螺沟藻 *Spiraulax jolliffei* (Murray & Whitting) Kofoid, 1911 （图 345 ）

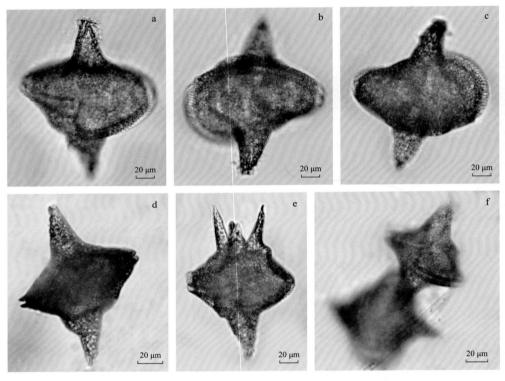

图 345　乔利夫螺沟藻 *Spiraulax jollifei* (Murray & Whitting) Kofoid, 1911

a ~ c. 同一个细胞的不同面观；d ~ f. 不同细胞

同物异名：*Gonyaulax jolliffei* Murray & Whitting, 1899

细胞体大型，长 109 ～ 175 μm，宽 73 ～ 140 μm。上壳和下壳自横沟生出后，迅速收缩变窄，形成顶角和底角并延伸一段距离，因此，细胞体宽扁，顶角和底角较长，粗壮，呈尖锥形。横沟左旋，凹陷，位移明显，有 3 ～ 4 倍横沟宽度，边翅窄。顶角壳板很容易受损破裂。壳面孔纹粗大。

热带大洋性种。印度洋、大西洋、太平洋、阿拉伯海、孟加拉湾、澳大利亚附近海域有分布。中国南海，以及吕宋海峡有记录。

第六目
夜光藻目
Noctilucales Haeckel

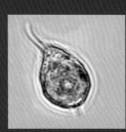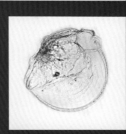

夜光藻科 Noctilucaceae Kent, 1881

夜光藻属 *Noctiluca* Suriray, 1836

346. 夜光藻 *Noctiluca scintillans* (Macartney) Kofoid & Swezy, 1921
（图 346）

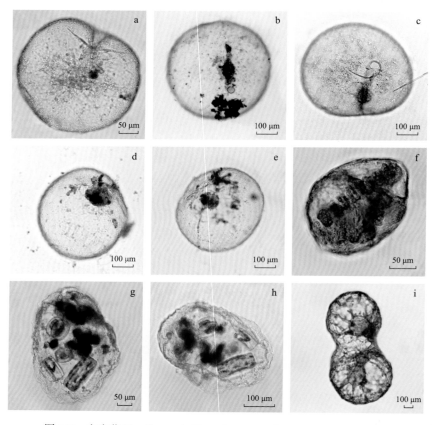

图 346　夜光藻 *Noctiluca scintillans* (Macartney) Kofoid & Swezy, 1921

同物异名：*Medusa scintillans* Macartney, 1810; *Mammaria scintillans* Ehrenberg, 1834; *Noctiluca marina* Ehrenberg, 1834; *Noctiluca milliaris* Suriray ex Lamarck, 1816

细胞体大型，呈近球形或椭圆球形，囊状。细胞直径为 190 ～ 522 μm。细胞体透明，由两层胶状物质组成，营养细胞有一条长触手。纵沟在细胞的腹面中央。细胞背面有一杆状器，使细胞作前后游动。不具色素体。本种是世界性赤潮生物。

世界性近岸种，从冷水至暖水域均有分布。中国各海域均有分布。

原夜光藻属 *Pronoctiluca* Fabre-Domergue, 1889

347. 海洋原夜光藻 *Pronoctiluca pelagica* Fabre-Domergue, 1889（图 347）

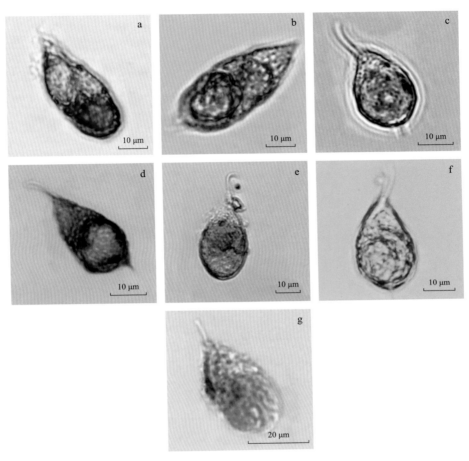

图 347　海洋原夜光藻 *Pronoctiluca pelagica* Fabre-Domergue, 1889

同物异名: *Rhynchomonas marina* Lohmann, 1902; *Pelagorhynchus marina* Pavillard, 1917; *Protodinifera marinum* Kofoid &Swezy, 1921

　　细胞体小型，长 24 ~ 46 μm（未包含鞭毛长度），宽 17 ~ 21 μm。细胞呈梭形或梨形。鞭毛前端插入，细胞壁柔韧，表面常有颗粒状凸起。底部平，底部向外产生多重脆弱的"孢囊"壁，初生孢囊壁附于次生孢囊壁上，像透明的杯子一样包裹在细胞末端。鞭毛穿过孢囊壁向外突出。该种无光合作用。

　　该种与具刺原夜光藻 *P. spinifera* 相似，不考虑触手，两者细胞大小接近，主要区别是前者底部平，后者底部尖。

　　暖水性种。印度洋、阿拉伯海、孟加拉湾有记录。中国黄海、南海有分布。

348. 具喙原夜光藻 *Pronoctiluca rostrata* Taylor, 1976（图 348）

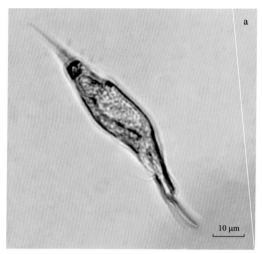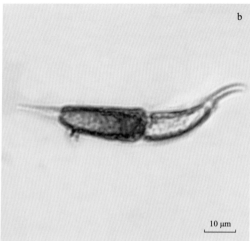

图 348　具喙原夜光藻 *Pronoctiluca rostrata* Taylor, 1976

　　细胞体小型，长 49 ～ 56 μm（未包含鞭毛长度），宽 10 ～ 13 μm，细胞呈纺锤型。顶部短，触手细长。细胞中部大，前后两端逐渐变细。底部具喙状突起，较尖。表面有均匀的颗粒状突起。无明显的叶绿体。

　　温带至暖水性种。印度洋、阿拉伯海、孟加拉湾有记录。中国渤海、黄海、南海有分布。

349. 具刺原夜光藻 *Pronoctiluca spinifera* (Lohmann) Schiller, 1932 （图 349 ）

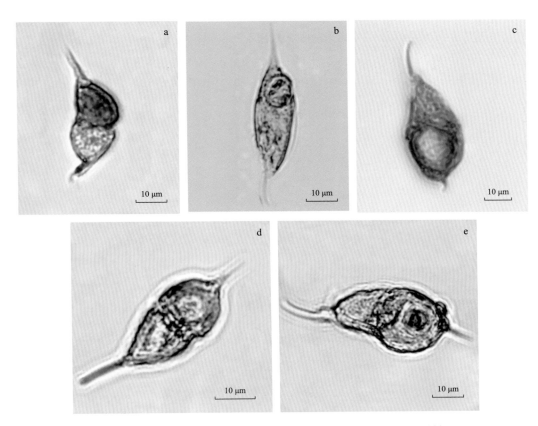

图 349　具刺原夜光藻 *Pronoctiluca spinifera* (Lohmann) Schiller, 1932

同物异名：*Protodinifer tentaculatum* Kofoid & Swezy, 1921; *Rhynchomonas spinifer* Lohmann, 1920

细胞体小型，长 29 ～ 42 μm（未包含鞭毛长度），宽 14 ～ 22 μm。细胞呈梭形，前后两端尖，中部粗，凹陷。鞭毛前端插入，表面常有颗粒状凸起。底部触手穿过孢囊壁向外突出。该种无光合作用。

暖水性种。印度洋、阿拉伯海、孟加拉湾有记录。中国黄海、南海有分布。

帆甲藻科 Kofoidiniaceae Taylor, 1976

帆甲藻属 *Kofoidinium* Pavillard, 1928

350. 莱伯帆甲藻 *Kofoidinium lebourae* (Pavillard) Taylor, 1976（图 350）

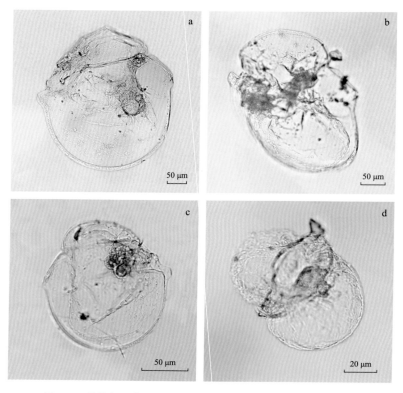

图 350　莱伯帆甲藻 *Kofoidinium lebourae* (Pavillard) Taylor, 1976

同物异名: *Gymnodinium lebourii* Pavillard, 1921; *Gymnodinium pseudonoctiluca* Lebour, 1917; *Gymnodinium fulgens* Kofoid et Swezy, 1921; *Kofoidinium pavillardi* Cachon et Cathonm, 1967

细胞体大型，呈近球形，直径 130 ~ 305 μm。成熟状态无色，极度侧扁。上锥明显小于下锥。透明的半球形外壳松散地覆盖在上锥、顶冠及腰带上。下锥形成半环状的龙骨突或缘膜，壁厚。

暖温带大洋性种。太平洋、大西洋、地中海有分布。中国南海普遍出现，但数量少。印度洋首次记录。

351. 光亮帆甲藻 *Kofoidinium splendens* Cachon et Cachon, 1967（图 351）

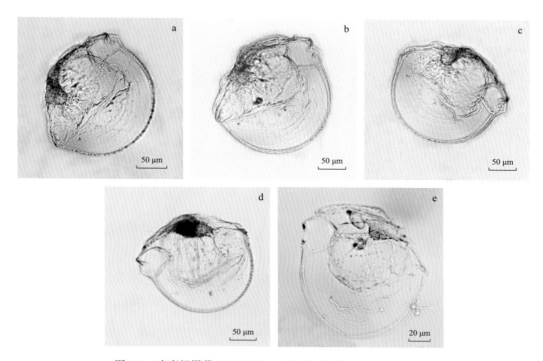

图 351 光亮帆甲藻 *Kofoidinium splendens* Cachon et Cachon, 1967

同物异名：*Gymnodinium pyrocystis* Jörgensen, 1912; *Kofoidinium spendens* Cachon & Cachon

细胞体大型，长 122 ～ 178 μm，宽 142 ～ 207 μm，宽明显大于长，细胞侧扁。成熟状态无色。透明壳覆盖在上锥、顶冠和腰带上。下锥形成半环状的龙骨突和缘膜。

该种与莱伯帆甲藻易混淆，两者的主要区别是前者呈近球形，后者较宽扁；另外，前者顶冠隆起程度比后者高。

暖温带大洋性种。太平洋、大西洋、地中海有分布。中国南海有出现，但数量少。印度洋首次记录。

匙形藻属 *Spatulodinium* Cachon & Cachon, 1976

352. 拟夜光匙形藻 *Spatulodinium pseudonoctiluca* (Pouchet) Cachon & Cachon, 1968（图 352）

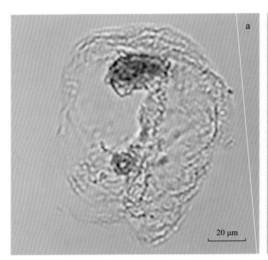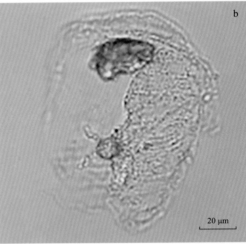

图 352　拟夜光匙形藻 *Spatulodinium pseudonoctiluca* (Pouchet) Cachon & Cachon, 1968

同物异名：*Gymnodinium conicum* Kofoid & Swezy, 1921; *Gymnodinium lebourae* Pavillard, 1921; *Gymnodinium pseudonoctiluca* Pouchet, 1885; *Gymnodinium pyrocystis* Jørgensen, 1912; *Gymnodinium viridis* Lebour, 1917

细胞体较大，呈近长圆柱形，长 111 μm，宽 86 μm。上锥部呈圆锥形，下锥部圆润。横沟位于上方，在腹侧向后延伸成一个细长的点，约位于体长的 0.55 处。纵沟狭窄、浅，从横沟区延伸至底端。细胞核大，呈球形，位于中心附近。颜色呈绿色。

广温性种。北冰洋、大西洋、亚得里亚海、波罗的海、黑海、地中海、北海、墨西哥湾，以及俄罗斯、澳大利亚和新西兰附近海域有记录。

参考文献

陈国蔚, 1981. 西沙群岛附近海域甲藻的研究: I. 角甲藻属甲板形态及种的描述. 海洋与湖沼, 12(1):91–99.

郭玉洁, 叶嘉松, 周汉秋, 1978. 西沙、中沙群岛周围海域浮游硅藻类分类研究 // 中国科学院南海海洋研究所. 我国西沙、中沙群岛海域海洋生物调查研究报告集. 北京: 科学出版社.

郭玉洁, 周汉秋, 叶加松, 1979. 西沙、中沙群岛及其附近海域囊甲藻的分类研究. 海洋科学集刊, 15: 47–55.

郭玉洁, 叶嘉松, 周汉秋, 1983. 西沙、中沙群岛海域的角藻. 海洋科学集刊, 20: 69–108.

李瑞香, 毛兴华, 1985. 东海陆架区的甲藻. 东海海洋, 3(1): 41–55.

林永水, 2009. 中国海藻志 (第六卷), 甲藻门 (第一册): 甲藻纲 角藻科. 北京: 科学出版社: 1–393.

刘东艳, 孙军, 钱树本, 2000. 琉球群岛及其临近海域的浮游甲藻—1997 年夏季的种类组成和丰度分布. 中国海洋学文集, 12:170–182.

潘玉龙, 李瑞香, 刘霜, 等, 2014. 中国海梨甲藻科几种甲藻的分类与形态鉴定. 生物多样性 22(3): 329–336.

杨世民, 李瑞香, 董树刚, 2014. 中国海域甲藻 I: 原甲藻目、鳍藻目. 北京: 海洋出版社.

杨世民, 李瑞香, 董树刚, 2016. 中国海域甲藻 II: 膝沟藻目. 北京: 海洋出版社.

杨世民, 李瑞香, 董树刚, 2019. 中国海域甲藻 III: 多甲藻目. 北京: 海洋出版社.

杨世民, 李瑞香, 2014. 中国海域甲藻扫描电镜图谱. 北京: 海洋出版社.

ABÉ T H, 1967. The armoured Dinoflagellata: II. Prorocentridae and Dinophysidae (C).- Ornithocercus, Histioneis, Amphisolenia and others. Publications of the Seto Marine Biological Laboratory, 15(2): 79–116.

ABÉ T H. 1981. Studies on the family Peridiniales. Publications of the Seto Marine Biolagical Laboratory. Special Publication Series, 6: 1–409.

ALBERT REÑÉ, CECILIA TEODORA SATTA, PURIFICACIÓN LÓPEZ-GARCÍA, et al., 2019. Re-evaluation of Amphidiniopsis (Dinophyceae) Morphogroups Based On Phylogenetic Relationships, and Description of Three New Sand-dwelling Species From the NW Mediterranean. Journal of Phycology, 56(1), pp.68–84. 10.1111/jpy.12938. hal-02988496.

BALECH E, 1967. Dinoflagelados nuevos o interesantes del Golfo de Mexico y Caribe. Revista del MuseoArgentino de Ciencias naturales Bernardino Rivadavia, Hidrobiologia, 2(3): 77–126, pls.1–9.

BALECH E, 1974. El genero *Protoperidinium* Bergh 1881 (*Peridinium* Ehrenberg 1831, partim). Revista del Museo Argentino de Ciencias Naturales "Bernardino Rivadavia" (Hidrobiología). 4:

1–79.

BALECH E, 1979. El genero *Pyrophacus* Stein (Dinoflagellata). Physis Sec. A., 38(94): 27–38.

BOTES L, SYM S D, PITCHER G C, 2003. *Karenia cristata* sp. nov. and *Karenia bicuneiformis* sp. nov. (Gymnodiniales, Dinophyceae): two new *Karenia* species from the South African coast. Phycologia, 42: 563–571.

CALADO A J, HUISMAN J M, 2010. Commentary// Gomez F, Moreira D, Lopez-Garcia P, 2010. Neoceratium gen. nov., a New Genus for All Marine Species Currently Assigned to Ceratium (Dinophyceae). Protist 161: 35-54. Protist, 161(4): 517-519.

CHOMÉRAT N, ZENTZ F, BOULBEN S, et al., 2011. *Prorocentrum glenanicum* sp. nov. and *Prorocentrum pseudopanamense* sp. nov.(Prorocentrales, Dinophyceae), two new benthic dinoflagellate species from South Brittany (northwestern France). Phycologia, 50(2): 202–214.

CLAPARÈDE É, LACHMANN J, 1859. Études sur les infusoires et les rhizopodes. Mémoires de l'Institut National Genevois 6: 261–482.

COHEN-FERNANDEZ ERÉNDIRA J, ESTHER MEAVE DEL CASTILLO, I H SALGADO UGARTE, et al., 2006. Contribution of external morphology in solving a species complex: The case of Prorocentrum micans, Prorocentrum gracile and Prorocentrum sigmoides (Dinoflagellata) from the Mexican Pacific Coast[J]. Phycological Research, 54: 330–340.

DAUGBJERG N, HANSEN G, LARSEN J & MOESTRUP Ø, 2000. Phylogeny of some of the major genera of dinoflagellates based on ultrastructure and partial LSU rDNA sequence data, including the erection of three new genera of unarmoured dinoflagellates. Phycologia, 39: 302–317.

DAVIS C C, 1948. *Gymnodinium brevis* sp. nov., a cause of discolored water and animal mortality in the Gulf of Mexico. Bot. Gaz. 109: 358–360.

DE SALAS M F, BOLCH C J S, HALLEGRAEFF G M, 2004. *Karenia umbella* sp. nov. (Gymnodiniales, Dinophyceae), a new potentially ichthyotoxic dinoflagellate species from. Tasmania, Australia. Phycologia, 43: 166–175

DODGE J D, 1982. Marine Dinofilagellates of the British Isles. London: Her Majesty's Stationery Office: 1–303.

DODGE J D, 1975. The Prorocentrales (Dinophyceae). II. Revision of the taxonomy within the genus Prorocentrum. Botanical journal of the Linnean Society, 71(2): 103–125.

DOGIEL V, 1906. Beiträge zur Kenntnis der Peridineen. Mittheilungen aus der Zoologischen Station zu Neapel 18: 1–45.

DRAGESCO J, 1965. Étude cytologique de quelques flagelles mesopsammiques. Cahiers de Biologie Marine 6: 83–115.

EHRENBERG C G, 1839. Über jetzt wirklich noch zahlreich lebende Thier-Arten der Kreideformation der Erde. Bericht über die zur Bekanntmachung geeigneten Verhandlungen der

Königl. Preuß. Akademie der Wissenschaften zu Berlin, p.152–159.

EHRENBERG, C G, 1843. Über die Verbreitung des jetzt wirkenden kleinsten organischen Lebens in Asien, Australien und Afrika und über die vorherrschende Bildung auch des Oolithkalkes der Juraformation aus kleinen polythalamischen Thieren. Königlich Preussische Akademie der Wiessenschaften zu Berlin, Bericht über die zur Bekanntmachung geeigneten Verhandlungen, p.100–106.

ELBRÄCHTER M, DREBES G, 1978. Life cycles, phylogeny and taxonomy of *Dissodinium* and *Pyrocystis* (Dinophyta). Helgoländer Wissenschaftliche Meeresuntersuchungen, 31, 347–366.

ESCOBAR-MORALES S, HERNÁNDEZ-BECERRIL D, 2015. Free-living marine planktonic unarmoured dinoflagellates from the Gulf of Mexico and the Mexican Pacific. Botanica Marina, 58(1): 9–22.

GÓMEZ F, 2005a. *Histioneis* (Dinophysiales, Dinophyceae) from the western Pacific Ocean. Bot. Mar. 48: 421–425.

GÓMEZ F, MOREIRA D, LÓPEZ-GARCIA P, 2010. *Neoceratium* gen. nov., a new genus for all marine species currently assigned to *Ceratium* (Dinophyceae). Protist, 161, 35–54.

GÓMEZ F, 2013. Reinstatement of the dinoflagellate genus *Tripos* to replace *Neoceratium*, marine species of *Ceratium* (Dinophyceae, Alveolata). *CICIMAR Oceanides,* 28(1): 1–22.

GÓMEZ F, 2021. Speciation and Infrageneric Classification in the Planktonic Dinoflagellate *Tripos* (Gonyaulacales, Dinophyceae). *Current Chinese Science,* 01.

GOURRET P G M, 1883. Sur les Péridiniens du golfe de Marseille. Typ. Cayer et cie.

GRAHAM H, 1943. *Gymnodinium catenatum*, a new dinoflagellate from the Gulf of California. Trans. Am. Microsc. Soc., 62: 259–261.

GREUET C, 1973. Les critères de détermination chez les Péridiniens Warnowiidae Lindemann. Protistologica, 8(4): 461–469.

HAECKEL E, 1890. Plankton Studien: Vergleichende Untersuchungen über die Bedeutung und Zusammensetzung der pelagischen Fauna und Flora. pp. i–viii, 1–105.

HANDY, SARA M, et al., 2009. Phylogeny of four Dinophysiacean genera (Dinophyceae, Dinophysiales) based on rDNA sequences from single cells and environmental samples. Journal of Phycology 45.5: 1163–1174.

HASLE G R, 1960. Phytoplankton and ciliate species from the tropical Pacific. Skrifter utgit av Det Norske Videnskaps-Akademi i Oslo. I. Matematisk-naturvidenskapelig Klasse 2: 1–50.

HASTRUP, DAUGBJERG, 2009. Molecular Phylogeny of Selected Species of the Order Dinophysiales (Dinophyceae)-Testing the Hypothesis of a Dinophysioid Radiation[J]. Phycol, 45: 1136–1152.

HAYWOOD A J, STEIDINGER K A, TRUBY E W, et al., 2004. Comparative morphology and molecular phylogenetic analysis of three new species of the genus Karenia (Dinophyceae) from

New Zealand. Journal of Phycology, 40: 165–179.

HERDMAN E C, 1922. Notes on dinoflagellates and other organisms causing discolouration of the sand at Port Erin Ⅱ. Transactions of the Liverpool Biological Society. 36: 15–30.

HOPE B, 1954. Floristic and taxonomic observations on marine phytoplankton from Nordåsvatn, near Bergen. Nytt Magasin for Botanik 2: 149–153,

HULBURT E M, 1957. The taxonomy of unarmored Dinophyceae of shallow embayments on Cape Cod, Massachusetts. Biological Bulletin (Woods Hole) 112: 196–219.

ISSEL R, 1928. Addesanmento di microplancton atipico nelle aque del Dodescaneso. Arch. zool. ital, 12: 273–292.

IWATAKI M, BOTES L, SAWAGUCHI T, et al., 2003. Cellular and body scale structure of *Heterocapsa ovata* sp. nov. and *Heterocapsa orientalis* sp. nov. (Peridiniales, Dinophyceae). Phycologia, 42(6): 629–637.

IWATAKI M, KAWAMI H, MATSUOKA K, 2007. *Cochlodinium fulvescens* sp. nov. (Gymnodiniales, Dinophyceae), a new chain-forming unarmored dinoflagellate from Asian coasts. Phycological Research, 55(3): 231–239.

JÖRGENSEN E, 1920. Mediterranean Ceratia. Report on the Danish Oceanographical Expeditions 1908-10 to the Mediterranean and adjacent Seas. II Biology J, 1: 1–110.

KOFOID C A, 1907a. Dinoflagellates of the San Diego Region. Ⅲ. Description of new species. University of Califonia Publications in Zoology, 3(13): 299–340, pls. 22–33.

KOFOID C A, 1907b. The plates of *Ceratium* with a note on the unity of the genus. Zoologischer Anzeiger, 32(7):177–183.

KOFOID C A, SWEZY O, 1921. The free-living unarmored Dinoflagellata. Memoirs of the University of California. 5: i–viii, 1–562.

KOFOID C A, 1931. Report of the biological survey of Mutsu Bay. 18. Protozoan fauna of Mutsu Bay. Subclass Dinoflagellata. Tribe Gymnodinoidae. Science Reports of the Tohoku University, Fourth Series (Biology) 6(1): 1–43.

LAM C W Y, HO K C, 1988. Phytoplankton characteristics of Tolo Harbour//Morton B. Asian Marine Biology 6. 5–18. Hong Kong: Hong Kong University Press.

LEBOUR M V, 1925. The Dinoflagellates of Northern Seas. The Marine Biological Association of the United Kingdom. 250.

LEMMERMANN E, 1899. Ergebnisse einer Reise nach dem Pacific. Abhandlungen herausgegeben vom Naturwissenschaftlichen zu Bremen 16: 313–398.

LEVANDER K M, 1894. Materialien zur Kenntnis der Wasserfauna in der Umgebung Helsingfors, mit besonderer Berücksichtigung der Meeresfauna. Ⅰ: Protozoa. Acta Societatis pro Fauna et Flora Fennica. 12(2): 3–155, 3 pls, 1 table.

LITVINENKO R M, 1965. Materialy do vyvchennia perydyney URSR. Ukrainian Botanical

Journal , 22(2): 91–94.

LOEBLICH A R, 1965. Dinoflagellate nomenclature. Taxon, 14: 15–18.

MARGALEF R, 1961. Hidrografía y fitoplancton de un área marina de la costa meridional de Puerto Rico. Investigacion Pesquera, 18: 33–96.

MORTON S L, FAUST M A, FAIREY E A, et al., 2002. Morphology and toxicology of *Prorocentrum arabianum* sp. nov.,(Dinophyceae) a toxic planktonic dinoflagellate from the Gulf of Oman, Arabian Sea. Harmful Algae, 1(4): 393–400.

MURRAY J, 1876. Preliminary reports to Professor Thompson, F.R.S. and Director of the civilian scientific staff on work done on board the "Challenger". Proceedings of the Royal Society of London 24: 471–544, pl.21–23.

MURRAY G, WHITTING F, 1899. New Peridiniaceae from the Atlantic. Linnean Society of London, Transactions, Botany, Series 2. 5(9): 321–342, pl.27–33.

MURRAY S, NAGAHAMA Y, FUKUYO Y, 2007. Phylogenetic study of benthic, spine-bearing prorocentroids, including *Prorocentrum fukuyoi* sp. nov. Phycological Research, 55(2): 91–102.

NÉZAN E, TILLMANN U, BILIEN G, et al. 2012. Taxonomic revision of the dinoflagellate *Amphidoma caudata*: transfer to the genus *Azadinium* (Dinophyceae) and proposal of two varieties, based on morphological and molecular phylogenetic analyses. Journal of Phycology, 48: 925–39.

ODA M, 1935. The red tide of *Gymnodinium mikimotoi* n.sp. (MS.) and the effect of altering copper sulphate to prevent the growth of it. Dobutsugaku Zasshi, Zoological Society of Japan, 47 (555): 35–48.

OKAMURA K, 1916. Akashio ni Tsuite. Suisan Koushu Sikenjo Kenkyu Hokoku 12: 26–41.

PAVILLARD J, 1916. Recherches sur les Péridiniens du Golfe du Lion. Travail de l'Institut de botanique de l'Université de Montpellier et de la station zoologique de Cette, Série mixte, Mémoire 4: 1–70.

PAVILLARD J, 1931. Phytoplankton (Diatomées, Péridiniens): provenant des campagnes scientifiques du Prince Albert Ier de Monaco. pp. 1–230.

PENARD E, 1891. Les Péridiniacées du Léman. Bulletin des Travaux de la Société Botanique de Genève 6: 1–63.

PIZAY M D, LEMÉE R, SIMON N, et al. 2009. Night and day morphologies in a planktonic dinofagellate. Protist, 160(4): 565–575.

RAMPI L, 1952. Su alcune Peridinee nuove od interesssanti raccolte nelle acque di Sanremo. Atti della Accademia Ligure di Scienze e Lettere 8(1): 104–114.

SALAS M F, DE BOLCH C J S, HALLEGRAEFF G M, 2004. *Karenia asterichroma* sp. nov. (Gymnodiniales, Dinophyceae), a new dinoflagellate species associated with finfish aquaculture mortalities in Tasmania, Australia. Phycologia, 43: 624–631.

SCHILLER J, 1918. Über neue Prorocentrum-und Exuviella-arten aus der Adria. Archiv für Protistenkunde, 38: 250–262.

SCHILLER J, 1928. Die planktischen Vegetationen des adriatischen Meeres. C. Dinoflagellata. II Teil. Gymnodiniales. Archiv für Protistenkunde, 62(1): 119–166.

SCHILLER J, 1933. Dinoflagellatae (Peridineae) in monographischer behandlung.. In: Dr. L. Rabenhosrst's Kryptogamen-Flora von Deutschland, Österreich und der Schweiz, 2. Aufl. 10. Bd 3. Abt. 1 Teil. (Kolkwitz, R. Eds), 433–617.

SCHILLER J, 1937. Dinoflagellatae (Peridineae) in monographischer Behandlung//Dr. L. Rabenhorst's Kryptogamen-Flora von Deutschland, Osterreich und der Schweiz. Bd., 10(3). Teil, 2(3): 321–480.

SCHRÖDER B, 1906. Beiträge zur Kenntnis des Phytoplanktons warmer Meere. Vierteljahresschrift der Naturforschenden Gesellschaft in Zürich 51: 319–377.

SCHÜTT F, 1895. Die Peridineen der Plankton-Expedition. Ergebnisse der Plankton-Expedition der Humboldt-Stiftung, 4: 1–170.

SCHÜTT F, 1900. Die Erklärung des centrifugalen Dickenwachsthums der Membran. Botanische Zeitung, 58: 245–274.

SOURNIA A, 1972. Quatre nouveaux Dinoflagellés du plancton marin. Phycologia, 11(1): 71–74.

STEIDINGER K A, DAVIES J T, 1967. The genus *Pyrophacus*, with a description of a new form. Florida Board of Conservation, Division of Salt water Fisheries, Marine Laboratory St. Petersburg, Florida, Leaflet Series:1-Phytoplankton,1(3):1–8.

STERRER W, 1986. Marine fauna and flora of Bermuda: a systematic guide to the identification of marine organisms. Wiley-Interscience Publication. Wiley. 742 pp.

SWIFT E, 1973. *Dissodinium psuedolunula* n. sp. Phycologia, 12, 90–91.

TAYLOR F J R, 1963. *Brachydinium*, a new genus of the Dinococcales from the Indian Ocean. Journal of South African Botany, 29: 75–78.

TAYLOR F J R, 1976. Dinoflagellates from the International Indian Ocean 1976. Expedition. Bibliotheca Botanica,132: 1–234.

TOMAS C R, 1997. Identifying Marine Phytoplankton. San Diego: Academic Press: 1–858.

WALL D, DALE B, 1971. A reconsideration of living and fossil *Pyrophacus* Stein, 1883 (Dinophyceae). Journal of Phycology, 7: 221–235.

WEI ZHANG, ZHUN LI, KENNETH NEIL MERTENS, et al., 2020. Reclassification of *Gonyaulax verior* (Gonyaulacales, Dinophyceae) as *Sourniaea diacantha gen. et comb. nov.*, Phycologia, DOI: 10.1080/00318884.2020.1735926 .

WULFF A, 1919. Ueber das Kleinplankton der Barentssee. Wissenschaftliche Meeresuntersuchungen in Kiel, 13(1): 95–125.

ZACHARIAS O, 1906. Über Periodizität, Variation und Verbreitung verschiedener Planktonwesen in südlichen Meeren. Arch. Hydrobiol. 1: 498–575.

种名录索引表

拉丁种名	中文名	页码
Acanthogonyaulax spinifera (Murray & Whitting) Graham	角突刺膝沟藻	238
Actiniscus pentasterias (Ehrenberg) Ehrenberg	五角辐星藻	80
Akashiwo sanguinea (Hirasaka) Gert Hansen & Moestrup	红色赤潮藻	85
Alexandrium concavum (Gaarder) Balech	凹形亚历山大藻	255
Alexandrium spp.	亚历山大藻	256
Amphidiniopsis spp.	围甲藻	349
Amphidinium crassum Lohmann	厚前沟藻	81
Amphidinium flagellans Schiller	鞭毛前沟藻	82
Amphidoma acuminata Stein	渐尖双顶藻	141
Amphidoma nucula Stein	坚果双顶藻	140
Amphidoma spp.	双顶藻	141
Amphisolenia bidentata Schröder	二齿双管藻	18
Amphisolenia globifera Stein	二球双管藻	19
Amphisolenia palaeotheroides Kofoid	古生双管藻	20
Amphisolenia rectangulata Kofoid	矩形双管藻	21
Amphisolenia schauinslandii Lemmermann	四齿双管藻	22
Amphisolenia schroeteri Kofoid	锥形双管藻	23
Amphisolenia thrinax Schütt	三叉双管藻	24
Asterodinium gracile Sournia	纤细星甲藻	84
Azadinium caudatum (Halldal) Nézan & Chomérat	具尾环氨藻	142
Balechina coerulea (Dogiel) Taylor	蓝色贝奇那藻	128
Blepharocysta splendor-maris (Ehrenberg) Stein	美丽囊甲藻	322
Blepharocysta spp.	囊甲藻	323
Brachidinium capitatum Taylor	头状枝甲藻	125
Centrodinium spp.	中甲藻	143
Ceratocorys armata (Schütt) Kofoid	装甲角甲藻	218
Ceratocorys bipes (Cleve) Kofoid	双足角甲藻	219
Ceratocorys gourretii Paulsen	戈氏角甲藻	220
Ceratocorys horrida Stein	多刺角甲藻	221

拉丁种名	中文名	页码
Ceratocorys magna Kofoid	大角甲藻	222
Ceratocorys reticulata Graham	网纹角甲藻	223
Cladopyxis brachiolata Stein	短柄刺板藻	224
Cladopyxis hemibrachiata Balech	半腕刺板藻	225
Cochlodinium archimedes (Pouchet) Lemmermann	阿基米德旋沟藻	86
Cochlodinium convolutum Kofoid & Swezy	扭旋沟藻	87
Cochlodinium elongatum Kofoid & Swezy	长旋沟藻	88
Cochlodinium helicoides Lebour	扭转旋沟藻	89
Cochlodinium scintillans Kofoid & Swezy	闪光旋沟藻	90
Cochlodinium spp.	旋沟藻	92
Cochlodinium strangulatum (Schütt) F. Schütt	咽状旋沟藻	91
Coolia sp.	库里亚藻	250
Corythodinium carinatum (Gaarder) Taylor	龙骨伞甲藻	343
Corythodinium constrictum (Stein) Taylor	缢缩伞甲藻	345
Corythodinium cristatum (Kofoid) Taylor	鸡冠伞甲藻	344
Corythodinium elegans (Pavillard) Taylor	优美伞甲藻	346
Corythodinium spp.	伞甲藻	347
Dinophysis acuminata Claparède & Lachmann	渐尖鳍藻	33
Dinophysis acuta Ehrenberg	尖尾鳍藻	41
Dinophysis amandula (Balech) Sournia	阿曼达鳍藻	27
Dinophysis apicata (Kofoid & Skogsberg) Abé	顶生鳍藻	28
Dinophysis argus (Stein) Abé	光亮鳍藻	29
Dinophysis caudata Saville-Kent	具尾鳍藻	34
Dinophysis complanata (Gaarder) Balech	平面鳍藻	30
Dinophysis ellipsoidea Mangin	椭圆鳍藻	35
Dinophysis fortii Pavillard	倒卵形鳍藻	36
Dinophysis hastata Stein	矛形鳍藻	39
Dinophysis laevis Claparède & Lachmann	平滑鳍藻	31
Dinophysis miles Cleve	勇士鳍藻	37
Dinophysis norvegica Claparède & Lachmann	挪威鳍藻	42
Dinophysis ovum Schütt	卵形鳍藻	38

拉丁种名	中文名	页码
Gyrodinium fusiforme Kofoid & Swezy	纺锤环沟藻	111
Gyrodinium obtusum (Schütt) Kofoid & Swezy	钝形环沟藻	112
Gyrodinium spirale (Bergh) Kofoid & Swezy	螺旋环沟藻	113
Gyrodinium spp.	环沟藻	115
Gyrodinium varians (Wulff) Schiller	易变环沟藻	114
Heterocapsa circularisquama Horiguchi	环状异帽藻	276
Heterocapsa orientalis Iwataki, Botes & Fukuyo	东方异帽藻	277
Heterocapsa spp.	异帽藻	278
Heterodinium agassizii Kofoid	阿格异甲藻	243
Heterodinium blackmanii (Murray & Whitting) Kofoid	勃氏异甲藻	239
Heterodinium dispar Kofoid & Adamson	不等异甲藻	240
Heterodinium scrippsii Kofoid	斯克里普异甲藻	241
Heterodinium extremum (Kofoid) Kofoid & Adamson	最外异甲藻	246
Heterodinium laeve Kofoid & Michener	光滑异甲藻	247
Heterodinium pavillardii Kofoid & Adamson	巴氏异甲藻	244
Heterodinium rigdeniae Kofoid	坚硬异甲藻	242
Heterodinium whittingiae Kofoid	灰白异甲藻	245
Histioneis cerasus Böhm	樱桃帆鳍藻	67
Histioneis cleaveri Rampi	刀形帆鳍藻	55
Histioneis costata Kofoid & Michener	具肋帆鳍藻	60
Histioneis cymbalaria Stein	船形帆鳍藻	56
Histioneis depressa Schiller	扁形帆鳍藻	57
Histioneis elongata Kofoid & Michener	延长帆鳍藻	61
Histioneis garrettii Kofoid	加勒特帆鳍藻	64
Histioneis longicollis Kofoid	长颈帆鳍藻	59
Histioneis oxypteris Schiller	凤尾帆鳍藻	66
Histioneis paraformis (Kofoid & Skogsberg) Balech	拟锥形帆鳍藻	63
Histioneis parallela Gaarder	平行帆鳍藻	68
Histioneis pieltainii Osorio-Tafall	皮坦尼帆鳍藻	65
Histioneis remora Stein	瑞莫帆鳍藻	62
Histioneis schilleri Böhm	席勒帆鳍藻	58

拉丁种名	中文名	页码
Ornithocercus spp.	鸟尾藻	54
Ornithocercus steinii Schütt	斯氏鸟尾藻	52
Ornithocercus thumii (Schmidt) Kofoid & Skogsberg	中距鸟尾藻	53
Ostreopsis belizeana Faust	伯利兹蛎甲藻	251
Ostreopsis ovata Fukuyo	卵形蛎甲藻	252
Ostreopsis siamensis Schmidt	暹罗蛎甲藻	253
Ostreopsis spp.	蛎甲藻	253
Oxytoxum crassum Schiller	厚尖甲藻	325
Oxytoxum biconicum (Kofoid) Dodge & Saunders	双锥尖甲藻	324
Oxytoxum curvatum (Kofoid) Kofoid & Michener	弯曲尖甲藻	326
Oxytoxum elongatum Wood	延长尖甲藻	327
Oxytoxum globosum Schiller	小球形尖甲藻	328
Oxytoxum gracile Schiller	纤细尖甲藻	329
Oxytoxum laticeps Schiller	宽角尖甲藻	330
Oxytoxum longiceps Schiller	长角尖甲藻	331
Oxytoxum mediterraneum Schiller	地中海尖甲藻	332
Oxytoxum milneri Murray & Whitting	米尔纳尖甲藻	333
Oxytoxum mitra (Stein) Schröder	帽状尖甲藻	334
Oxytoxum parvum Schiller	小型尖甲藻	335
Oxytoxum radiosum Rampi	辐射尖甲藻	336
Oxytoxum scolopax Stein	刺尖甲藻	337
Oxytoxum sphaeroideum Stein	球体尖甲藻	338
Oxytoxum spp.	尖甲藻	342
Oxytoxum subulatum Kofoid	钻形尖甲藻	339
Oxytoxum turbo Kofoid	旋风尖甲藻	340
Oxytoxum variabile Schiller	易变尖甲藻	341
Phalacroma acutum (Schütt) Pavillard	锋利秃顶藻	71
Phalacroma cuneus Schütt	楔形秃顶藻	72
Phalacroma doryphorum Stein	具刺秃顶藻	77
Phalacroma favus Kofoid & Michener	蜂窝秃顶藻	73
Phalacroma lativelatum Kofoid & Skogsberg	宽阔秃顶藻	74

续表

拉丁种名	中文名	页码
Protoperidinium brochii (Kofoid & Swezy) Balech	网刺原多甲藻	290
Protoperidinium claudicans (Paulsen) Balech	窄角原多甲藻	280
Protoperidinium conicum (Gran) Balech	锥形原多甲藻	285
Protoperidinium corniculum (Kofoid & Michener) Taylor & Balech	角状原多甲藻	300
Protoperidinium crassipes (Kofoid) Balech	厚甲原多甲藻	291
Protoperidinium curtipes (Jörgensen) Balech	短脚原多甲藻	292
Protoperidinium decens (Balech) Balech	公平原多甲藻	301
Protoperidinium depressum (Bailey) Balech	扁形原多甲藻	281
Protoperidinium diabolus (Cleve) Balech	基刺原多甲藻	311
Protoperidinium divergens (Ehrenberg) Balech	岐分原多甲藻	293
Protoperidinium elegans (Cleve) Balech	优美原多甲藻	294
Protoperidinium elegans var. *granulate* (Karsten) Balech	优美原多甲藻颗粒变种	295
Protoperidinium fatulipes (Kofoid) Balech	脚膜原多甲藻	296
Protoperidinium grande (Kofoid) Balech	巨形原多甲藻	297
Protoperidinium incognitum (Balech) Balech	难解原多甲藻	302
Protoperidinium inflatum (Okamura) Balech	膨大原多甲藻	298
Protoperidinium joergensenii (Balech) Balech	约根森原多甲藻	303
Protoperidinium latispinum (Mangin) Balech	宽刺原多甲藻	304
Protoperidinium leonis (Pavillard) Balech	里昂原多甲藻	286
Protoperidinium murray (Kofoid) Hernández-Becerril	墨氏原多甲藻	282
Protoperidinium oceanicum (VanHöffen) Balech	海洋原多甲藻	283
Protoperidinium pallidum (Ostenfeld) Balech	光甲原多甲藻	314
Protoperidinium paradoxum (Taylor) Balech	华丽原多甲藻	308
Protoperidinium pellucidum Bergh	灰甲原多甲藻	312
Protoperidinium pentagonum (Gran) Balech	五角原多甲藻	287
Protoperidinium punctulatum (Paulsen) Balech	点刺原多甲藻	288
Protoperidinium pyrum (Balech) Balech	梨状原多甲藻	305
Protoperidinium remotum (Karsten) Balech	分散原多甲藻	299
Protoperidinium schilleri (Paulsen) Balech	席勒原多甲藻	313
Protoperidinium sinaicum (Matzenauer) Balech	西奈原多甲藻	306
Protoperidinium solidicorne (Mangin) Balech	实角原多甲藻	315

拉丁种名	中文名	页码
Protoperidinium spp.	原多甲藻	316
Protoperidinium steinii (Jörgensen) Balech	斯氏原多甲藻	307
Protoperidinium thorianum (Paulsen) Balech	方格原多甲藻	279
Protoperidinium venustum (Matzenauer) Balech	灵巧原多甲藻	284
Pseliodinium fusus (Schütt) Gómez	梭状佩赛藻	137
Pyrocystis apiculatus Taylor	短尖梨甲藻	268
Pyrocystis elegans Pavillard	优美梨甲藻	257
Pyrocystis fusiformis f. *biconica* Kofoid	梭梨甲藻双锥变型	260
Pyrocystis fusiformis Thomson	梭梨甲藻	259
Pyrocystis gerbaultii Pavillard	浅弧梨甲藻	258
Pyrocystis hamulus Cleve	钩梨甲藻	261
Pyrocystis hamulus var. *inaeaqualis* Schröder	钩梨甲藻异肢变种	262
Pyrocystis hamulus var. *semicircularis* Schröder	钩梨甲藻半圆变种	263
Pyrocystis lanceolata Schröder	矛形梨甲藻	264
Pyrocystis noctiluca Murray ex Haeckel	夜光梨甲藻	265
Pyrocystis rhomboides (Matzenauer) Schiller	菱形梨甲藻	266
Pyrocystis robusta Kofoid	粗梨甲藻	267
Pyrophacus horologium Stein	钟扁甲藻	269
Pyrophacus steinii (Schiller) Wall & Dale	斯氏扁甲藻	270
Pyrophacus vancampoae (Rossignol) Wall & Dale	范氏扁甲藻	271
Schuettiella mitra (Schütt) Balech	帽状苏提藻	348
Scrippsiella acuminata (Ehrenberg) Kretschmann, Elbrächter, Zinssmeister, Soehner, Kirsch, Kusber & Gottschling	尖顶斯氏藻	274
Scrippsiella spp.	斯氏藻	275
Sourniaea diacantha (Meunier) Gu, Mertens, Li & Shin	双刺苏尼藻	249
Spatulodinium pseudonoctiluca (Pouchet) Cachon & Cachon	拟夜光匙形藻	358
Spiraulax jolliffei (Murray & Whitting) Kofoid	乔利夫螺沟藻	350
Torodinium robustum Kofoid & Swezy	粗尾沟藻	107
Torodinium sp.	尾沟藻	109
Torodinium teredo (Pouchet) Kofoid & Swezy	圆柱尾沟藻	108
Triadinium polyedricum (Pouchet) Dodge	多边三爿藻	226

热带印度洋 浮游甲藻物种多样性

拉丁种名	中文名	页码
Tripos acuticephalotum sp. nov.	尖头角藻	144
Tripos arietinus (Cleve) Gómez	羊头角藻	196
Tripos axialis (Kofoid) Gómez	细轴角藻	197
Tripos belone (Cleve) Gómez	披针角藻	151
Tripos biceps (Claparède & Lachmann) Gómez	二裂角藻	161
Tripos bigelowii (Kofoid) Gómez	毕氏角藻	162
Tripos boehmii (Graham & Bronikovsky) Gómez	波氏角藻	152
Tripos breve var. *schmidtii* (Jörgensen) Sournia	短角角藻凹腹变种	200
Tripos brevis (Ostenfeld & Johannes Schmidt) Gómez	短角角藻	198
Tripos candelabrum (Ehrenberg) Gómez	蜡台角藻	153
Tripos carnegiei (Graham & Bronikovsky) Gómez	肉色角藻	201
Tripos carriensis (Gourret) Gómez	歧分角藻	174
Tripos cephalotus (Lemmermann) Gómez	脑形角藻	145
Tripos claviger (Kofoid) Gómez	棒槌角藻	179
Tripos contortus (Gourret) Gómez	扭状角藻	202
Tripos contrarius (Gourret) Gómez	反转角藻	175
Tripos declinatus (Karsten) Gómez	偏斜角藻	204
Tripos deflexus (Kofoid) Gómez	偏转角藻	176
Tripos dens (Ostenfeld & Johannes Schmidt) Gómez	臼齿角藻	173
Tripos denticulatum (Jörgensen) Gómez	细齿角藻	180
Tripos digitatus (Schütt) Gómez	趾状角藻	146
Tripos euarcuatus (Jörgensen) Gómez	弓形角藻	205
Tripos extensus (Gourret) Gómez	奇长角藻	163
Tripos falcatiformis (Jörgensen) Gómez	拟镰角藻	164
Tripos falcatus (Kofoid) Gómez	镰状角藻	165
Tripos furca (Ehrenberg) Gómez	叉状角藻	154
Tripos furca var. *eugrammum* (Ehrenberg) Jörgensen	叉状角藻矮胖变种	155
Tripos fusus (Ehrenberg) Gómez	梭状角藻	166
Tripos gallicus (Kofoid) Gómez	橡实角藻	185
Tripos geniculatus (Lemmermann) Gómez	曲肘角藻	168
Tripos gibberus (Courrent) Gómez	瘤状角藻	206

拉丁种名	中文名	页码
Tripos gravidus (Gourret) Gómez	圆头角藻	148
Tripos hexacanthus (Gourret) Gómez	网纹角藻	177
Tripos horridus (Cleve) Gómez	粗刺角藻	178
Tripos humilis (Jörgensen) Gómez	矮胖角藻	199
Tripos incisus (Karsten) Gómez	剑峰角藻	156
Tripos inflatus (Kofoid) Gómez	膨胀角藻	169
Tripos karstenii (Pavillard) Gómez	卡氏角藻	203
Tripos kofoidii (Jörgensen) Gómez	科氏角藻	157
Tripos lanceolatus (Kofoid) Gómez	矛形角藻	149
Tripos longinus (Karsten) Gómez	长角角藻	207
Tripos longirostrum (Gourret) Hallegraeff & Huisman	长咀角藻	170
Tripos longissimus (Schröder) Gómez	细长角藻	208
Tripos lunula (Schimper ex Karsten) Gómez	新月角藻	209
Tripos macroceros (Ehrenberg) Gómez	大角角藻	184
Tripos massiliensis (Gourret) Gómez	马西里亚角藻	187
Tripos minutus (Jörgensen) Gómez	微小角藻	158
Tripos mollis (Kofoid) Gómez	柔软角藻	181
Tripos muelleri Bory de Saint-Vincet	牟氏角藻	214
Tripos muelleri var. *semipulchellum* (Schröder) Graham et Bronikovsky	牟氏角藻亚美变种	215
Tripos paradoxides (Cleve) Gómez	圆胖角藻	210
Tripos patentissimum Ostenfeld & Schmidt	伸展角藻	182
Tripos pavillardii (Jörgensen) Gómez	巴氏角藻	188
Tripos pennatum (Kofoid) Gómez	羽状角藻	171
Tripos pentagonus (Gourret) Gómez	五角角藻	159
Tripos platycornis (Daday) Gómez	板状角藻	193
Tripos platycornis var. *dilatatum* (Karsten)	板状角藻膨角变种	194
Tripos praeolongum (Lemmermann) Kofoid ex Jörgensen	长头角藻	147
Tripos pulchellus (Schröder) Gómez	美丽角藻	216
Tripos ranipes (Cleve) Gómez	蛙趾角藻	192
Tripos reflexus (Cleve) Gómez	反折角藻	195
Tripos scapiforme (Kofoid) Gómez	花葶角藻	172

续表

拉丁种名	中文名	页码
Tripos schrankii (Kofoid) Gómez	施氏角藻	211
Tripos schroeteri (Schröder) Gómez	锥形角藻	150
Tripos seta (Ehrenberg) Kent	针状角藻	167
Tripos spp.	角藻	217
Tripos sumatranum (Karsten) Gómez	苏门答腊角藻	191
Tripos symmetricus (Pavillard) Gómez	对称角藻	212
Tripos tenuis (Ostenfeld & Johannes Schmidt) F. Gómez	纤细角藻	183
Tripos tenuissima (kofoid, 1907) Gómez	细弱角藻	186
Tripos teres (Kofoid) Gómez	圆柱角藻	160
Tripos trichoceros (Ehrenberg) Gómez	波状角藻	189
Tripos tripodioides (Jörgensen)Steemann Nielsen	拟三脚角藻	213
Tripos vultur (Cleve) Gómez	兀鹰角藻	190
Triposolenia bicornis Kofoid	双角三管藻	25
Triposolenia ramiciformis Kofoid	枝形三管藻	26
Warnowia polyphemus (Pouchet) Schiller	波利单眼藻	131
Warnowia pulchra (Schiller) Schiller	美丽单眼藻	132
Warnowia spp.	单眼藻	133